KB274746

北韓 核·미사일 戰爭
(최악의 핵전쟁 시나리오)

張浚翼 著

瑞文堂

서 언

안보란 국가의 존망과 국민의 생존이 달린 문제이기에 안보는 만의 하나의 경우에도 대비해야 하는 것이다.

그런데 한국의 안보를 논하는 사람들의 대부분은 한국의 안보는 북한의 대량파괴무기(핵 및 화생무기)와 미사일과는 아무런 관계가 없는 듯 이를 외면한 채 통상전력만을 가지고 안보를 논하고 있다.

북한에는 핵 및 화생무기가 없고 이를 실어나를 수 있는 미사일도 없다고 단정하지 않고서야 어찌 통상전력만을 가지고 논하고 대비할 수 있는가?

미국은 세계적 NPT(핵확산금지) 정책실현이라는 그들의 국익을 위해서 북한에 핵무기가 개발되어 있다고 확인하지 않는다고 해서 우리도 그것에 편승하여 "북한의 핵은 있다고는 할 수 없다"라는 애매모호한 태도로 북한의 핵을 외면하려 한다면 이는 한국의 안보를 책임지고, 또 한국의 안보를 논하는 사람들의 자세라 할 수 없다.

"우리는 핵을 가질 능력도 없고 핵을 가질 의사도 없으며, 화생무기도 갖고 있지 않다"라는 김일성의 말을 믿고 안보를 하겠다는 어리석은 사람들도 아니며, 또 우리는 미국의 핵우산 아래 있으므로 북한은 대량파괴무기를 감히 사용하지 못할 것이라는 환상을 갖고 있지는 않을텐데, 또한 대처하기 어려운 문제는 내 임기 동안에는 피해 보자는 개인 이기주의자는 더욱 아닐텐데도 북한의 대량파괴무기와 미사일을 거론하기를 꺼려하는 것은 정말 이해할 수 없다.

경제위기는 국민의 단합과 지도자의 leadership으로 회생이 가능할 수 있지만, 국가안보는 국민의 생존과 직결되어 있어 한번 잘못되면 회생의 주체가 없어지는데 누가 회생시킬 것인가?

정말 상상하기조차 싫은 일이지만 우리가 북한의 핵과 화생무기 그리고 미사일에 무방비상태로 있을 때 어느날 갑자기 북한이 핵·화학 공격을 해 온다면 어떻게 될 것인가를 생각하면 끔찍하기 이를 데 없다.

6·25 한국전쟁 3년간 피아간 사용한 총화력의 수십배가 넘는 위력을 지닌 무기가 핵무기요 화생무기이다. 이 가공할 무기가 한반도에 작열한다면 수백만 수천만의 우리 국민이 희생되어야 하고, 우리가 지난 50여 년간 피땀 흘려 이룩한 한강의 기적이 일순간에 폐허로 전락되고 만다. 이런 가공할 대량살상무기를 외면한 안보는 진정한 안보라고 할 수 없을 것이다.

그러기에 안보는 만의 하나의 경우에 대비하는 것이라 했다.

그래서 최악의 핵전쟁 시나리오를 상정해 보고, 이를 가능하게 할지도 모르는 북한의 핵과 화생무기, 미사일의 실체를 구명(究明)해 보았다. 물론 여기에는 자료의 부족과 많은 제한이 있었지만, 한 점의 헛점도 없는 완벽한 안보를 이루어야 한다는 절박한 마음과, 또 우리 국민과도 직결되는 이 중대한 문제에 우리 국민도 인식을 같이해야만이 이를 극복할 수 있다는 절실한 마음이 이 책을 쓰는 난관들을 극복해 주었다.

그리고 본 졸저가 우리들이 당면하고 있는 북한의 핵과 화생무기 그리고 미사일의 실체에 대해 새로운 인식으로 국가 안보에 조금이라도 도움이 된다면 저자는 더 바랄 것이 없겠다.

그리고 본 저서 출간을 위해 물심양면으로 지원하고 격려해 주신 자랑스런 나의 친구 金三根 회장님과 그 외에 구자학 사장님, 이윤섭 사장님, 임무웅 목사님, 김상일 사장님, 하장홍 사장님 그리고 원고 정리에 수고해 준 양상미 양에게 감사를 드리고, 우리 가족들(李喆子, 張嶸, 金賢眞, 張雄, 張世征)에게도 감사를 보낸다.

1999년 4월
태릉에서 저자

목   차

第3章 북한의 핵운반 미사일(MSL)

부 록 405

참고문헌 462

찾아보기 466

第 1 章

- 북한의 남침 전쟁 시나리오
- 남침 전쟁 시나리오 평가

第1章　최악의 핵전쟁 시나리오

　제2의 한국전쟁을 가상한 시나리오가 일본과 미국 등지에서 심심찮게 발간되어 왔다.

　최근에는 미 국방장관을 7년이나 지낸 와인버거 전장관이 쓴 'The Next War'에는 제2 한국전쟁의 시나리오가 제1순위로 포함되어 있는데 비상한 관심을 끄는 것은 핵무기와 생물학 무기를 사용하는 핵·화학전쟁이라는 데 있다.

　이것은 비록 하나의 픽션적인 성격이지만은 미국의 안보관계장관을 지낸 저자가 쓴 것이기에 그냥 픽션으로 넘겨버리기엔 무언가 미심쩍은 점이 있다.

　그리고 지난 '96년도에 Jane's Intelligence Review지의 특별보고서로 작성된 내용에 보면 북한은 1~2발의 핵무기를 보유하고 있다는 내용과, '94년 4월 William Perry 전 미 국방장관이 한국 기자들과의 회견에서 북한은 1~2발의 핵무기를 가졌을 것이다 라고 말한 것,[1] 그리고 미 국방부가 "북한은 한반도에 분쟁을 발발시킬 경우, 한국의 주요시설 등에 화학무기 공격을 감행할 것으로 보인다"고 밝힌 것[2] 등을 연계시켜보면 The Next War는 우리에게 무언가 시사하는 바

---

[1] 동아일보 1994.4.22
[2] 조선일보 1997.11.27

가 있다고 보아진다.

　북한은 이 지구상에 가장 이해하기 힘든 불확실성의 나라라고 미국 사람들이 지적하기도 한다.

　사실 합리적인 사고로 분석하고 판단하는 미국인들에게는 비합리성이 가끔은 통하는 동양의 사고를 이해하기 힘들겠지만 북한은 더욱 그렇다.

　한국 정부 각료들이 외국의 국립묘지를 참배하는 자리에 테러를 자행한 아웅산 사건이나 무고한 인명을 수백명 앗아간 KAL기 폭파사건 등, 같은 동족에게 행한 그 잔인성은 도저히 이해하기가 힘들었을 것이다.

　더욱이 1970년대 남북조절위원회가 구성되어 남북을 오가며 평화협상을 진행시키고 있을 때 남침용 땅굴을 파고 있었다. 뿐만 아니라 1990년도 중반부터 남북 고위급회담이 한반도 평화를 위해 서울과 평양을 오갈 때 김일성은 우리 대표들에게 "우리는 핵무기가 없는 것은 물론 그것을 만들지도 않고 만들 필요도 없다"[3]고 했는데 이때 그들은 비밀리에 핵무기를 제조하고 있었다.

　이런 북한을 미국이나 서구인들이 이해할 리가 없다.

　지난 1993.5.29 북한이 노동1호 미사일 시험사격을 실시했다. 함경북도 대포동에서 발사된 미사일은 500㎞를 비행하여 동해상 일본 노도(能登)반도 근해에 낙하되자 일본의 조야는 물론 언론들은 대서특필하면서 온 일본이 흥분하리만치 야단법석을 떨었다.

　노동1호 미사일 발사 50일 전 ´93.4.9 북한 외교부 대변

---

3) 1992.2.20 제6차 남북 고위급회담에서

인은 "일본 당국자는 과거의 청산도 하지 않은 채 우리의 교전대상국의 하나인 미국측에서 무분별하게 행동한다면 한반도를 포함한 지역에서 예측할 수 없는 나쁜 결과를 유도하게 된다. 그렇게 되면 일본은 결코 그로부터 피할 수 없다는 사실을 알아야 한다"고 위협성 경고도 한 바 있다.4)

게다가 대포동에서 발사된 미사일이 떨어진 지점과 발사지점을 일직선으로 연장해 보면 그 연장선상에 일본의 수도 '동경'이 포함되고 시험한 사정거리는 500㎞였지만 최대 사정거리는 1,300㎞(동경까지 1,000㎞)에 달하는 사실 때문에 야단법석을 떨었을지도 모른다.

· 북한이 시험한 미사일의 탄두에 핵무기를 탑재하면 동경까지 핵공격이 가능하다는 사실에 일본인들은 놀란 것이다. 세계에서 유일하게 핵폭격을 경험한 일본인들이기에 무리는 아니라고 생각된다.

이로부터 5년이 지난 1998.8.31 북한은 또다시 대포동 미사일을 발사하여 일본 열도를 지나 대포동에서 1,640㎞ 떨어진 북태평양상에 탄두가 낙하함으로써 세계를 또 한번 놀라게 했다. 미 국무부 대변인은 "북한은 이번 발사를 통해 장거리 탄두 운반능력을 보여주었다"고 했다 5) 일본 열도 상공을 통과한 북한의 대포동 미사일에 일본 조야가 흥분한 것은 말할 것도 없다.

북한과 적대관계도 군사적으로 직접 대치하고 있지도 않은 일본이 저 야단인데, 진작 250마일 휴전선에서 50년간 대치해 왔고 또 언제 북한이 제2의 남침을 감행할지도 모르는 긴

---

4) 限의 核戰略, p.14
5) 조선일보 1998.9.16

장이 고조되고 있는 우리나라에서는 이 미사일 발사에 일본만큼의 큰 반응이 없다.

언론들도 그랬고 정부도 그랬다. 북한은 핵무기 1~3발을 만들 수 있는 플루토늄을 이미 추출했으며 '90~'91년 사이에 핵무기를 완성했을 것으로 믿어진다는 보도까지 나오고 있는데도 우리 정부가 북한의 미사일 시험에 대해서 큰 관심을 나타내지 않는 것은 정말 이해할 수 없다. 이 미사일과 핵무기와는 무관하다고 생각하고 있는 것일까?

북한이 보유한 노동1호 미사일만 해도 남한 전역뿐만 아니라 제주도까지, 그리고 일본까지도 사정권 내에 들어가는데도 감각이 없는 듯하다. 정말 알 수가 없다.

혹 "어떤 동맹국보다 민족이 낫다"고 주장한 어느 대통령의 발언과 또 "우리는 주변의 큰 나라들과 핵대결을 할 생각이 없으며 더욱이 동족을 말살시키는 핵무기를 개발한다는 것은 도저히 상상도 할 수 없다."[6]고 강조한 김일성의 말을 믿고 북한은 가공할 핵무기를 만들어도 같은 민족을 살육하는데 사용하지는 않을 것이라고 진정 믿고 있는 것인지, 아니면 미군이 한국에 주둔하고 있는 한 전쟁은 일어나지 않는다는 확신과 전쟁이 일어난다 해도 미국의 핵 보복력에 겁먹은 북한이 핵미사일을 사용할 수 없으리라는 미국 의타심에서인가?

본인이 국회에서 북한의 핵보유에 관해 질문했을 때 당시 외무부장관은 "북한에 핵무기가 있다는 증거는 없다"는 정도로 핵이 없는 방향으로 답변한 바 있는데(부록#1. 제176, 177회 국회 본회의록 참조) 그래서인지 정말 알 수가 없다.

---

6) 1992.2.20

외무부장관의 말대로 북한은 핵무기를 아직 제조하지 못했다 하더라도 미국 정부나 한국 정부는 북한이 핵무기를 1~2발 또는 1~3발을 만들 수 있는 플루토늄을 추출한 것만은 분명하게 인정하고 있다.

그리고 핵무기를 만들 수 있는 기술력에 있어서도 충분한 것으로 국내외의 핵전문가들은 이해하고 있다. 그리고 핵무기가 만들어졌을 가능성에 대해서 William Perry 전 미 국방장관은 북한은 핵무기를 보유하고 있을 것이라고 언급한 바 있다.

안보는 국가와 국민의 생존이 달린 문제이기에 최악의 경우에 대비하는 것이 당연한 것인데, 우리 정부는 그렇지 못하고 북한의 핵에 대해서는 한 마디로 분명하지 못하다.

과거 한국에 미국의 핵무기가 저장되고 있었을 때 북한은 단 한 발의 핵도 없었고 핵을 운반할 미사일도 없었다.

그러나 지금은 다르다. 1991.11.6 노태우 전대통령의 한반도 비핵화선언으로 미국의 핵은 모두 철수해 버려 한국에는 단 한 발의 핵무기도 없는데, 반대로 북한은 핵무기의 폭발장치 완제품실험을 하고 장거리 탄도미사일을 시험 발사했는데도 놀라지 않는 우리 정부의 국가안전보장문제를 어떻게 평가해야 할는지 알 수 없다.

그래서 본 저자는 북한의 핵과 미사일 그리고 화생무기가 우리 한국 안보에 얼마나 심대한 영향을 미치는가를 알 수 있게 하기 위해서 핵과 화생무기를 사용하는 전쟁 시나리오를 한 번 구상하여 그 심각성을 촉구해 보고자 한다.

第1節 북한의 남침 전쟁 시나리오

2000년 전의 손자(孫子)는 그의 병법 첫머리 시계제1편 (始計第一編)에서 "병자는 궤도야"(兵者 詭道也)라 해서 "전쟁은 항상 상대를 기만해서 그의 의표를 찌르는 것이 상도"라고 갈파했듯이, 북한은 우리의 의표를 찌를 어떤 남침 전쟁 시나리오를 구상하고 있을 것이 분명하다. 그래서 우리는 우리에게 가장 불리한 전쟁상황을 적의 입장에서 상정해 봄으로써, 즉 최악의 전쟁 시나리오를 구상해 봄으로써 적이 우리의 의표라고 생각하는 것을 오히려 무력화(無力化)시켜 그런 최악의 상황을 미연에 방지하자는 것이 최악의 남침 전쟁 시나리오를 상정해 보는 의의라고 할 수 있다.

주한 미군 사령관 존 H. 틸러리 대장은 '98.3.6 미하원 국가안보위원회에서 "북한은 대내외적으로 극적인 변화가 없는 한 붕괴를 향해 치닫게 될 것으로 보이며, 이에따라 미국 장성들은 북한이 가공할 군사행동을 취할 가능성에 대해 우려하고 있다."고 했다.

여기서 우리가 주목하는 것은 북한은 필연적으로 붕괴하게 되어 있는데 붕괴되는 경우 가공할 군사행동 즉 가공할 전쟁 도발을 우려한다는 것이다. 가공할 전쟁이란 바로 핵 및 화학, 생물학전쟁을 지적한 것으로 추정된다.

Jane's 특별보고서('96년 12월)에는 북한은 핵무기를 1~2발 보유하고는 있으나, 이 핵무기를 좀처럼 사용하지 않을 것이나 체제가 붕괴되거나 외국의 침공을 받았을 경우는 사용할 수밖에 없을 것이라고 분석했다.[7]

그리고 우리 정부의 부인에도 불구하고 외국의 각종 보고서나 연구서, 귀순자의 증언 등에서 정황분석을 해보면 북한은 은밀히 핵무기를 몇 발 제조하여 보유하고 있을 뿐만 아니라, 화학 및 생물학무기도 보유하고 있는 것으로 알려지고 있다.(제2장 및 제4장에 상술함)

그러므로 최악의 남침 전쟁 시나리오에는 북한은 미사일에 탑재할 핵탄두와 화학 및 생물학 탄두도 보유하고 있다는 가정하에 최악의 남침 전쟁 시나리오를 독자들이 이해하기 쉽게 서술하고자 한다.

이번에 마련된 남침 전쟁 시나리오는 김정일의 비밀지령으로 김일성 군사종합대학에서 수립한 계획이다.

1. 김일성 군사종합대학의 남침 전쟁 시나리오

1999년 1월 15일 10시 인민무력성 대회의실에서 김일성 군사종합대학이 주관하는 전술토의회가 개최된다.

전술토의회라고는 하나 개최 장소와 참가인원 그리고 경비 상태가 최고의 상태인 것을 미루어 보면 예사로운 회의가 아닌 것 같다.

아침 8시가 넘어서자 김일성 군사종합대학 총장인 최인덕 차수와 관계관 5,6명이 회의장에 회의준비를 확인하기 위해

---

7) Jane's Intelligence Review(SR No9)

서 먼저 입장한다.

이때는 이미 호위총국에서 무장한 경호원이 회의실 내부에 배치되어 있고, 입구에서는 입장하는 군사종합대학 총장 일행에게 검색 실시를 요구하자 이미 지하실 입구에서 검색을 했는데도 다시 하는 검색에 아무런 내색 없이 순순히 응하고 입장한다.

회의실 전면 중앙 상단에는 김일성과 김정일의 대형사진이 걸려 있고 단상 우측에는 대형 한국 지도를 부착한 지도판이 설치되어 있고, 좌측에는 보고용 탁자와 마이크가 준비되어 있으며 단상 중앙에 보고용 차트가 위치하고 있다.

그리고 맨 앞줄에 특별히 제작된 안락의자와 그 앞에 탁자가 놓여 있다. 그 뒷줄에도 안락의자 5개와 탁자들이 놓여 있고 그 뒤로는 회의용 긴 탁자와 의자들이 배열되어 있다. 그리고 탁자 위에는 마이크와 소형지도 그리고 메모지가 놓여 있다.

회의실은 사치스러우리만치 호화롭고 음향시설도 완벽하다.

09시40분이 되자 호위총국 요원의 안내하에 가슴에 훈장을 경쟁이나 하듯 가득 단 전후방 군단장을 비롯하여 인민무력성과 총참모부의 일반 주요 참모들을 포함한 장령(장군) 40 여명이 동시에 입장하여 정해진 좌석에 일사분란하게 정좌한다.

정좌한 이들은 누구도 입을 여는 사람 없이 마치 태풍전야의 고요함과도 같은 무엇에 눌리는 무거운 분위기다. 앞에 놓인 지도를 보거나 회의실의 호화찬란한 샹들리에를 쳐다보는 장령들은 있으나 대화하는 사람은 아무도 없다.

이번에는 인민무력성 부성장, 총참모부의 부총참모장과 해,

공군사령관 등 인민무력성과 총참모부 주요 참모들 일행 20여 명이 입장하자 사전 입장했던 장령들이 일제히 일어서서 부동자세를 취하자 인민무력성 제1부성장이 손을 흔들어 답례하고는 세번째 줄 중앙 좌석에 앉자 뒤따르던 장령들도 정해진 좌석에 착석한다.

그로부터 1~2분 후, 정각 10시가 되자 스피커에서 "경애하는 총사령관 동지께서 임석하십니다"라는 방송과 함께 문이 열리자 호위총국장의 안내로 김정일 총사령관이 배를 내밀고 인민무력성장과 총정치국장, 총참모장, 후방 총국장 등을 대동하고 입장한다.

전원 일어서서 열렬한 박수로 환영하자 김정일은 손을 흔들어 답례하고 자기도 박수를 치면서 맨 앞 좌석의 안락의자에 앉는다.

모두 박수치던 손을 멈추고 자리에 앉자 갑자기 조용해진다.

단상에 보고차 연설대 앞에 서 있던 김일성 군사종합대학 총장이 최고사령관에게 거수경례를 하고 총 참석인원이 60여 명임을 보고한다.(별지#2. 북한 인민군의 군사지휘체계 참조)

가. 제1부 : 계획 작성 지침

"오늘 경애하는 인민군 최고사령관 동지를 모시고 우리 대학에서 준비한 조국통일전쟁 계획을 보고드릴 수 있는 기회를 갖게 된 것을 무한한 영광으로 생각하며 경애하는 최고사령관 동지께서 영명하신 지도를 해 주실 것을 간청하면서 보고를 올리겠습니다."

(대학총장은 준비된 차트를 넘기고)

금일 진행될 회의의 진행순서는

o 제1부에서 전쟁계획 작성지침으로,

먼저 남북한의 전력 비교로부터 전력증강사항, 인민군의 강점, 인민군 최고사령관 동지의 전쟁지도지침, 최고사령부의 전략방침, 공격개시 시기 결정, 전쟁지도체계에 대해서 보고드리고 10분간 휴식하겠습니다.

진행 순서

제1부 : 전쟁계획 작성지침
  1. 남북한 전력 비교
  2. 전력증강사항
  3. 인민군의 강점
  4. 전쟁지도 지침
  5. 전략방침
  6. 공격개시 시기 결정
  7. 전쟁지도체계
제2부 : 기동계획
  1. 공격 전 단계
  2. 공격 후 단계
제3부 : 질의 토의
제4부 : 최고사령관 교시

o 제2부에서는 조국통일계획의 기동계획을 공격 전 단계와 공격 후 단계로 구분해서 보고드린 후 오찬시간을 갖겠습니다.

o 제3부에서는 제1,2부에서 보고드린 내용을 중심으로 질문하고 답변하는 질의 및 토의시간을 갖겠으며

o 제4부에서는 경애하는 최고총사령관 동지의 교시를 끝으로 오늘의 회의를 모두 마치게 되겠습니다.

(1) 남북한 군사력 비교

남북한의 전력 비교는 도표에서 보시는 바와 같습니다. 여기서 남한의 전력은 남한 국방부에서 발표한 자료를 인용했습니다.

남북한 군사력 비교 8)

구 분			한 국		북 한		한국 대비	
병 력		지상군	56만명	69만명	100.3만명	116만명	1.7배	1.7배
		해 군	6.7만명		5.4만명			
		공 군	6.3만명		10.3만명			
지상군	부대	군 단	11개		20개		1.8배	2.4배
		사 단	50개		62개		1.2배	
		여 단	20개		113개		5.6배	
	장비	전 차	2,200여대		3,800여대		1.7배	1.86배
		장갑차	2,250여대		2,300여대		1.02배	
		야 포	4,850여문		12,000여문		2.47배	
		헬 기	570여대		320여대		0.56배	
해군		수상전투함	170여척		440여척		2.58배	4.8배
		지 원 함	30여척		510여척		17.0배	
		잠 수 함	6척		40여척		6.66배	
공군		항 공 기	60여대		-		-60	1.73배
		전 투 기	550여대		850여대		1.54배	
		지 원 기	180여대		520여대		2.88배	
특 수 전 병 력			-		10만명		+10	
예비전력(병력)			304만여명		745만여명		2.45배	+441만

교 도 대	173만명
노농적위대	414만명
붉은청년근위대	118만명
준군사부대	39만명
계	745만명

　　차트에서 보시는 바와 같이 병력면에서는 한국군보다 아군(북한군: 이후 아군이라 함)이 1.7배나 많으며, 지상군의 부대 수에 있어서도 2.4배나 되며, 장비의 수량에 있어서도 1.86배, 해군의 함정 수에 있어서는 4.8배, 그리고 공군의 항공기 대수에 있어서는 해군 항공기까지 포함해서 1.73배로 우세합니다. 예비전력에 있어서는 남한보다 441만 명이나 많은 전력이 준비되어 있음을 알 수 있으며 전체 전력으로 보면 남한보다 1.7배~4.8배나 우세한 전력을 가지고 있습니다.

---

8) '98국방백서, p.213

(한국의 국방부 대변인은 '99년 2월 현재로 남한은 북한의 79.5%의 전력을 유지하고 있다고 발표했는데,[9] 북한은 장비의 신·구형이나 성능 등에 대해서는 고려함이 없이 숫자만으로 전력을 비교하는 우를 범하고 있다.)

(2) 북한의 전력증강 사항

다음은 최근 남한이 크게 위협을 느끼고 있는 아군의 전력증강사항에 대해서 보고드리겠습니다.

전 력 증 강 사 항

증 강 구 분	장 비	내 용	
수도권공격용 화력장비의 전방배치	170m자주포 240m방사포 Frog-5/7 로켓 SA-5 SAM	350여 문 250여 문 54기 20기	10)
탄도미사일 배치	SCUD-B/C 노동1호 미사일	340km/600km 1,300km	
항공기전방기지배치	구읍리(MIG-17) 누천리(MIG-17) ⟩ 태탄(IL-28)	80여 대 20여 대	11)
도 하 능 력	수륙양용차(K-61) 조립식 S형 부교	760여 대 2,200여 개	12)
기습상륙능력	공기부양정	130여 척	13)
AN-2기 개조	자폭식	일 부	14)
화생전 능력	SCUD-B/C 노동1호 미사일 ⟩ 전방배치된 야포	650발 중 60% 화학탄 야포탄의 10%가 화학탄	15)

9) 조선일보 1999.2.13
10) 국방백서 '97~'98 p.57 The Military Balance '96~'97. p.186
11) 상게서 '96~'97 p.51
12) 상게서 1998. p.40
13) 상게서 1998. p.42
14) 한국일보 1998.9.28
15) 상게서 1998.9.28

차트에서 보시는 바와 같이, 남한의 서울과 수도권을 공격하기 위한 장거리 화력장비를 대폭 증강시켰습니다.

170미리 자주포와 240미리 방사포, 프로그-5/7 로켓을 휴전선 근접지역에 배치함으로서 최단시간 내에 대량의 포탄을 퍼부을 수가 있게 되었으며, 수도권과 춘천-속초를 연결하는 선까지 사격이 가능하게 되었습니다.16) 또한 사정거리가 250㎞에 달하는 지대공미사일인 SA-5 20여 기가 전방에 배치됨으로써 남한의 중부지역까지 공중공격이 가능하므로17) 남한 전투기를 조기에 타격 가능하게 되었습니다.

그리고 아군의 자랑인 SCUD-B/C와 노동1호 탄도미사일을 실전 배치하였습니다.

SCUD-B 개량형 미사일의 사정거리는 340㎞이며, SCUD-C 개량형 미사일은 600㎞에 달하므로서 남한의 수도권은 물론 남한 전지역이 사정권 내에 들어가며, 노동1호 미사일은 사정거리가 1,300㎞나 됨으로 제주도와 일본 동경까지도 사정권 내에 두고 있습니다. 그러나 남한에는 고작 180㎞ 정도의 미사일이 있을 뿐 평양까지 사정거리가 미치는 미사일이나 포는 단 한 문도 없습니다.

공군에서는 휴전선에서 가까운 구읍리, 누천리, 태탄에 비행기지를 건설하여, 구형 전투기인 MIG-17기를 구읍리와 누천리에 전개함으로써 6분이면 서울에 1차 공격을 가할 수 있게 되었습니다. 그리고 IL-28폭격기를 태탄에 전개함으로써 서울까지 종전 30분에서 10분으로 단축시켰습니다.18)

---

16) 국방백서 1998, P45
17) 상게서, p.45
18) 국방백서 ´96~´97, p.51

　그리고 6.25 통일전쟁 당시 도하문제로 서울에 3일간이나 대기함으로써 실패한 교훈을 되새겨서 K-61 수륙양용차 760여대와 조립식 S형 부교 2,200여 대를 증강시킴으로서 도하 능력을 크게 향상시켰습니다.

공기부양정

　또 1척당 1개 소대 규모를 승선시켜 50노트의 고속으로 목표지역에 기습상륙시킬 수 있는 공기부양정 130여 척을 건조하여 기습상륙 능력을 향상시켰으며, 특히 이 공기부양정은 해상은 물론 남,서해안의 갯벌에도 기동이 가능함으로 이제 남한의 전해안이 상륙 가능 지역이 됨으로 남한은 대상륙방어에 전전긍긍할 것입니다.

　AN-2기는 잘 아시는 바와 같이 시속 160㎞로 남한의 레이더에 포착되지 않고 저공으로 침투할 수 있는 경비행기입니다. 이 항공기에 폭탄을 싣고 목표지점에 돌진하여 자폭할 수 있도록 개조[19]하여 시험을 거친 후 일부 배치하고 있으며, 이 자폭 AN-2기의 조종사가 되어 조국을 지키는 총폭탄이 되겠다고 자원하는 조종사가 너무 많아 골치를 앓고 있다고 알려져 있습니다. 그리고 현재 배치되고 있는 SCUD-B/C 미사일과 노동1호 미사일 탄두의 약 60%와 전방배치된 야포 약 2,000문 중 10%는 화학탄[20]으로 준비되고 있음을 말씀 드립니다.

이상 보고드린 내용은 최근에 아군의 전력이 크게 증강된 내용으로서 남한으로서는 굉장한 위협을 느끼고 있을 것입니다.

앞에서 보고드린 남북한의 군사력 비교에서 우리가 월등히 앞서 있고 또 최근 탄도미사일을 포함한 증강된 군사력이 합쳐지고 또 아군의 강점을 십분 발휘하면 단숨에 남한을 압도, 석권할 수 있을 것으로 확신합니다.

그런데 이런 것도 모르는 남한 인민들은 GNP(국민 총생산)가 우리의 25배나 된다고 큰소리 치지만(부록#3. 남북한 주요총량 지표 비교, 참조) 군사 전략적인 면에서 보면, 현재의 전력이 단기전의 승패를 결정하는 것입니다. 아무리 큰 잠재력이 있다고 하더라도 단기전에는 잠재력을 당장 전력화할 수 없음으로 무용지물이라는 것이 오늘날의 전쟁이론입니다. 이와같이 압도적인 현재의 전력을 창조한 것은 천재적인 군사적 탁견을 가지신 영명하신 최고사령관 동지의 지도하에 이루어진 것이기에 우리 인민군 860만 장병들은 총사령관 동지의 통일의 명령만을 기다리고 있는 것입니다.

이 말이 떨어지자 갑자기 우레와 같은 박수가 쏟아지고 김

---

19) 국방백서 1998, p.42, 한국일보 1998.9.28
20) 한국일보 1998.9.28

정일도 자못 흐뭇한 표정으로 같이 박수를 치고 있다.

(잠재력은 무용지물이라는 이치에 맞지 않는 전쟁이론을 내세우면서 현재 전력으로 절대 승리할 수 있다고 자신에 넘쳐흐르는 태도다.)

박수 소리가 멈추자, "그럼 계속 하겠습니다." 하고는 차트를 넘긴다.

(3) 인민군의 강점

한국군에 비해 우리 인민군의 강점이 무엇인가에 대해 보고드리겠습니다. 우리 인민군의 강점은 바로 한국군의 약점이기도 합니다. (차트를 넘기자 이렇게 기록되어 있다.)

인민군의 강점

① 기습공격이 가능한 배비
② 고속기동력의 보유
③ 동시전장화능력 보유
④ 남한 수도권에 포병화력의 집중능력 보유
⑤ 장거리 탄도미사일과 대량파괴무기 보유
⑥ 인민군대의 필승정신 충일

인민군의 강점 하나하나에 대해서 보고드리겠습니다.

(가) 기습공격이 가능한 배비

(대학총장은 지시봉으로 대형지도에 표시된 부대위치를 짚으면서)

아군은 평양 원산선 이남에 10개 군단 60여 개의 사단 및 여단을 전진 배치하고 있음으로 전시에 아무런 부대조정 없이 그대로 기습남침이 가능한 상태로 배치되어 있습니다. 그리고 전선 부대 후방으로는 포병군단, 기계화군단, 전차군단과 같은 기동화부대들이 공격축선상에 따라 종심으로 배치되어 있어서, 전선부대들이 돌파구를 형성하면 이 기동화부대들이 즉각 투입되어 종심 깊숙히 기동할 수 있도록 배치되어 있는 것이 우리의 강점입니다.[21]

전방의 포병부대 역시 재배치하지 않고 갱도진지 내에서 노출됨이 없이 종심 깊은 사격이 가능함으로 화력기습의 달성도 가능한 것입니다. 그리고 공군은 주력 전투기의 47% 이상이 전방에 신설한 각 비행기지와 평양권에 배치되어 있어 현 진지에서 바로 출격할 수 있으므로 전쟁 임박의 기도 노출 없이 5분 내지 10분이면 남한의 수도권에 도달할 수 있으므로 기습공격이 가능한 것입니다.[22]

해군은 과거 상륙지점이 한정되어 있어서 기습상륙이 불가능했었습니다. 그러나 공기부양정을 생산하게 됨으로써 동서해안 어느 곳이나 기습상륙이 가능하게 되었습니다. 특히 시속 50노트 이상의 고속기동이 가능할 뿐만 아니라 갯벌이 있는 서해안 지역 어느 곳에도 접안할 수 있으므로 이제는 동서해안 어느 때, 어느 곳이나 대부분 상륙할 수 있어, 기습상륙이 가능하게 되었다는 것이 아군의 강점입니다. 그러나 남한으로서는 동서 전해안에 대상륙방어를 할 수 없을 것임으로 기습을 당할 수밖에 없을 것입니다.[23]

---

21) 국방백서 1998, p.40
22) 상게서, p.65
23) 국방백서 1998, p.43

이처럼 전방에서 후방에 이르기까지 부대 배치의 사전 변동없이 공격을 시작할 수 있으므로 아무리 인공위성이 발달된 미국이라도 이를 포착하지는 못할 것입니다. 기습이 가능한 배비상태에 있다는 것이 아군의 강점이며 남한에게는 기습을 당할 수밖에 없는 약점이 될 것입니다.

(나) 고속기동력의 보유

고속기동이 가능한 전차 3,800여 대, 장갑차 2,300여 대, 그리고 자주포 6,000여 문[24]과 이들로 장비된 4개의 기계화군단과 2개의 포병군단, 그리고 1개 전차군단은 한국의 종심 깊은 지역까지 일거에 대담한 고속돌진이 가능한 고속기동력을 보유하고 있어 속전속결의 주역을 담당할 수 있을 것입니다.

그리고 앞에서도 언급한 바와 같이 해군의 고속상륙정과 공기부양정은 해상에서 50노트라는 고속기동이 가능하기 때문에 이 고속기동을 이용하여 개전초 동시 다발적인 기습상륙으로 남한을 혼란에 빠뜨릴 수 있을 것입니다.

(다) 동시전장화능력 보유

아군은 고도로 훈련된 10만 명이 넘는 특수전부대를 보유하고 있습니다. 이 부대들은 전쟁개시 직전이나 또는 개전과 동시에 공중과 해상, 지상 그리고 땅굴을 통해서 은밀하게 전후방지역으로 침투하여 주요 군 지휘통신시설과 방공시설, 비행장 등 군사시설과 후방 병참시설 등을 타격함으로써 전후방 동시전장화를 통해서 국민의 심리적 공황 유발과 남한의 전쟁 지속능력을 파괴하게 될 것입니다.

---

24) 12,000문의 야포 중 50% 이상이 자주화 되어 있다는 국방백서의 자료에 따라 산출한 숫자임.

그리고 이들 특수전부대를 투입할 수단인 AN-2기를 비롯한 수송기, 헬기, 잠수함과 잠수정, 고속상륙정, 공기부양정 등으로 2만여 명을 동시 수송할 능력을 보유[25]하고 있으며, 특히 휴전선에 연하여 굴착된 20여 개의 땅굴[26]을 이용하여 개전 초기에 침투하는 특수전부대는 남한의 전방 주력부대를 조기에 무력화시키고 후방에 침투한 특수전부대와 연결을 시도함으로서 전후방을 동시에 전장화할 수 있다는 것이 아군의 강점입니다.

(라) 남한 수도권에 포병화력의 집중타격능력 보유

전방에 있는 화기 진지에서 남한의 수도권에 사격을 가할 수 있는 포병 화력은 장거리 포인 170미리 자주포, 240미리 다연장 로켓, 프로그(Frog-5/7) 로켓이며, 이들 화력장비는 단시간에 수만 발의 포탄과 로켓탄을 대량 발사할 수 있는 능력을 보유하고 있으므로 인구 1,000만 명이 살고 있는 남한의 서울을 일시에 재압할 수 있는 것이 아군의 최대 강점이며 남한으로서는 최대 약점인 것입니다.

(마) 장거리 탄도미사일과 대량파괴능력 보유

아군은 남한이 보유하지 못한 탄도미사일을 보유하고 있음은 잘 알고 있는 사실입니다. 그러니 한국군은 평양까지 사정거리가 닿는 전략미사일은 단 한 기도 없습니다. 그러나 영명하신 최고사령관 동지의 지시에 따라 SCUD-B, SCUD-C, 노동1호, 대포동 미사일 특히 작년 8월말에 발사한 광명성1호는 온 세계가 우리(북한)의 기술력에 놀라고 그 사정거리가 미국까지 도달할 수 있다는데 미국과 일본을 또 한번 놀라게

---

25) 국방백서 '96~'97, p.47,48
26) 상게서, p.48

했습니다. 그리고 미국과 일본을 위시한 서방국가들은 아군이 핵과 화학 및 생물학 무기인 대량파괴무기를 보유하고 있다고 믿고 있습니다.

실제 미 국방성에서는 우리가 핵무기 1~2발을 보유하고 있고 화학탄 5,000ton을 보유하고 있다고 언론에 밝힌 바 있습니다.27)

아군이 대량파괴무기를 얼마나 보유하고 있는지 본인 자신도 정확히 알 수 없습니다만 이런 대량파괴무기와 장거리 탄도미사일을 보유하고 있는 이상, 과거 6.25 통일전쟁처럼 미군이 또다시 참전하거나 핵위협을 가하는 그런 일은 없을 것이며, 또한 일본이 한반도 전쟁에 지원하는 일은 되풀이되지 않을 것임을 확신하는 바입니다.

(마치 연설하듯 톤을 높이자 모두들 박수를 친다. 무슨 웅변대회장 같은 분위기이고, 김정일도 상당히 만족한 표정이다. 박수가 끝나자 차트를 넘기고 보고를 계속한다.)

미사일 개발현황28)

미사일 종류	사정거리	탄두	추진로켓	운반
SCUD-B	340km	985kg	1단	차량
SCUD-C	600km	700kg	1단	차량
노 동 1호	1,300km	770kg	1단	차량/고정
대포동1호	1,700~2,100km	770~1,000kg	2단	고정
대포동2호	4,300km이상	1,000kg	2단	고정

그리고 차트에서 보시는 바와 같이 아군은 다양한 미사일 체계를 가지고 있습니다. 사실 우리가 몇 발의 핵무기를 전략적으로, 심리적으로 잘 운용만 하면 미국과 일본의 국민 여론

---

27) 한국일보 1996.8.12, Jane's Intelligence Review(1996.8)
28) 국방백서 1998, p.44

SCUD 미사일

을 반전(反戰)으로 기울어뜨려 한반도 전쟁에 개입하지 못하
도록 할 수 있을 것입니다. 뿐만 아니라 우리의 탄도미사일이
일본 동경과 동북아의 미군시설, 한반도로 접근하는 미군의
함대, 그리고 미 본토를 겨냥하고 있는 한, 미국과 일본은 한
반도 전쟁에 결코 개입하지 못할 것입니다. 외국의 개입이 없
는 남북간의 전쟁은 현존 전력이 절대 우세한 아군의 강점입
니다.

(바) 인민군대의 필승정신 충일

우리 당(북한 공산당)과 인민군대, 그리고 인민들은 경애하
는 인민군 최고사령관 동지를 옹호 보위하는 총폭탄이 되겠다
는 강고한 결의에 나서고 있으며 특히 우리 인민군 장병들은
최고사령관 동지의 독창적인 군사적 사상이론 및 전술로 무
장29)되어 조국통일에 대한 열망은 언제라도 경애하는 총사령

---

29) 북한군 창건 65주년을 맞이한 민주조선의 논설문
    (조선일보1997.4.25)

관 동지의 명령 일하에 목숨 바쳐 침략자들을 철저히 소멸해서 백전백승할 철석 같은 신념이 가슴 깊이 새겨져 있어 공격명령의 날만 손꼽아 기다리고 있습니다. 그리고 남한의 사회와 군대는 민주주의 체제의 특징인 자유 방종하여 명령계통이 서지 않는 남한 군대에 비해서 우리(북한)의 인민군대는 목숨 바쳐 우리의 공산주의체제를 지키고 조국통일전쟁에 뛰어들 강고한 정신적 채비가 충일한 것은 큰 강점 중에 강점이라 할 수 있습니다.

지금까지 아군의 강점에 대해서 보고드렸습니다.

(4) 최고사령관 전쟁지도지침

다음은 영명하신 최고사령관 동지의 전쟁지도지침에 대해서 보고드리겠습니다.

최고사령관 동지께서는 기회 있을 때마다 우리들에게 조국통일전쟁의 전쟁지도지침을 하교하시었습니다.

특히 지난 ′94년 4월에 인민무력성 간부들에게 "군부는 평화통일을 기대해서는 안 된다. 우리 인민이 잠자고 있을 동안에 공격해서 아침에는 통일 뉴스를 들을 수 있도록 속전속결을 하지 않으면 안 된다"[30]고 명확히 하교하신 바 있습니다.

지금까지 하교하신 내용들을 정리하면 다음과 같습니다.

(차트를 넘기고, 지시봉으로 차트를 짚으면서 읽어 내려간다.)[31]

---

30) 北朝鮮 人民軍の 全貌, p.35,36 (′96.5에 귀순한 李哲秀 대위의 증언임)
31) 국방백서 1997~1998, p.47

최고사령관 동지의 전쟁지도 지침

「기습공격과 전후방 동시공격으로 초전부터 대혼란을 조성하고 전쟁의 주도권을 장악함과 동시에 전차, 장갑차, 자주포로 장비된 기동화부대를 고속으로 종심 깊숙히 돌진시킴으로써 미군의 증원 이전, 최단시간 내에 전 남한을 석권한다. 필요시 대량살상무기 사용도 가능하다」

[32]

이른바 '단기속전속결'의 전쟁지침이며, 필요시 대량살상무기 사용도 가능하다는 특별지침이 포함되어 있습니다.

(5) 최고사령부 전략방침

최고사령관동지의 '단기속전속결'의 전쟁지도지침을 구현하기 위해서 구체적인 전략방침을 수립하였습니다.

전략방침은 차트에서 보시는 바와 같습니다.

전 략 방 침

① 선제기습공격

② 전후방 동시전장화

③ 고속종심돌진공격

④ 공중우세권 확보

⑤ 미군증원 조기 차단

⑥ 필요시 대량살상무기 사용

첫번째 전략방침은 선제기습공격, 두번째는 전후방 동시전장화, 세번째 고속종심돌진공격, 네번째 공중우세권 확보, 다

---

32) 국방백서 1997~1998, p47.

섯번째 미군증원 조기 차단, 그리고 필요시 대량살상무기 사용입니다.

이 전략방침 하나하나에 대해서 보고드리겠습니다.

(가) 첫번째 방침은 선제기습공격입니다.

현대전은 과학기술의 발달로 무기위력이 증대되고 다량의 포탄(탄두)을 동시에 발사할 수 있으며 또 정확도와 사거리의 향상에 따라 화력의 대형화가 이루어져 선제공격의 효과는 실로 막대하며 여기에 적이 아군의 기습공격의 징후를 감지하지 못했을 때 즉, 선제기습공격은 상승효과를 발휘하여 전쟁에서 승리를 결정적으로 보장하게 되는 것입니다.

이 선제기습공격 방침은 최고사령관 동지께서 가장 중요하게 강조하시는 방침입니다.

이 방침에 따라 아군은 지난 수십년간 기습달성을 위해 부대배치를 기회있을 때마다 전진 배치하여 이제는 재배치없이 공격이 가능하도록 되어 있습니다. 아무리 정찰위성이 발달되어 있는 미국이라 할지라도 부대 이동이 없는데 어떻게 공격징후를 찾아낼 수 있겠습니까? 그리고 아군이 보유하고 있는 가공할 화력과 엄청난 고속의 기동력은 선제기습공격이 달성될 때 그 위력은 배가 되어 초전에 전쟁을 승리로 이끌게 될 것입니다. 다만 기동계획에서 보고드리겠습니다만은 공격개시 직전단계에서 아 특수전부대들의 침투기동을 어떻게 기도 비닉하느냐 하는 것이 중요한 기습달성의 열쇠가 될 것입니다.

또한 기습달성을 위해 전략적으로 적을 기만할 수 있는 술책을 활용하여 적으로 하여금 대비를 소홀하게 만들 때 기습달성 효과는 더욱 커지게 될 것입니다.

그리고 또 하나 기습달성에서 간과할 수 없는 중요한 것은 비밀의 보장입니다. 비밀이 보장되지 않는다면 기습을 달성할 수 없다는 것은 너무나 상식적인 것입니다. 6.25 통일전쟁시 우리 선배들이 비밀보장에 얼마나 철저했느냐 하면 사단장 이상의 장령들이 부모 처자에게도 훈련갔다 온다고 속이고 전쟁터로 달려나갔던 그 훌륭한 정신을 상기하고 오늘의 이 전술토의 내용도 철저히 비밀이 보장되어야 할 것입니다.

(나) 두번째 방침은 전후방 동시전장화입니다.

사실 6.25 통일전쟁시에 전후방 동시전장화가 안 되어 실패했다는 별오리회의[33]에서의 교훈을 우리는 잘 알고 있습니다.

최고사령관 동지께서는 10만 명이 넘는 특수전부대를 양성하시고, 또 AN-2기를 비롯한 각종 항공기와 잠수함 및 고속상륙정, 공기부양정 등의 침투 수단, 그리고 땅굴을 사전 준비하시어서 특수전부대를 공중과 해상으로, 지상으로, 그리고 지하(땅굴)로 전선후방 및 남한 전지역으로 침투하여 군 지휘통신시설 및 각종 군 시설, 후방의 국가 주요시설과 대도시 등에 초전부터 습격과 파괴, 테러, 여기에다 화생무기까지 살포하면 극도의 혼란과 마비현상까지 일으키게 될 것입니다. 이렇게 되면 한국군은 전후방 동시에 전투를 강요당하게 됨으로써 전방 전투지원과 전쟁 지속능력에 심각한 타격을 받게 될 것이며 이때 아군은 종심기동으로 특수전부대들과 연결하여 속전속결하게 될 것입니다.[34]

---

33) 별오리회의는 1950.12.23 자강도 만포군 별오리에서 개최된 당 중앙위원회 제2기 3차 확대전원회의에서 6.25전쟁의 실패에 대한 자아 비판과 시정을 논의한 내용의 김일성 연설이 있었다.

(다) 세번째 방침은 고속종심돌진공격입니다.

이 전략방침은 현대전과 한반도 정세를 간파하신 천재적 전략가이신 최고사령관 동지의 신념입니다.

6.25 통일전쟁 때는 3일 만에 서울을 점령한 후 한강도하하는데 3일이 걸려서 수도권 점령에 1주일이 소요되었습니다. 앞으로는 이런 전쟁은 실패합니다. 공격개시하면 당일로 서울 점령과 아울러 수원-강릉선을 점령하는 그야말로 전광석화와 같은 고속기동전쟁으로 끝장내야 합니다.

휴전선에서 서울까지 40㎞, 수원까지 70~120㎞ 모두 1일 작전거리입니다. 우리 장거리포도 진지 변환없이 그 자리에서 화력 지원이 가능합니다.

이런 고속기동전의 돌진을 위해서 영명하신 최고사령관 동지께서 일찍부터 부대를 기동화하여 지금 우리의 기동력은 남한과는 비교가 안 되리만큼 고속기동력을 자랑하는 부대로 육성해 놓았을 뿐만 아니라, 일단 돌파구가 형성되면 주요 축선을 따라 전차, 장갑차 등 기계화부대를 후방 깊숙히 투입[35] 시킬 제2제대를 적절한 위치에 배비시켜 놓으신 데 대해서 정말 경하하고 탄복해 마지않는 것입니다.

그리고 종심 깊은 전략적 기동로에는 병력과 화력의 집중은 물론 특수전부대의 투입으로 기동부대에 대한 기동의 보장이 이루어져야 하는 것이 대단히 중요합니다.

전략적 기동로에 있는 주요 교량 등 각종 장애물은 특수전부대에 의해서 사전 확보되거나 제거되어야만 기동부대가 아무런 장애나 저항없이 돌진할 수 있으며 또 적의 입체적인 화

---

34) 국방백서 1998, p.38,66
35) 상게서 1998, p.66

력으로부터 보호받기 위해서는 아 특수전부대와 공군의 지원이 전략적 기동로에 집중되어야만 가능하고 특히 기동화된 방공포여단의 대공제압이 보장될 때 고속종심돌진이 가능하게 될 것입니다. 이 고속종심돌진공격의 보장은 바로 단기속전속결의 요체입니다.

(라) 네번째 방침은 공중우세권 확보입니다.

현대전은 공군이 공중우세권을 확보하지 못하면 전쟁에서 승리할 수 없다는 것은 6.25 통일전쟁에서 뼈저린 체험을 한 바 있습니다. 특히 과학의 급속적인 발전으로 공군의 항공기와 레이더 그리고 방공통제체제는 3위 일체로 자동화되어 있기 때문에 항공기와 방공 미사일의 눈과 귀가 되는 레이더와 방공통제체제를 조기에 파괴하는 것은 아군의 공중우세권 확보의 최우선 과제입니다.

기동계획에서도 보고드리겠습니다만 전방기지에 배치된 MIG-17 항공기는 우선적으로 남한의 전방에 위치한 방공레이더기지에 기습적인 공격을 가하여 파괴하게 될 것입니다.

그리고 한반도와 같은 제한된 지역에서는 적 비행장 시설의 파괴 또는 사용 거부는 적 항공기의 행동반경을 극도로 제한하기 때문에 아군의 공중우세권 확보에 절대적으로 유리하게 작용합니다. 그러므로 적의 공군력을 조기에 철저히 파괴하는 것은 아 공군의 공중우세권 확보를 보장하게 되는 것이며 이것은 바로 단기속전속결을 하게 되는 지름길인 것입니다.

(마) 다섯째 방침은 미군의 증원을 조기에 차단하는 것입니다.

금번 전쟁은 조국통일전쟁입니다. 남북한 전력 비교에서도 지적했듯이 우리의 전력은 남한보다 절대 우위에 있으므로 단기속전속결로 전승이 확실시되지만, 만일 정보능력이 뛰어나고 또 첨단무기와 핵무기로 장비된 미군이 증원되면 장기전에 돌입하게 될 가능성이 있으며 이렇게 되면 우리는 원하지 않는 미국과 전쟁을 하게 될 우려가 있으므로 미군이 한반도의 통일전쟁에 개입할 수 없도록 하는 단호한 조치가 이루어져야 합니다. 만일 미군이 개입한다 하더라도 증원군이 한반도에 도착하기 전에 전쟁을 종결시켜야 한다는 것입니다. 그래서 최고사령관 동지께서 '단기속전속결'의 전쟁지도지침을 하달하신 것이며 지난 50여 년간 미군철수를 끈질기게 주장하고 있는 소치도 바로 여기에 있는 것입니다.

그래서 우리의 기발한 전략적인 책략으로 미국으로서는 도저히 전쟁에 개입할 여지가 없도록 하는 것이고, 여의치 않으면 전쟁개입 의사결정이 되기 전에 전쟁을 끝내버리는 속전속결 방침이라 할 수 있습니다.

(바) 여섯번째 방침은 필요시 대량살상무기도 사용 가능하다는 새로운 전략방침입니다.

이 방침은 필요시 사용 가능하다는 것만 보아도 신중한 사용이 요망된다 할 수 있습니다. 대량살상무기는 피아가 공유할 경우에는 사용하기가 대단히 어려우나 일방에서 보유할 경우에는 절대적인 무기가 됩니다. 그리고 대량살상무기 사용은 UN에서 금지하고 있으나 우리는 '화학무기금지협약'(CWC)과 '전면핵실험금지조약(CTBT)'에(부록#4. CTBT 참조) 가입하지 않고 있으므로 비교적 사용에 자유로운 처지입니다만, 실제 사용할 때는 국제사회에서 비난을 받을 가능성이 큰 것도 사실입니다. 그러나 사용해서 비난받는 것보다 조국통일의 확실한 보장이 설 때는 지체없이 사용해서 공산화 통일을 완성해야 할 것이 요망되는 전략방침입니다.

이상으로 '단기속전속결'의 전쟁지침의 구현을 위한 전략방침에 대해서 보고를 마치겠습니다.

다음은 전쟁 개시시기에 대해서 보고드리겠습니다.

(6) 전쟁 개시시기 결정

다음은 조국통일 전쟁의 시기를 언제로 할 것인가 하는 공격개시시기 결정에 대한 검토결과를 보고드리겠습니다.

(가) 전쟁개시 년도(Y년도)

조국을 통일할 '결정적 시기'가 조성되는 해가 바로 전쟁을 개시하는 해가 될 것이며, 이 결정적 시기는 남한 사회가 극단으로 혼란이 조성되거나 또는 주한미군이 철수하는 등 정치군사적으로 유리한 시기를 의미하며,[36] 이 시기의 결정은 경애하는 최고사령관 동지를 정점으로 하는 국방위원회에서 결정해 주실 것이므로 여기서는 생략하겠습니다.(북한 인민이 폭동을 일으키는 등 체제유지가 위협받는 경우도 '결정적 시기'가 될텐데, 여기에 대해서는 언급하지 않고 넘어간다⋯⋯.)

이 결정적 시기가 조성되는 연도를 계획목적상 'Y년'으로 하겠습니다.

(나) 공격개시일(M월 D일 H시)

공격개시시기(M월) 결정을 위해서는 앞에서 보고드린 전

---

36) 국방백서 1998, p.37

략방침과 작전적인 지배요소를 포함하여 판단해 본 결과 차트
에서 보시는 바와 같습니다.

전 략 방 침	작전적요소	봄	여름	가을	겨울	기타 고려요소
선제기습공격	기습달성	×	○	○	×	기도비닉
전후방동시전장화	특수전운용	×	○	○	×	엄폐와 은폐
고속종심돌진	속 도 전	○	×	○	△	강우,강설,노면
공중우세권확보	공중기동	△	△	○	△	청명한 날씨
미군증원조기차단	단기결전	○	×	○	△	속도전
속전속결	군수지원	○	×	○	△	강우,강설,습격,기온
속전속결	기 상	○	×	○	△	월상,해상,상륙

전략방침인 선제기습공격을 위해서는 기습달성에 주안을
두고 기도 비닉의 용이성을 고려한 결과 여름, 가을철이 적기
였으며, 전후방 동시전장화의 방침 달성을 위해서는 특수전부
대의 운용 용이성에 주안을 두고 엄폐와 은폐의 용이성 등을
고려한 결과 역시 여름과 가을철이 적기였습니다. 고속종심돌
진을 위해서는 기계화부대의 고속기동을 위해 강우, 강설과
노면상태를 고려한 결과 봄과 가을철이 유리했으며, 공중우세
권 확보를 위해서는 청명한 날씨가 많은 가을철이 유리했습니
다. 추가적으로 군수지원의 용이성과 상륙작전시의 월상과 해
상조건 등을 고려해 보면 봄과 가을철이 유리한 것으로 분석
되었습니다.

공격개시시간 선정 참고자료[37]

양력	음력	월상	월출 (시 분)	월몰 (시 분)	항해박명 (시 분)	천문박명 (시 분)	만조 (시 분)	조고 (cm)
9. 7	7.28	◐	02:55	17:20	05: 9	04:36	03:03	791
9. 8	7.29		04:00	18:03	05:10	04:37	04:00	846
9. 9	7.30		05:04	18:40	05:10	04:38	04:47	887
9.10	8. 1	●	06:08	19:15	05:11	04:39	05:28	908
9.11	8. 2		07:10	19:46	05:12	04:40	06:06	910
10. 6	8 27	◐	02:54	16:40	05:35	05:04	02:46	761
10. 7	8.28		03:57	17:14	05:36	05:05	03:41	811
10. 8	8.29		04:58	17:46	05:36	05:06	04:25	848
10. 9	9. 1		05:59	18:17	05:37	05:07	05:04	867
10.10	9. 2	●	06:58	18:47	05:38	05:08	05:39	868

※ 만조시기는 인천만의 시간임.

전략방침 5개 사항과 추가적인 작전적 요소를 고려한 총체적인 판단결과는 1년 사계절 중 '가을철'이 가장 공격하기에 유리한 계절로 판단하였습니다.

그리고 가을철 중에서도 가장 적절한 일시를 선정하기 위해서는 기습공격을 위해서 달이 없는 그믐이 되는 시기를 선정해야 하고 또 기습상륙하기에 유리한 서해안의 밀물 만조시기에 조고가 최고조에 달하는 시기 선택과 천문학박명시간(BMNT)이 모두 일치될 수 있는 시기를 검토해 본 결과 1999년을 기준으로 할 때 가을철인 9월에는 7일~11일 사이와 10월에는 6일~10일 사이가 달이 없는 그믐께가 되고 또 추수시기를 고려하면 10월이 적절하다고 판단하였습니다.

10월 중 만조시기와 천문학박명시간 등을 고려해 본 결과 다음 차트에서 보시는 바와 같이 10월 8일(음 8월 29일)을

---

37) 역서(1999년), p.24~27, p.87

공격개시일로 하는 경우 BMNT가 05:06분이므로 05:00시를 공격 개시시간으로 하면 특수전부대의 육상 및 해상 그리고 공중 침투조건이 모두 만족스럽습니다.(부록#5. 1999년 9월 및 10월의 역서 발췌 참조)

그래서 계획목적상 공격개시시기는

Y년 10월8일(음 8월 29일) 05:00시를 공격개시일시(D일 H시)로 결정하였습니다.

(7) 전쟁지도체계

다음은 전시 전쟁지도체계에 대해서 보고드리겠습니다.

사회주의 헌법에 명시된 대로 인민군 최고사령관이 인민군 총참모장을 통해서 인민군대와 교도대, 노농적위대, 붉은청년근위대, 사회안전부의 인민경비대 등 일체의 무력을 통합 지휘하는 체계가 되겠습니다.

인민군 최고사령부는 현 국방위원회가 인민무력성을 흡수하여 현 인민군 최고사령관 동지께서 전쟁지도를 하며 부사령관에는 인민무력상이 임명되어 최고사령관을 보좌할 것입니다.

총참모부는 평시체제의 현역과 교도대 지휘에 추가하여 노농적위대, 붉은청년근위대와 인민경비대를 직접 지휘하게 됩니다.

총참모부는 전선사령부를 별도 편성하여 예하에 지상군 10개 군단을 3개의 타격군으로 편성하여 지상작전을 전담하게 되겠으며, 필요시 추가적인 군단을 지원할 것입니다. 기타 사령부는 모두 전선사령부를 지원하게 되겠습니다.

전시 인민군 편성표

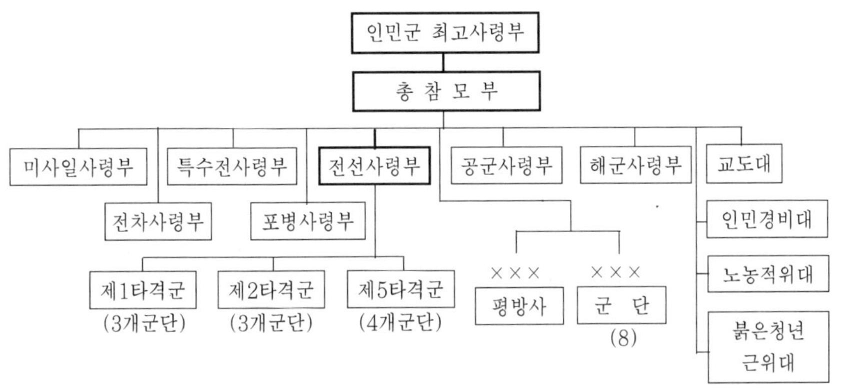

※ 평시의 각 교도지도국을 "사령부"로 개칭함.

이상으로 제1부 보고를 마치고 20분간 휴식 후에 제2부를 시작하겠습니다.

(군사종합대학 총장은 차려! 시킨 후 최고사령관에게 경례를 하자 김정일은 앉은 채 그의 특이한 자세로 경례를 하고는 일어서서 퇴장하자 뒤이어 모든 장령들이 퇴장하고 회의실에는 실무자 몇 명만이 남는다.)

나. 제2부 : 기동계획 시나리오

(휴식시간이 끝나자 처음 회의실에 입장했던 같은 요령으로 입장하기 시작하여 마지막으로 인민군 최고사령관이 입장하자 보고자는 경례를 하고 제2부를 진행한다.)

제2부를 시작하겠습니다.

제1부에서 보고드린 전쟁 지도지침과 전략방침에 따라서

저희 군사종합대학에서 준비한 기동계획을 보고드리겠습니다.

기동계획은 공격 전(前) 단계와 공격개시 및 후 단계로 구분 보고드리겠습니다.

(1) 공격전 단계 (D-6일~D일) 기동계획

공격 전 단계는 D-6일부터 D일 공격개시시간 전까지의 기간이며, 이 공격 전 단계에 대한 인민군 최고사령부의 작전지침은 다음과 같습니다.

인민군 최고사령관의 공격 전 단계 작전지침

인민군 특수전부대들은 의명 각종 수단으로 시차적으로 적 지역에 침투하여 적 후방의 비행장을 비롯한 지휘통신시설과 레이더 및 방공시설 등 전략목표를 파괴하여 후방지역에 대혼란을 조성하고, 전선부대가 공격시 전선돌파부대를 적극 원호함과 동시에 고속종심돌진부대의 기동을 확실히 보장하고 적 후방부대를 고착시키고 아 전진부대와 연결할 준비를 하라.

이 방침에 따라 특수전부대의 기동은 D-6일부터 시작됩니다.

(가) D-6일(10월2일) : 잠수함 침투

추석이 1주일이나 지난 10월 2일 아군(북한)의 1,000ton급 잠수함 6척이 동서해 각 기지에서 출항하여 동해안의 주문진과 영덕, 울산의 3개 지역과, 서해안의 화성군 조암과 충남 서천의 2개 지역, 그리고 남해안의 완도 1개소, 도합 6개소에 하현의 달이 아직 뜨지 않은 어두운 밤 22시30분경(월출 23시46분) 인적이 드문 해안에 각각 50명씩의 한국군 군복을 입은 특수전부대들이 침투 상륙하는데 성공하여 각각의 목표지역으로 이동하게 됩니다.

6개 침투 상륙지점 중 2개소는 한국군 경계초병에 발견되었으나 "특전부대의 야간 특수훈련인데 그것도 모르고 있느냐?"고 오히려 호통을 치고 유유히 목표지역으로 이동합니다.

그러나 이 상황이 한국군의 상급부대에 보고되고 확인 결과 그런 훈련상황이 없다는 사실에 놀란 남한 해안부대는 비상령을 발령하고 출동하였으나 이미 두 시간이 경과한 후인데다 야음으로 인하여 제대로 아군을 추격할 수가 없을 것입니다.

그리고 잠수함들이 철수할 무렵에 한국군의 해상레이더에 포착된 잠수함 1척이 한국의 해공군에 발견되어 추적을 당해 격침되었으나 잔여 5척은 무사히 귀환하였습니다. 그러나 한국군은 잠수함의 영해침범과 해안에 특수전부대의 침투 상황을 종합 판단한 결과 '96년 12월의 강릉지역 해상침투와 유사한 북한의 대규모 무장공비가 잠수함을 통해 해안 6개소로 침투하였음을 확인하고, 한국군 제2군사령부는 관하 전지역에 비상령을 발령하고 각 지역의 사단들로 하여금 대대적인 소탕작전을 시작한다고 발표하게 됩니다.

이후 한국 제2군에서는 예비군을 동원하고 육·해·공군 합동으로 소탕작전을 전개하고 특히 많은 헬기는 아 특수전부대를 곤란에 처하게 했으나 다행스럽게도 남한의 울창한 산림은 좋은 엄폐를 제공하여 소수의 피해로 작전임무를 성공적으로 수행하게 됩니다. 그러나 침투 후 2~3일이 경과하면서 아군의 피해가 증가되자 작전방침에 명시된 전략목표 파괴를 담당한 '특공조'들은 목표지점 가까운 곳에 도달하여 지하 은신처를 마련하여 대기하고 있고, 이들을 제외한 특수전부대원들은 모두 분산되어 소규모로 파괴와 습격작전을 전국적으로 감행하는 전술로 바꾸자 한국 후방지역은 온통 혼란속에 빠지고 특히 전국 도로의 검문검색으로 교통은 마비상태에 빠지고 맙니다. 한편 한국군은 예비군을 추가 동원하고 일부 전방의 전투부대까지 차출하여 후방작전에 투입하여 단기간 내에 작전을 종료할 태세로 전환합니다. 이것은 우리가 바라는 바입니다.

그러나 용감한 아 특수전부대들은 피해가 격심함에도 불구하고 조국과 인민을 위해 목숨을 걸고 부여된 임무를 수행하고 또 남은 임무를 완수하기 위해서 습격 및 도망을 반복하면서 생존을 유지하는 필사의 노력을 기울이면서 조국통일전쟁 개시일에 쳐내려올 아 기동부대와 연결할 그날을 손꼽아 기다리게 됩니다.

(나) D-4일(10월4일) : 후방 비행장에 생물학작용제 살포

D-6일 서해상으로 침투한 특수전부대 중에는 특별한 임무를 띤 화학 특수전요원이 포함되어 있습니다. 이들은 상륙한 지점과 비교적 근거리에 위치하고 있는 비행장 3개소에 대하여 생물학작용제를 살포할 준비를 하고 침투한 것입니다.

D-6일부터 이들 특수요원들은 비행장 가까운 지역에 은신하면서 비행장 경계상태를 정찰하고 침투계획을 수립한 후 D-4일 02:00에 이들 화학 특수요원 8명은 비행장 울타리에 접근하여 2명이 경계하는 가운데 2명은 울타리 밑을 파기 시작한 지 불과 20여 분 만에 한 사람이 통과할 수 있을 만한 통로를 만들게 됩니다. 그리고 신호를 하자 조금 떨어진 곳에 은신하고 있던 별도의 화학병 4명은 대형 마호병(물통)과 같은 것을 휴대하고 순식간에 울타리 밑을 통해 비행장 내부로

침투하여 어둠 속으로 사라집니다.

그리고 30~40분이 경과한 정각 03:00가 되자 울타리 근처에 특이한 새소리가 나고 경계하던 요원이 이에 응답합니다. 그러자 가스마스크와 긴 고무장갑을 착용한 4사람의 침투요원이 어둠 속에서 나타나 울타리 밑을 통해서 나왔고 이들은 경계병 2명과 함께 바로 어둠 속으로 사라집니다. 나머지 2명은 파놓은 울타리 구멍을 완전히 메꾸고 흔적을 없앤 후 곧 뒤따라 갑니다.

이와같은 비행장 침투작전이 3개소에서 감쪽같이 이루어집니다.

그로부터 하루 이틀이 지난 후부터 3개의 비행장에서는 공군 조종사를 비롯한 많은 인원이 독감과 같은 고열과 기침 그리고는 호흡곤란을 일으키는 등 고통을 호소하고 일어나지 못하게 되고 또 빠른 속도로 많은 인원에게 전염되어 공격개시일인 D일경에는 일부 인원은 사망 또는 적어도 50% 이상의 병력이 전투 불가능하게 될 것입니다.

이것이 바로 생물학작용제 중의 하나인 '탄저균'이라는 작용제를 살포한 효과입니다.

그런데 화학 특수병들이 적 비행장에 침투하여 붙들리지 않는 한 이 탄저균이 자연 발생적인 것인지 또는 누가 살포한 것인지 알 수 없는 것이 특징입니다.

이렇게 되면 적의 공군 비행기는 있어도 조종사가 없어서 출격할 수 없는 현상이 일어나게 될 것입니다.

(다) D-3일(10월5일) : 제1차 땅굴침투작전

3일 전(D-6일) 아 특수전부대의 해상침투로 남한의 후방

지역은 아 침투부대를 소탕하기 위해서 한국군은 마치 전쟁을 방불하리만큼 대규모의 공지합동작전을 전개하고 있는 시기에, 전선에 있는 아 군단의 특수여단 부대들은 D-3일 01:00 달도 없는 어둠 속에 아 제2군단과 제5군단 그리고 제1군단 정면에서 남방한계선 훨씬 남쪽 지역까지 이미 굴설해 놓은 20여 개의 땅굴38) 중 6개소만을 사용하여 각각 30명씩의 6개 팀이 한국군 특전사 요원과 똑같은 군복차림에 배낭을 메고 땅굴 출구로부터 나온 후 출구를 다시 복구하고 위장한 후 각각 목표지역으로 사라집니다. 이들 각 팀은 전방에서 서울과 수원, 춘천, 원주, 강릉에 이르는 주요 기동로 상에 한국군이 설치해 놓은 대형 전차 장애물이 있는 곳에서 멀지 않은 산악지역에 은신한 후, 날이 밝자 각 팀들은 각각 책임 맡은 목표물에 대한 정찰을 실시하고 대형 전차 장애물 폭파계획을 수립 후 다음날(D-2일) 01시부터 02시 사이에 30여 개소의 대형 대전차 장애물을 폭파시키고 그날로 땅굴을 통해 모두 복귀하게 됩니다.

이 대형 전차 장애물이 폭파되어 도로를 차단해 버리자 밀려드는 민간 차량들에 의해서 서울, 청평, 춘천, 인제, 속초 북방 주요 국도는 갑자기 마비상태가 되어 버립니다.

이렇게 되자 한국군측에서는 전차 장애물을 폭파시킨 것은 해안으로 침투한 북한 특수전부대들이 북상하여 폭파시킨 것으로 판단하고 추격작전을 개시했으나 도로의 마비로 작전 차량의 이동이 지연되어 작전은 늦어질 수밖에 없게 됩니다.

이때부터 남한은 전후방 할 것 없이 침투된 아 특수전부대

---

38) 국방백서 1998. p.41

를 소탕하는 소탕전에 군과 경찰이 총동원되어 마치 전시를 방불케 됩니다.

이렇게 되자 남한의 전국 주요도로 상에는 군경에 의한 검문검색과 군용차량의 이동증가로 차량 체증이 심화되어 남한 인민들의 불편은 이만저만이 아닐 뿐만 아니라, 특히 산업물동량의 이동이 지연됨에 따라 경제활동도 현저히 둔화되고 수출도 큰 타격을 입게 될 것이 예상됨에 따라 국민들은 불안한 마음으로 TV와 라디오의 뉴스에 귀를 기울이고 있는 와중에 또 수도권 북방의 전차 장애물의 폭발은 국민들을 더욱 놀라게 하고 혹시 전쟁이 일어나는 게 아닌가 하는 우려의 빛이 역력해집니다.

한국 정부는 금번 잠수함 침투와 주요 시설들에 대한 습격은 명백한 휴전협정 위반뿐만 아니라 한국에 대한 영토침범과 전쟁도발행위라 규정하고 UN안전보장이사회에 재소할 것을 검토하게 됩니다.

한편 미국은 "금번 사태는 지난번('96년 12월)의 잠수함 사건시 재발방지 약속이 있었음에도 불구하고 또다시 침략적인 도발행위에 대해 UN안보리의 강력한 제재가 있어야 한다고 주장하고, 이번 사태를 주시하고 이 이상의 군사행동이 확산되면 이는 전쟁행위로 간주하여 한미공동방위조약에 따라 한국과 함께 군사행위에 공동보조를 맞출 것임을 천명하고 북한은 즉각 도발행위를 중단하라"고 경고하게 될 것입니다.

이때 평양 중앙방송은 "우리는 남한에 잠수함으로 병력을 침투시킨 바도 없으며, 사살되었다는 병력은 모두 한국 군복에 한국 장비를 한 것으로 보아 한국 군인들이 집단적으로 반란을 일으킨 것을 우리에게 뒤집어 씌우는 어리석은 공작은 그만하라, 우리 애국적인 인민군대를 계속 모독하고 모함하면 우리 인민군은 가만 있지 않을 것이다. 더욱이 한국의 국내 문제를 가지고 미국이 우리에게 위협을 가하는 언동에 대해서는 더이상 참을 수 없음을 미국에게 엄중히 경고한다.”는 요지의 발표를 하게 됩니다.

아울러서 “남한이 이 문제와 관련하여 우리와 논의할 용의가 있다면 판문점에서 만날 수 있다”고 제의합니다. 이렇게 하면 아마도 남한은 즉각 개최하자고 요구해 올 것이 예상됩니다.

(라) D-2일 (10월6일) : 한국 동원령 선포

이쯤되면 한국군은 전쟁이 임박했다는 것을 인지하고 한국 정부는 각의를 거쳐 D-2일 14:00에 동원령을 선포하게 될 것으로 예상됩니다. 동원령이 선포되면 남한의 전 동원사단은 예비군을 동원해야 하는데 이미 일부 예비군이 동원되어 현역과 함께 아 특수전부대 소탕전에 출동해 버렸기 때문에 이들을 복귀시키고 예비군을 추가 동원하다 보니 계획보다 동원이 늦어져서 D-1일(10월 7일) 20:00경에야 계획된 전방 목표지역으로 이동하기 시작할 것으로 판단됩니다.

(마) D-1일 24:00 : 제2차 땅굴 침투

D-1일 24:00에 총 8개 여단의 아 특수전부대들이 한국군 군복 차림으로 휴전선 남방까지 이미 굴설된 8개의 땅굴을 이용 침투하여 한국군의 전방 군단사령부를 위시한 사단, 연대, 대대의 지휘시설과 통신시설을 중점 습격하여 지휘기구를 마비시킴과 동시에 장거리 포병부대를 습격하므로서 대포병전을 저지하고 동시에 최전방 전차 장애물을 폭파시키자 한국

군 전차부대들이 전방으로 출동하다가 전진을 못하고 정지하고 있는 사이 전차공격을 가하고는 타 목표지역으로 이동하게 됩니다.

그러자 한국군 전차부대 일부는 전차 구난차로 장애물을 제거하고 전방으로 이동하게 됩니다.

이렇게 되자 한국군 전방부대들은 통신이 두절되어 어쩔 줄을 모르고 혼란 상태에 빠지게 됩니다.

(바) D-1일 : 후방지역 주요 교량 및 터널 폭파

잠수함으로 침투한 특수전 부대원들의 마지막 주요한 임무가 D-1일 24:00에 후방지역의 주요 교량 및 터널 30개소를 폭파하는 것이었는데, 이들은 계획대로 이 교량과 터널들을 폭파시키는데 성공합니다.

이로 인해 동원이 완료된 남한 군대의 동원사단의 이동은 도로가 복구될 때까지 기다리거나 우회도로를 이용하다가 아군의 매복에 걸려 전투를 벌이기도 합니다. 이리하여 동원사단의 북상은 모두 지연되고, 또 주요 국도에는 교량 파괴로 민간차량이 도로에 가득차 있어 이를 제거하지 않는 한 군사적 이동은 불가능한 교통마비 상태에 빠지게 됩니다.

(사) D일 (10월8일) : AN-2기 침투

D일 달이 없는 그믐날의 어둠을 타고 00:30에 첫번째의 AN-2기 30여 대씩 2개 조가 동·서 휴전선을 넘어 각각 남으로 침투하기 시작합니다. 이어서 01:00에도 두번째의 30여 대씩 2개 조가, 그리고 01시30분에 세번째의 30여 대씩 2개 조, 02:00에 네번째의 30여 대 1개 조, 그리고 03시30분에 다섯번째의 30여 대 1개 조, 총 8개 조 240여 대의

그림 17 AN-2기

AN-2기가 30분 내지 1시간 간격으로 5차례에 걸쳐 휴전선을 넘어 한국 지역으로 침투합니다.

이 AN-2기는 무장한 병력 13명 정도를 태우는 시속 160㎞ 속도로 날으는 경비행기로 날개가 포제로 되어 있어 저공비행시는 남한 군대의 레이더에 탐지되지 않는 특징을 십분 살려서 고도를 낮추고 산간계곡으로 이동하게 되므로39) 남한군의 레이더기지에서는 이런 사실을 전연 포착하지 못하고 있을 때, D일 02시30분경에 서울 외곽지역과 수원, 오산, 강릉 지역 그리고 중부권과 남부권 지역의 선정된 8개 목표지역에 각각 30여 대씩의 AN-2기가 도달합니다.

① AN-2기 서울 외곽 침투

D일 네번째(02:00)로 휴전선을 넘은 AN-2기 8대는 02시30분에 서울 북방 H골프장에, 다른 7대는 서울 서측 Y골프장에, 또 다른 8대는 서울의 동측 C골프장에, 그리고 또다른 7대는 서울 남쪽 N골프장에 접지하는 순간에 병력은 뛰어

---

39) AN-2기의 최대속도는 250㎞/hr, 순항속도는 160㎞/hr, 항속거리 900㎞이며, 시간당 90㎞까지 저속비행이 가능하다. 이륙 및 착륙거리는 150m～170m에 불과하다.

내리고 비행기는 바로 이륙하여 기수를 북으로 돌리게 됩니다. 순식간에 각 골프장마다 약 90명씩의 특수전부대들의 침투는 이루어집니다.

골프장에 내린 병력은 신속하게 대오를 갖추어서 그들의 목적지로 이동하게 됩니다. 각 골프장의 경비원들은 AN-2기의 착륙하는 모습을 밖으로 나와 재미있게 구경하고 있습니다. 왜냐하면 약 20분 전에 베레모를 쓴 한국 특전사 복장에 대령 계급장을 부착한 아 특수전 장교가 무장병력 3~4명과 함께 와서 "며칠 전 해상으로 침투한 무장간첩 소탕을 위해 한국 특전사 부대원들이 귀 골프장에 경항공기로 착륙할 것이므로 장애물을 제거해 달라"는 요청을 직접 받았기 때문입니다.

그리고 1시간 반 정도 후인 D일 03시30분경에 서울 시내에는 갑자기 정전이 되면서 여러 곳에서 폭발음과 총소리가 요란하게 들려옵니다.

서울 시내에서 들리는 총소리와 폭발음은 골프장으로 내린 아 특수전부대원들이 서울시 외곽 각 방향으로부터 침투하여 시내의 발전소와 변전소를 폭파시키는 가운데 총격전이 일어난 것이고 이로 인해 휘황찬란하게 빛나던 야경의 도시 서울시는 순식간에 정전이 되어 검은 유령의 도시마냥 칠흑과 같은 어둠 속에서 119의 구급차 사이렌 소리만 요란하게 들리게 됩니다.

그리고 서울 시내와 수도권에 있는 한국군의 대공포대들은 아 특수전부대의 야간습격을 받아 대공포의 기능이 절반 이상이 상실됩니다.

② AN-2기 서울 상공 직접 침투

D일 다섯번째(03시30분)로 휴전선을 넘은 AN-2기 30여 대 1개 조가 또다시 서울로 직행하여 정전이 되어 깜깜한 서울 상공에 04:00경에 도착하게 됩니다. 이것을 탐지한 한국군의 대공포와 대공 미사일이 사격을 가해오자 아군의 AN-2기 5～6대가 명중되어 불을 뿜으면서 추락하는 상황도 있었습니다만은 대부분의 AN-2기는 서울 상공 약간 높은 고도에서 병력들을 낙하산으로 투하시킵니다. 지상에서 근무중인 한국군의 군경들이 낙하하는 아 낙하병들에게 사격을 가하고, 낙하하는 아 특수전부대원들도 사격을 가하면서 낙하합니다. 낙하중 아마도 상당수 인원이 한국군의 사격에 피격될 것입니다.

낙하한 아 특수전부대원들은 모두 한국군 군복을 입고 소총과 수류탄으로 무장하고 배낭에는 폭약을 휴대하고 낙하한 후 계획된 목표에 수류탄 공격과 폭파 등으로 공격하고 있을 때 골프장으로부터 이미 침투한 아 특수전병력들은 휴대한 RPG사격으로 주요시설을 파괴하면서 공중침투병력과 합류하게 됨으로써 서울 시내는 어둠 속에서 요란한 총소리와 폭발음, 거기에다 정전으로 인한 방송의 중단, 통신 불통, 급수 중단, 교통의 마비 상태까지 이르자 1,000만의 서울 인민은 우왕좌왕 극도의 공포심에 쌓여 어쩔 줄을 모르게 됩니다.〈참고〉RPG-7(7호 발사관)은 휴대용(중량 4.65kg)으로 벙커나 건물, 차량 등을 파괴시킬 수 있는 장비로 관통력 32㎝, 유효 사거리 500m이다.

그러자 남한의 수도방위사령부의 전차대대가 출동하여 소탕전에 나섰으나 시내에는 아군에 의해 파괴된 민간차량으로 인하여 기동이 불가능한 상태가 되고 또 야음으로 피아의 구분도 안되어 전차는 별로 기능을 발휘하지 못하게 됩니다.

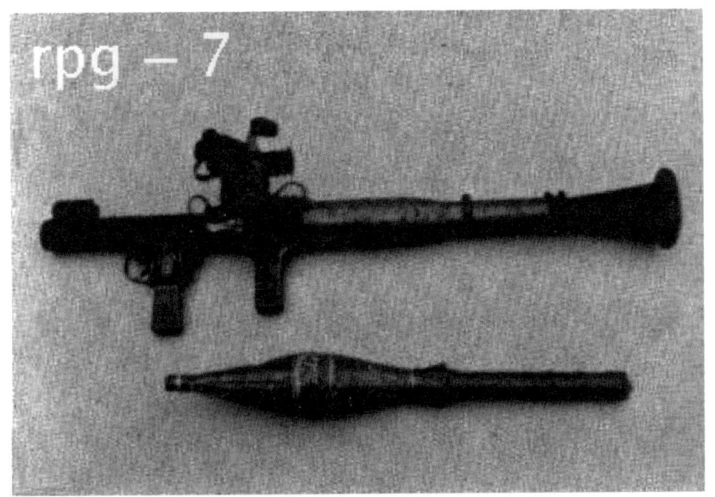

RPG-7(7호 발사관)

〈참고〉RPG-7(7호 발사관)은 휴대용(중량 4.65㎏)으로 벙커
나 건물, 차량 등을 파괴시킬 수 있는 장비로 관통력 32㎝, 유
효사거리 500m이다.

적의 모습이 보이지 않아 사격 표적을 찾을 수는 없는데 이
곳 저곳에서 폭발은 일어나고 또 화재가 발생하는 등 그야말
로 서울 시내는 순식간에 아수라장이 되어 버립니다.

이번 서울 시내에 공중으로 투하된 300여 명의 아 특수전
부대원들은 낙하 도중 부상이나 사망자가 절반 가까이 될 것
으로 판단합니다. 그러나 무사히 착륙한 150여 명과 외곽에
서 침투한 병력 300여 명, 도합 450여 명은 서울 시내를 공
황(panic)의 암흑 천지로 만드는데 충분하고도 남음이 있습
니다.

③ AN-2기 수원 및 오산 침투

세번째(01시30분)로 서부지역 휴전선을 넘은 30대의

AN-2기는 D일 02시30분에 수원과 오산 사이의 2개 골프장에 분할 착륙하는데 성공하며, 이곳에 미리 대기하고 있던 해상으로 침투한 특수전부대의 특공조와 만나 이들의 안내로 수원 및 오산비행장 방향으로 이동 대기하다가 03시30분이 되자 일제히 비행장으로 침투하여, 엄체호 내에 있는 항공기와 주요 통신시설 그리고 활주로를 불과 1시간 이내에 파괴, 폭파시키고 04시30분경 비행장에서 이탈 어둠 속으로 사라집니다.

④ AN-2기 강릉과 횡성 침투

세번째(01시30분)로 중동부지역에서 휴전선을 넘은 AN-2기 30대는 D일 02시30분에 강릉과 횡성 부근에 15대씩 각각 착륙하여 특수전부대를 침투시킵니다. 이들은 03시30분에 같은 요령으로 강릉과 횡성 비행장을 각각 습격하는데 성공하고 04시30분경에 타 목표지역으로 이동하게 됩니다.

⑤ AN-2기 중부 및 남부권 침투

휴전선을 맨먼저(00시30분) 그리고 두번째(01:00)로 휴전선을 넘은 각각 60여 대씩의 AN-2기는 D일 02시30분에 계획된 8개 목표지역에 근접한 골프장과 고속도로에 각각 15대씩 착륙하여 해상으로 침투한 특공조의 안내로 모두 목표지역으로 이동하게 됩니다. 고속도로의 경우는 해상으로 침투한 특공조들이 고속도로에 착륙할 수 있도록 사전 조치해 주었기 때문에 무난히 착륙할 수 있었습니다. 목표지역 가까이에 도착한 특수전 부대원들은 특공조원들과 합동으로 D일 03:30가 되자 그들의 목표인 비행장과 레이더기지, 미사일기지 내로 침투하여, 엄체호에 있는 항공기와 레이더, 미사일 그리고 통신시설 등에 대한 RPG 공격과 폭파를 실시하고 일부 폭파

조는 폭약으로 활주로의 일부를 폭파시키게 됩니다.

이렇게 되자 남한에 있는 전 비행장과 주요시설에는 지상 전투가 벌어지고 적의 장갑차의 출동으로 아 특수부대의 피해도 격심하게 됩니다.

그러나 적의 항공기도 많은 피해를 받았지만, 활주로의 파괴는 긴급 복구될 때까지 상당시간 항공기의 이착륙이 불가능하게 되었다는 것이 큰 성과입니다.

그리고 침투한 AN-2기 중 몇 개 조는 남한의 전방 레이더기지 부근 산악지대에 특수전부대를 직접 투하하게 됩니다. 산악지역에 착륙하는 관계로 특수전부대원들 중에는 많은 부상자도 발생되었으나 계획된 목표인 레이더기지에 대한 RPG 사격과 폭파 등으로 레이더의 파손은 물론 상당기간 레이더 작동 불능상태로 만들게 되겠습니다.

이들 레이더기지의 습격으로 아마도 남한의 조기경보 시설은 모두 까막눈이 될 것이 틀림없습니다.

(아) D-일 : 03:30 비상활주로의 폭파

후방에 AN-2기로 침투한 특수전부대의 중요한 임무 중의 또 하나는 남한에 있는 수개소의 비상활주로를 거부하는 임무였는데 이들 특수전 부대원들은 D일 03시30분에 각각 부여받은 비상활주로의 남단과 북단 도로를 시차를 두고 폭파시킴으로써 비상활주로상에 밀려드는 차량으로 가득 메워져 비상활주로는 오도가도 못하는 차량 주차장으로 변모해 버립니다.

(자) D일 04:30~05:00 : 공격 준비사격

D일 04:30분이 되자 전방의 전 전선에서 일제히 공격준비사격이 시작되어 05:00시까지 30분간 실시됩니다. 그리고

같은 시간에 인천과 김포공항 등 서울 외곽지역에 있는 주요 시설에 대해서 장거리포인 270미리 포와 240미리 방사포, 프로그-5/7 로켓 사격이 시작됩니다. 서울 외곽으로부터 들려오는 포탄의 작열하는 굉장한 폭음과 땅이 진동하는 정도가 03:30시부터 들려온 시내의 총소리와는 전혀 다른데 놀란 서울 시민들은 이제야 전쟁이 난 것을 실감하고 곧 시내에 폭탄이나 포탄이 떨어질 것을 우려한 극도의 공포심으로 어떻게 대피해야 좋을지 몰라 우선은 지하실 있는 곳을 찾느라 우왕좌왕하고 피난할 궁리를 하게 될 것입니다.

(차) D일 04:30 : SCUD 미사일 공격

공격 준비사격이 시작되는 같은 시각에 북한의 SCUD 미사일여단에서는 한국의 주요도시와 비행장 그리고 주요시설 등에 사격을 개시합니다. 특히 한국군의 비행장은 모두 아 특수전부대의 공격을 받은 후에 또 SCUD 미사일 공격을 2차로 받게 되어 막심한 피해를 입게 될 것입니다.

아군의 SCUD 미사일이 미군의 패트리어트(Patriot) 미사일 대대에 집중공격을 가합니다. 패트리어트 미사일이 아군의 SCUD 미사일 수발을 격추하는데 성공하였으나 대부분은 격추하지 못하고 오히려 패트리어트 미사일 대대가 격심한 피해를 입게 됩니다.

대전, 대구, 부산을 위시한 대도시에도 수십 발의 SCUD 미사일이 낙하되자 시민들은 크게 동요하게 되었고 SCUD 미사일의 오차로 인해 도시 외곽에도 수발이 낙하하자 대도시의 시민들은 시내를 빠져 나갈 수도 없고 그대로 있을 수도 없어 전전긍긍하는 모습이 역력할 것입니다.

그리고 한국의 몇 개 발전시설에도 SCUD 미사일이 낙하되었으나 핵심시설은 파괴하지 못하고 발전 중단으로 정전시키는 데는 성공하게 됩니다. 이로 인해서 한국의 대부분 지역에 전력공급이 중단됩니다.

이상과 같은 상황은 전쟁개시(D-day, H-hour)시간 직전까지의 상황입니다.

(2) 공격개시 이후 기동계획

다음 공격개시 이후의 기동계획에 대해서 보고드리겠습니다.

공격작전은 최고사령관 동지의 전쟁지도지침에 따라 최단시간 내에 전쟁을 종결시키기 위해 5일 작전을 구상하였으며 작전은 3개 단계로 구분 실시하게 되겠습니다.

제1단계 작전계획부터 보고드리겠습니다.

(가) 제1단계 작전계획(D일)

제1단계에 대한 최고사령부의 작전방침에 대해 먼저 보고드리면

제1단계 작전방침

인민군 연합부대들은 제5타격군을 주타격군으로 하고 제1, 2타격군을 보조타격군으로 하여 개성, 연천, 철원, 양구, 고성 일대에서 일제히 공격을 개시하여 수원-강릉선을 최단시간 내에 확보한다. 해군은 안산과 강릉에 강습상륙하여 적의 퇴로를 차단하며 지상군과 연결하고, 공군은 주타격군에 우선을 두고 근접지원을 하며, 적의 기본집단을 수도권과 휴전선 일대 그리고 수원-강릉선 북방에서 포위 내지는 격멸하고 제2단계 작전에 진출할 준비를 갖춘다.

이 제1단계 작전방침에 따라 Y년 10월 8일 05:00에 일제

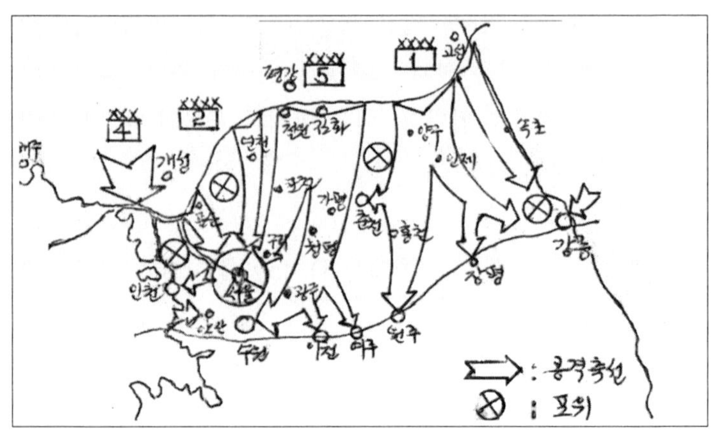

제1단계 작전 기동계획(D일)

히 공격을 개시하여 수원-강릉선을 확보하는데 목표를 두고
1일 작전으로 실시됩니다.

① D일 지상군 작전

다음은 D일 지상군 기동계획에 대해서 보고드리겠습니다.
(하고는 긴 지시봉을 가지고 단상 중앙에 설치된 대형 지도판
으로 가서 지도판에 도시된 기동계획을 짚어 가면서 설명하기
시작한다.)

ㅇ 제5타격군은 전선사령부의 주타격군으로 4개 군단으로
편성하여 철원, 평강, 금화에서 전선을 돌파하고, 주력 기계
화군단은 전선부대를 초월하여 김화-청평(가평)-광주-신갈-
수원 방향으로 공격하여 수원을 점령하며, 안산에 상륙한 상
륙부대와 연결하여 수도권 대포위를 완성합니다.

주력군단의 일부 사단은 청평에서 여주 방향으로, 광주에서
이천 방향으로 진출, 여주와 이천을 확보하게 됩니다. 조공군
단은 신철원-포천-구리 방향으로 진출하여 서울의 동측방을
포위합니다. 특히 제5타격군의 진격에 장애가 되는 주요 교

량, 전차 장애물에 대해서는 특수전부대들이 사전 침투하여 확보합니다.

　○ 제2타격군은 보조공격군으로 3개 군단으로 편성하여 서부지역에서 공격을 실시합니다. 제4군단은 김포반도 북방에서 견제공격만 실시하고, 전선군단이 휴전선을 돌파하면 기동화 군단은 문산-서울 축선과 연천-서울 축선을 따라 공격하여 당일 서울 외곽까지 도착한 후, 서울 북방을 포위하게 됩니다. 그리고 1개 기계화 사단은 행주대교 방향으로 도하하여 부천-인천 방향으로 공격하여 인천을 점령하게 됩니다. 특히 특수전부대는 행주대교를 확보하여 기계화 사단의 도하를 보장해야 합니다.

　○ 제1타격군은 보조공격군(助攻)으로 3개 군단 편성으로 양구와 동해안 지역에서 각각 공격을 개시하며, 주력군단은 양구-신남-홍천-원주 방향으로 공격하여 원주를 조기에 확보합니다. 주력군단의 일부 사단은 신속히 춘천을 탈취하여 주타격군의 측방을 보호하게 합니다. 또한 인제에서 1개 사단은 강릉과 장평 방향으로 진출합니다. 그리고 조공군단은 동해안을 따라 강릉으로 서서히 진출하며, 강릉에 상륙한 상륙군부대아 서측방이 사단과 합동으로 강릉 부방에 포위된 저을 섬멸합니다. 이렇게 3개 타격군이 각각 수원,이천,원주,장평,강릉을 점령함으로서 수원-강릉선을 확보하게 됩니다.

　○ 제5타격군이 수원을 점령하고 수도권 포위권이 형성되면 제2타격군과 제5타격군이 합동으로 서울을 압축 포위하되 서울 진입은 최고사령부의 훈령에 따라 실시됩니다.

　이때 중요한 것은 새로 편성된 대공미사일대대(장갑차에 대공미사일를 탑재한 것)들은 서울권에서 헬기나 수송기로 탈출하려는 미군부대나 미군 가족들의 공중 탈출을 하지 못하도록 철저한 대공경계가 요망되며 또 전차사단은 남으로 포위권을 돌파하려는 미군부대들을 저지하여야 합니다.

왜냐하면 이들은 전략적으로 중요한 '인질'이 되기 때문입니다.

D일 수원-강릉선이 확보되면 제1단계 작전이 종료되며 제2단계 작전개시는 최고사령부의 훈령에 따르게 됩니다.

② D일 : 해상작전

해군은 안산과 강릉 지역에 강습상륙을 실시하며, 진해항만을 봉쇄합니다.

○ D일 04시30분에 서해안에 배치된 SILKWORM 미사일이 인천 지역을 사격하며, 같은 시각에 서해 함대는 고속상륙정과 공기부양정으로 상륙부대를 안산 지역에 상륙시켜 조기에 수원을 점령하고 제5타격군과 연결합니다.

○ 동해 함대의 잠수함 부대는 D일 04:00에 진해항만에 침투하여 기뢰부설로 진해항만을 완전 봉쇄합니다.

○ D일 04시30분에 강릉 지역에 상륙부대를 상륙시키고 강릉을 점령한 후 전선에서 후퇴하는 적군의 퇴로를 차단하고 제1타격군과 합동으로 적을 포위 섬멸합니다.

○ 동서해 함대는 가용한 전 잠수함과 유도탄 공격정을 모두 출동시켜 해상 우세권을 장악하게 합니다.

③ D일 : 공군작전

공군은 전방 예비기지인 누천리와 구읍리에 배치된 MIG-17 항공기는 지상군 공격개시와 동시에 출격하여 수도권과 전방에 위치한 남한의 방공기지와 레이더기지를 일차적으로 폭격하게 되며, 후방에 위치한 적의 비행장과 레이더 및 통신기지 그리고 미사일기지에 대해서는 SCUD 미사일 공격에 이어서 2

차 공중공격이 이루어집니다. MIG-29대대는 적기 요격임무를 우선하며, IL폭격기 등은 후방에 있는 적 비행장과 지휘통신시설을 철저히 폭격하는 임무에 할당합니다.

④ D일~D+1일 : 미군의 전쟁개입 저지 방책

서울을 포위하고 제1단계 작전이 종료되는 이 시기는 미군의 전쟁개입을 저지해야 하는 중요한 시점이 됩니다.

미군의 전쟁개입을 저지하는 방책으로는 다음 3가지 방책을 고려할 수 있습니다.

㉮ 첫째, 서울 포위권 내에 있는 천만 명의 서울 시민과 미국 시민권자, 미군과 한국군의 인원 및 장비, 그리고 귀중한 문화재산을 미끼로 만일 미군이 전쟁에 개입하면 이 포위권 내에 대량파괴무기를 사용하여 서울을 초토화시키겠다고 협박하는 것입니다.

㉯ 둘째는 후방에 있는 미군시설과 동·서해로 접근하는 미군함대에 대해서 핵미사일 공격을 가할 것이며, 아울러 일본 내에 있는 미군 지원시설과 비행장 등에도 핵미사일 내지는 화생무기 공격을 가할 것이라고 경고 협박하는 것입니다.

㉰ 셋째는 실제 핵무기를 사용하는 안입니다.

제1안과 제2안의 경고에도 불구하고 미군이 개입하고, 오히려 미국이 우리에게 핵 공격 위협을 가해온다면 이때는 대전 지역에 핵미사일 공격을 실제 가하는 안입니다. 한편 미국 본토에도 핵미사일 공격을 가할 것이라는 위협을 발표하고는 즉각 제2단계 작전으로 전환하는 안이 되겠습니다.

실제 대전지역에 아군이 핵무기 공격을 가하면 미국과 일본은 깜짝 놀라서 핵으로 대응할 것인가를 논의하게 될 것이나, 미국내의 국민 여론은 결코 핵무기로 대응하여 미국의 귀한 젊은이들을 희생시키면서 핵전쟁을 하도록 허락하지 않을 것입니다.

일본 역시 반핵운동가들은 주일 미군기지 등에 난립하여 미군의 철수를 주장하고 일본 언론도 한반도의 대량 살상전쟁에 일본이 휩쓸려 들어가 우리가 다시 핵 피해국이 될 하등의 이유가 없다는 주장으로 전쟁개입 반대 압력을 가할 것입니다.

여기서 우방인 중국도 중재에 나서서 휴전을 주선할 것으로 예상할 수 있으나 이와는 관계없이 제2단계 작전이 진행되겠습니다.

(나) 제2단계 작전(D+2일)

제2단계 작전에 대한 최고사령부의 작전방침은 다음과 같습니다.

제2단계 작전방침

인민군 연합부대는 제5타격군을 주 타격군으로 하고 제1,2타격군을 보조타격군으로 하여 수원, 이천, 여주, 원주, 장평, 강릉 일대에서 일제히 공격을 개시함과 동시에, 대전 지역에 핵무기를 투발하여 남한에 공황을 조성하여 포위보다는 속도전에 중점을 두고 기동로상의 애로지역은 특수전부대가 사전 확보하여 최단시간 내에 군산-대전-영주-울진 선을 확보한다.

제2단계 작전을 수행하기 위해서 먼저 3개의 타격군으로 재편조하여 작전을 실시하며, 공격은 D+2일(10월 10일) 05시10분에 일제히 공격을 개시함과 동시에 대전 근교에 20KT 핵미사일 1발을 투발하게 됩니다. 이로 인하여 후방지역에 야기된 공황을 이용하여 군산-울진 선을 일거에 확보하는 1일 작전으로 실시하게 됩니다.

ㅇ 제4군단은 서울을 포위하고 있는 부대로 재편성하여 의명 서울 공격을 준비합니다.

ㅇ 제5타격군은 제2단계 작전의 주 타격군으로 3개 군단으로 편성하여 서부지역에서 공격을 실시하며, 수원-군산 축선의 서해안 축선과 수원-대전, 그리고 이천-보은 축선을 따라 공격하여 신속히 군산, 대전, 보은을 확보합니다.

ㅇ 제2타격군은 보조공격군으로 중부지역에서 2개 군단 편성으로 여주-점촌 축선과 원주-영주 축선으로 공격하여 신속히 점촌과 영주를 확보하게 됩니다.

ㅇ 제1타격군은 1개 군단(증강)편성으로 동부지역에서 강릉-울진 축선과 장평-춘양 축선으로 공격하여 신속히 춘양과 울진을 확보합니다.

ㅇ 제2단계 작전시 해군은 D+2일 05시10분에 울진지역에 상륙군 부대를 상륙시키고, 울진을 점령 후 후퇴하는 적군의 퇴로를 차단하여 제1타격군과 합동으로 포위된 적을 섬멸합니다.

이렇게 하여 1일 작전으로 군산-대전-영주-울진선을 확보함으로써 제2단계 작전을 종료합니다.

미국과 한국은 예상하지 못했던 아군의 핵미사일 공격에 당황하고, 한국 국민은 심리적으로 대공황을 일으키게 되고 여기에 인민군 연합부대가 단숨에 제2단계 목표선을 확보하게 되면, UN이나 미국이 중국을 앞세워 휴전을 제의하여 올 것으로 예상됩니다.

(다) 제3단계 작전(D+3일)

제3단계 작전은 UN의 휴전제의와는 관계없이 일부 타격군을 편조하여 공격을 계속하게 됩니다. 최고사령부에서 하달된 작전방침은 다음과 같습니다.

제3단계 작전방침

제3단계 작전은 2일간의 추격 및 평정작전으로 공격을 개시하여 당일로 광주-남원-고령-대구-영천-포항으로 연하는 선까지 진출, 의명 계속 공격하여 해남-순천-진주-마산-부산 선을 신속히 확보하여 전쟁을 종결한다.

서울을 포위하고 있는 제4군단은 제3단계 작전 개시와 동시에 서울로 진입 평정작전을 실시한다.

제3단계 작전기간 중 필요시 의명 화학 및 생물학 무기를 사용할 수 있다.

제3단계 작전을 위해서 3개 타격군으로 재편조하여 D+3일(10월 11일) 05시10분에 공격을 개시합니다.

○ 제4군단은 D일부터 서울을 완전 포위하고 있는 부대들을 지휘하여 공격을 준비하고 있던 중 D+3일 05시10분에 각 방향에서 서울 시내로 일제히 진입하여 평정작전을 실시하여 서울을 완전 평정하게 됩니다.

○ 제5타격군은 3개 군단으로 편성된 주타격군으로 1개 군단은 대전-무주-고령-진주 축선으로, 1개 군단은 대전-김천-대구-창녕-마산-부산 축선으로, 1개 군단은 점촌-대구-밀양-부산 축선으로 추격 작전을 실시합니다.

○ 제2타격군은 2개 군단으로 편성된 보조타격군으로, 1개

군단은 군산-광주-해남 축선으로, 1개 군단은 논산-전주-남원-순천 축선으로 추격작전을 실시합니다.

 o 제1타격군은 1개 군단 증강으로 편성된 보조타격군으로 1개 사단은 울진-영덕-포항-울산-부산의 동해안 축선으로, 1개 사단은 춘양-영양-청송-안강-포항 축선으로 1개 사단은 영주-안동-영천-경주-부산 방향으로 추격작전을 실시합니다.

 o 제3단계 작전을 실시하는 각 타격군은 신속한 추격작전을 실시하여 광주-대구-포항 선에 도착시는 보고 후, 의명 추격을 계속하되, 각 축선별 주력들은 추격작전을 실시하고 잔여 부대들은 평정작전을 실시하면서 해남-순천-진주-마산-부산의 남해안 선을 확보함으로써 남한 전체를 점령하고 전쟁을 종결하게 되겠습니다. 추격작전시 완강한 저항에 조우시는 화학무기를 사용하여 속도에 주력해야 할 것입니다.

 o 제3단계 작전기간 중 해군은 동해안의 포항, 부산, 서해안의 영광, 목포 지역에 상륙군을 상륙시켜 지상작전을 지원하게 됩니다.

 지금까지 제1단계에서 제3단계까지 지상군 작전 위주로 보고드렸습니다만은 매 단계마다 특수전부대와 해·공규은 계속 지원될 것이며, 이미 제1단계 작전에서 미군이 증원되지 않는 한, 공중 및 해상작전에서 우세권은 아군이 확보하고 있다는 가정하에서 계획이 작성되었음을 말씀드립니다.

(마) 소요 작전기간

지금까지 보고드린 작전은 남한 전체를 석권하는데 총 5일간의 작전기간이 소요되었습니다.

작 전 기 간

단 계	작전일수	작전 내용
1단계	2	· D일:수원-강릉선확보, 서울 포위 · D+1일:제2단계 작전준비
2단계	1	· D+2일:핵무기 투하, 속도전으로 군산-울진선 확보
3단계	2	· 추격 및 평정작전 · D+3일:광주-남원-대구-포항선 확보, 서울평정 · D+4일:남해안선 확보
계	5	

이상 제2부 기동계획에 대한 보고를 전부 마치겠습니다. 그리고 점심식사를 하신 후 제3부와 4부가 진행되겠습니다.

(군사대학총장이 최고사령관에게 거수경례를 하자, 김정일부터 퇴장하기 시작한다.)

2. 질의토의(제3부)

오후 13:55이 되자 오전에 참석했던 전 장령들이 자리를 잡았고 14:00 정각이 되자 김정일과 인민무력상, 총참모장, 총정치국장, 호위총국장이 입장하여 좌석에 앉자 제3부가 시작되었다.

단상에 있던 군사대학총장이 김정일에게 거수경례하고 제3부를 진행한다.

"오전에 보고드린 조국통일 전쟁계획은 저희 군사종합대학에서 준비한 안으로 미비한 점이 많을 것으로 생각됩니다.

존경하옵는 최고사령관 동지를 비롯한 선후배 장령 동지들께서 보완하여야 할 문제점과 의문점들을 질문해 주시면 본 계획 발전에 큰 도움이 되리라 믿습니다.

그럼 먼저 군단장 동지들로부터 질의사항이 있으시면 질문 받겠습니다."

이때 제4군단장이 손을 들고 일어나서 탁상의 마이크를 사용하여 질문하려고 하자, 군사대학총장이 "앉아서 질문해 주시기 바랍니다"라고 한다.

제4군단장은 자리에 도로 앉은 후 질문한다.

【질문1】 제4군단장입니다.

오늘 아주 훌륭한 계획에 경의를 표합니다. 다만 아군의 공격개시전에 특수전부대가 침투하여 한국군의 전차 장애물을 폭파시켜 버리면 아군의 기동에 장애가 되어 수원까지 1일 작전이 곤란할 것으로 예상되는데 그것에 대해서 말씀해 주시기 바랍니다.

군사대학총장이 답변한다.

【답변】 예, 좋은 지적이십니다. 그런데 D-2일에 거대한 전차 장애물을 폭파시켜 버리면 한국군은 그 폭파물을 그대로 둘 수가 없습니다. 왜냐하면 첫째로 민간차량으로 인하여 교통이 마비되므로 전방에 투입할 한국군은 이동할 수 없게 됩니다. 그렇게 되면 한국군은 할 수 없이 스스로 이 장애물을 제거할 수밖에 없질 않겠습니까? 장애물이 제거된 후 공격이 개시되면 우리의 작전은 더욱 쉽게 돌진할 수 있을 것입니다.

제4군단장은 할 말이 없어진다.

김정일이 고개를 끄덕이자 기분이 좋아진 군사대학총장은 "또다른 질문 받겠습니다." 한다.

이번에는 제2군단장이 질문한다.

【질문2】 제2군단장입니다.

공격준비사격 때 우리의 자랑인 240미리 방사포와 170미리 장거리포, 프로그 로켓 그리고 SCUD 미사일이 있음에도 왜 서울을 목표로 사격을 하지 않는지 그 이유를 알 수가 없는데 설명해 주시기 바랍니다.

【답변】 예, 생각 같아서는 청와대를 비롯한 제국주의자들이 많이 살고 있는 서울을 순식간에 불바다로 만들고 싶습니다만 영명하신 김정일 최고사령관 동지의 전략적인 구상으로서, 서울 시내에 있는 1천만의 동포들은 바로 우리의 전력이 될 수 있으며, 더욱 전략적으로 중요한 것은 서울에 포위된 동포들과 미국 시민권자들은 바로 우리의 '인질'로서 휴전 협상시 중요하게 써먹을 수 있기 때문입니다. 여담입니다만 서울은 우리의 인적자원과 군량미, 연료를 잘 보관하고 있는 보물창고입니다.

자못 여유있는 자세이다.

"또다른 질문을 받겠습니다."

【질문3】 제9기계화군단장입니다.

제1단계 작전에서 안산 지역에 상륙군 부대를 04:00에 상륙시켜서 교두보를 확보하고, 제5타격군이 수원에 도착하여 연결함으로써 수도권의 대포위작전을 완성하는 것으로 계획하고 있습니다. 제5타격군이 수원에 언제쯤 도착할는지 명시되어 있지 않습니다만, 상륙군 부대들은 적어도 10시간 이상 교두보를 확보하고 있어야 할 것입니다. 상륙군의 규모와 후

속지원 역시 어떻게 되는지 확실히 알 수 없으나, 한국군이 인천과 수원 지역에서 상륙군 부대를 3면으로 포위공격한다면 대단히 어려운 상황에 처하게 될 것으로 예상됩니다. 또 이렇게 되면 제5타격군과의 연결작전에도 차질이 생길 것으로 우려되는데, 여기에 대해서 말씀해 주시기 바랍니다.

【답변】예, 아주 적절한 질문을 해 주셨습니다. 아마도 본인의 작전계획 설명이 부족했었던 것 같습니다.

제4군단이 김포반도 북단에서 견제공격을 실시하는 가운데, 제2타격군이 개성과 연천 방향에서 공격을 개시하여 서울 북방 외곽에서 공격을 중단하고, 여기서 제2타격군의 1개 사단이 행주대교를 건너 조기에 김포공항을 점령함으로써 김포반도 북방에 있는 한국군 부대를 포위하게 됩니다. 그리고 추가적인 1개 사단이 행주대교를 건너 인천 방향으로 공격, 인천을 점령 후 안산에 상륙한 상륙군 부대와 연결하게 됩니다. 이후 상륙군 부대는 교두보를 사단에 인계하고 수원 방향으로 진출, 제5타격군과 연결하게 되겠습니다. 이렇게 되면 제9기계화군단장 동지의 의문이 풀렸을 것으로 생각됩니다.

"다음 질문 받겠습니다." 한다

(그러나 제9기계화군단장은 제2타격군의 1개 사단이 인천을 점령하는 시기나 제5타격군이 수원에 도착하는 시기가 비슷할 것으로 생각되어 의심이 풀리지 않는 표정이다. 그래서 다시 질의를 하려고 하는데 제820전차군단장이 질문해 버린다.)

【질문4】제820전차군단장입니다.

제1단계 작전을 종료한 후 미군이 전쟁에 개입할 징후가 보일 때 대전 부근에 핵무기를 투발한다고 했는데 본 군단장의 생각은 이왕에 핵무기를 사용할 바엔 공격 당일 휴전선 가까운 주요지점에 핵무기를 투발하고 공격하면 핵공격을 받은 적은 지리멸렬해서 저항도 제대로 못할 것이며, 또 미국이 이 전쟁에 개입할 것인가 하는 문제를 놓고 논의하고 결론이 나기 전에 아군은 2일 이내로 대전까지 진격할 수 있을 것입니다. 그래도 미국이 개입할 의사가 보일 때 다시 대전에 핵미사일을 투발하는 것이 어떻겠습니까? 이상입니다.

【답변】예, 좋은 안이라고 생각합니다. 그러나 전쟁 당일 핵을 직접 사용하면 적은 바로 핵으로 응수할지도 모릅니다. 이렇게 되면 상호 핵전으로 확대될 가능성을 배제할 수 없습니다. 미국과 핵전을 해서 우리가 이로울 게 없습니다. 그래서 핵무기를 개전과 동시에 사용하는 것보다는 미국의 전쟁 개입을 억제하는데 주안을 둔 전략적 판단에서 한 것입니다.

그때 김정일이 끼어든다.

"총장 동무! 2군단장의 제안도 한 번 검토해 보라우, 괜찮은 안이야."한다.

이에 군사대학총장은

"예, 알겠습니다."

이렇게 되자, 질문자의 열의가 높아진다.

"또 다음 질문 받겠습니다. 이번에는……(하는데)

【질문5】경보병교도지도국장입니다.

이번 조국통일 계획에는 핵미사일을 겨우 1발만 사격했는데 본인의 생각으로는 1발로는 미국이나 한국 정부뿐만 아니라 한국 국민에 미치는 심리적 효과가 적지는 않겠지만 우리가 기대하는 만큼이나 큰 효과를 얻기가 어렵다고 봅니다.

그래서 전차군단장 동지께서 질문하신 것처럼 D일에 휴전선 부근에 두어 발, 한국군의 미사일기지 등에 두어 발, 그리고 D+1일에 수원과 대전, 대구, 부산, 광주 대도시 등, 모두 10발 정도는 투발해야만, 미국이나 일본도 놀라서 전쟁에 개입할 엄두도 못 낼 것으로 판단되고 또 5일 작전할 것이 아니라 3일 작전으로 끝내는 것이 어떻겠습니까? 하고 마치 웅변 연사처럼 톤을 올리자 전 장령들은(좀더 세련되지 못한 발언이라는 뜻인지 아니면 야유적인 뜻인지는 몰라도) 모두 박수를 친다.

(군사대학총장은 회의장이 무슨 연설장같이 되어 조금은 어색한 느낌이 드나 어쩔 수 없다는 표정이다.)

【답변】 예, 좋은 질문해 주셨습니다.

그러나 세계제2차대전 때 일본은 미국의 핵무기 단 두 발로 무조건 항복을 했습니다. 이 전례를 상기해 보면, 이 좁은 한반도에 핵무기를 10발이나 사용할 필요가 있을 것인지 하는 문제는 한번 검토해 보아야 할 문제로 생각됩니다라고 답변을 하자 경보병교도지도국장은 발언 신청도 없이 그대로 마이크를 잡고 말한다.

"본 국장이 말씀드린 것은 꼭 10발이란 말이 아니고 1발은 너무 적다는 것입니다"라고 하자 좌석 여기저기에서 웃음소리가 새어 나온다.

군사대학총장은 "예, 알겠습니다. 다음 질문을 받겠습니다." 하고는 어물쩍 넘어가 버린다.

【질문6】 예, 제5군단장입니다.

탄저균 생물학작용제를 서해안 쪽 비행장에만 사용하는 계획을 보고 이왕에 사용하려면 남한의 전 비행장과 주요 군사시설 그리고 대도시에도 확대 사용하는 방안이 어떤지 질의하고자 합니다.

【답변】 예, 좋은 질문 하셨습니다

서해안 쪽 비행장을 제외한 다른 비행장은 모두 상륙침투지역과는 먼 내륙지역에 위치하고 있기 때문에 비밀무기인 생물학작용제를 휴대하고 멀리까지 이동한다는 것은 대단한 모험일 수밖에 없기 때문에 비밀과 안전목적상 상륙지점에 근접한 비행장에만 계획을 했습니다. 이 문제는 핵화학방위국과 협의해서 추가적인 계획을 검토하겠습니다.

다음 질문 또 받겠습니다. 이번에는 제815기계화군단장 동지께서 말씀해 주시기 바랍니다.

【질문7】 예, 815기계화군단장입니다.

제1단계 작전에서 당일 수원-강릉선을 확보하고 난 후 D+1 하루를 지체함으로 해서 5일 작전으로 계획했는데, 제1단계 작전을 달성한 후에는 계속 공격을 하는 것이 작전상 유리하고 또 최고사령부의 전쟁지도 지침에도 부합된다고 보는데, 왜 하루를 지체하는지? 말씀해 주시기 바랍니다.

【답변】 예, 아주 훌륭한 지적을 해 주셨습니다. 제1단계 작전 완성 후 계속 공격을 하지 않고 24시간을 지체하는 것은 고도한 전략에 의한 것입니다.

즉 수원을 점령함으로써 형성된 대포위권 내에는 남한 동포들 약 1,000만명 이상과 미8군사령부의 미군과 그 가족들이 포함되어 있습니다. 이들을 인질로 하여 남한과 미국에 대하여 "만일 우리의 통일전쟁에 미군이 개입시는 지체없이 대량살상무기를 사용하여 1,000만의 인질을 몰살시킬 것인 바 24시간 내에 회답할 것을 요구한다"라는 최후통첩을 보낸 후 미국과 한국 정부의 반응을 확인하는데 필요한 시간을 얻기 위한 것이고, 또 제2단계 작전 개시와 동시에 핵미사일을 발사하는 문제를 최종적으로 재검토하는데 소요되는 시간을 얻기 위해서 24시간을 지체하는 것으로 계획했습니다.

질문에 답변이 되었습니까? 하고 반문한다. 815기계화군단장이 고개를 끄덕이자

"다음 질문 받겠습니다." 하고는 공군사령관과 눈이 마주치자 "이번에는 공군사령관 동지께서 말씀해 주십시오." 한다.

【질문8】 예, 공군사령관입니다.

AN-2기를 몇십 대씩 축차로 투입하고 있는데 그것보다는 우리가 가지고 있는 AN-2기 모두를 한꺼번에 투입하자는 안입니다.

왜냐하면 전략방침에도 있었습니다만 적의 공군력을 철저히 파괴하려면 적 비행장과 항공기 그리고 레이더기지를 현지에서 직접 파괴하는 것이 가장 정확합니다. 물론 SCUD 미사일이 있습니다만 적의 비행기나 레이더를 정확히 명중시키기란 그렇게 쉬운 일이 아닌 것으로 압니다.

그래서 적의 레이더에 잡히지 않는 AN-2기를 남한의 각 비행장마다 30대씩 보내서 우리의 특수전부대로 하여금 철저히 부수고, 또 AN-2기에 폭탄도 적재하여 그것을 모두 떨어뜨리면 한국군의 공군은 순식간에 파괴될 것입니다.

【답변】 예, 공군사령관 동지께서 좋은 말씀이 계셨습니다. 사실 군사적으로 축차 투입은 좋은 방법이 아니라고 우리 군

사대학에서도 가르치고 있습니다. 다만 300대가 넘는 많은 AN-2기가 모두 침투했을 때 적에게 탐지될 가능성은 높다고 보겠습니다. 이렇게 되면 기습작전은 실패하게 되는 점도 고려했습니다. 그러나 이 문제는 다시 한번 검토해서 보완하도록 하겠습니다.(질문자나 답변자 모두 축차 투입과 집중 투입을 잘 모르고 있는 모양이다.)

"또 질문 받겠습니다."

이제 질문의 열기가 오르고 있는 모양인지 여러 사람이 질문하겠다고 손을 든다.

"예 그러면 이번에는 해군에서 질문해 주시기 바랍니다."

【질문9】 예, 해군사령관입니다.

지난 '97년 4월 러시아의 '이고르로디오노프' 국방장관이 중국 군사과학원에서 연설할 때 "한반도에서 전쟁이 발생한다면 러시아는 개입할 수밖에 없을 것"40)이라고 한 바 있으므로 미국이 우리의 조국통일전쟁에 개입문제롤 검토할 때, 러시아에서 "미국이 한반도 전쟁에 개입하면 러시아도 개입하겠다"라고 대미 경고성 발언을 해 준다면 미국은 쉽게 한반도 전쟁에 개입하지 못할 것으로 봅니다. 그래서 이와같은 외교적 노력이 절대 필요하다고 보는데, 이런 계획이 준비되어 있는지 말씀해 주시기 바랍니다.

【답변】 예, 아주 좋은 제안을 해 주셔서 감사합니다.(하고는 다소 당황하는 태도다. 아마도 이 문제는 검토해 본 적이 없는 새로운 제안인 듯하다. 그리고는 김정일을 힐끔 쳐다보

---

40) 동아일보 1997.4.16

고는) "에~, 이 문제는 외무성과 협의해서 보강하겠습니다."
하고는 김정일을 다시 한번 힐끔 쳐다본다.

(김정일은 이 질의와 관련된 것인지는 모르겠으나 고개를
숙인 채 무언가 열심히 메모하고 있다.)

그리고는 "다음은 포병교도지도국장 동지께서 말씀해 주시
기 바랍니다." 하고는 넘어간다.

【질문10】 예, 포병교도지도국장입니다.

제1부에서 남북한 전력 비교시 우리의 전력이 남한의 전력
보다 1.7배 내지는 4.8배나 된다고 보고하셨습니다. 그리고
GNP는 우리의 25배나 된다고 했습니다. 그러니까 현존 전
력은 우리가 절대적으로 우세합니다. 그러나 시간이 흐를수록
(해가 거듭할수록) 남한의 전력은 우리보다 급속도로 증강되
어 갈 것이 분명합니다. 왜냐하면 남한의 GNP가 월등히 높
기 때문입니다. 이렇게 되면 시간은 적에게 유리하다는 결론
이 나옵니다. 그러므로 조국통일전쟁은 지체하지 말고 적의
전력이 우리를 앞지르기 전에 빨리 해치워야 승산이 있고 또
지금의 어려운 경제 난국도 단숨에 해결할 수 있다고 보기 때
문에 당 중앙은 이 문제를 조속히 결정지어 주실 것을 건의합
니다. 이상입니다.

(포병교도지도국장의 조기 전쟁론이 나오자, 장래는 모두
조용히 경청하면서 고개를 끄덕이는 장령들이 많은 것으로 보
아 시간이 흐르면 전쟁은 남한에 유리해질 것이라는 견해에
대부분 공감을 하는 듯한 분위기다.)

【답변】 예, 포병교도지도국장 동지의 말씀에도 일리가 있
습니다. 그러나 국장 동지의 말씀은 어디까지나 남한이 전력

을 향상시키고 있을 때 우리는 전력을 향상시키지 않고 그대로 있을 경우의 논리입니다. 우리의 경제상태가 어려운 가운데에서도 우리의 전력향상 속도는 남한보다 더 빠르게 향상되고 있습니다. 탄도미사일 경우만 해도 우리는 인공위성을 날리고 있질 않습니까?(군사대학총장은 대포동1호에 탑재된 광명성1호 인공위성 발사가 실패한 것을 모르고 있는 모양인지 자신있는 태도다.) 그리고 전쟁개시 시기결정 문제는 보고 첫머리에서 보고드린 바와 같이 우리 인민과 군의 최고통수기관인 국방위원회에서 여러 가지의 정치, 전략적인 문제를 감안하여 결정하실 것이기 때문에 신경을 쓰시지 않으셔도 좋으리라 믿습니다.

그럼 또다른 질문을 받겠습니다.

【질문11】 예, 동해함대사령관입니다.

이번 통일전쟁 계획에는 해군 상황을 중요하게 다루지 못한 인상을 받습니다. 전시에는 남한의 중요 항만을 통해서 군수물자의 반입과 반출이 폭주할 것으로 예상되는데, 왜 부산항을 비롯한 마산, 광양, 목포, 군산, 울산, 포항, 속초 등 항만에 항만 봉쇄작전을 전개하지 않는지 이해가 가질 않습니다. 말씀해 주시기 바랍니다.

【답변】 예, 좋은 지적을 해 주셨습니다.

금번 통일작전 계획에는 아시는 바와 같이 5일 작전으로 단기 속전속결 전쟁지도지침에 따라 D일 남한의 중요 군사항만인 진해항에 대해서 기뢰로 봉쇄하는 것만 보고드렸습니다만, 다른 항만 봉쇄에 대해서는 '작전부록'에 계획되어 있음을 말씀드립니다. 해군에서는 작전부록을 참조해 주시기 바랍니다.

다음은 공군에서 질문해 주시기 바랍니다 하고는 좌석을 바라보다 제2항공사단장과 눈이 마주친다.

제2항공사단장 동지께서 말씀해 주시기 바랍니다.

【질문12】예, 제2항공사단장입니다.

6·25 통일전쟁시에 우리 공군이 공중 우세권을 장악하지 못해서 우리는 엄청난 시련을 당해야 했습니다. 현재 우리 공군의 전술기 및 지원기의 대수 면에서는 한국군보다 2배나 되는 강력한 공군입니다. 그러나 한국군은 구형 항공기를 신형 항공기로 대부분 교체했고, 또 무장도 첨단무기로 되어 있어 그렇게 가볍게만 볼 수 없다고 봅니다. 그래서 이 점을 만회하는 방안은 적의 레이더기지와 반공 및 조기경보체제를 조기에 철저히 파괴한다면 조국통일전쟁의 승리는 불을 보는 거나 다름없다 할 수 있습니다.

물론 이번 군사대학의 조국통일전쟁계획에 한국군의 전방 레이더기지를 특수전부대와 MIG-17 부대로 하여금 기습적인 폭격을 계획하고 있습니다만 이것만으로는 부족하다고 생각합니다.

그러므로 전방의 레이더기지는 물론 후방에 있는 전 레이더기지와 미군들이 통제하고 있는 것으로 알고 있는 중앙통제기지를 근본적으로 파괴시켜야만이 우리 공군의 수적 다수가 제기능을 발휘할 수 있어 전쟁을 조기에 승리로 이끌 수 있을 것입니다. 그러므로 본 사단장의 견해로는 전쟁 직전에 적의 중앙통제기지에 "핵미사일 공격"을 가해 반공 및 조기경보체제를 마비시킨 후 공격개시를 하는 것이 바람직하다고 건의드리고 싶고, 만일 전쟁 초기에 핵무기 사용이 곤란하다면 공군사령관 동지께서 말씀하신 것처럼 화학무기를 사용하든가 아니면 AN-2기를 집중 투입해서 한국군의 방공망과 공군 지휘통제체제를 일시에 마비시켜야 한다고 건의드리고 싶습니다. 이상입니다.

【답변】 대단히 중요한 사항을 제시하셨다고 생각되며 이 문제 역시 검토하여 계획에 반영하도록 하겠습니다.

다음 질문 받겠습니다.

이번에는 미사일사령관 동지께서 질문해 주시기 바랍니다.

【질문13】 예, 미사일사령관입니다.

방금 제2항공사단장 동지께서도 말씀하셨습니다만 한국 공군의 공대공 미사일과 지대공 미사일이 상당히 첨단무기로 장비되어 있는 것으로 아는데, 이번 작전으로 우리 항공기가 몇%나 손실을 받을 것인지 판단해 보셨는지 알고 싶습니다.

【답변】 예! 아 특수전부대에 의하여 적의 레이더기지와 지대공 미사일기지의 파괴로 아 항공기의 손실은 예상보다 적은 것으로 판단되나 컴퓨터로 분석해 본 결과 죄송한 애기입니다만 약 50%의 손실을 받은 것으로 분석됐습니다.

특히 한국군의 F-16과 F-4 항공기, 그리고 휴대용 신형 대공미사일로부터의 피해가 대부분이었습니다. 그래서 아군의 피해를 줄이기 위해서는 적의 F-16과 F-4 항공기가 이륙 전에 파괴하는 것이 중요하다는 결론이 나왔습니다.

"또다른 질문 받겠습니다." 하자, 수도방위사령관이 손을 든다.

예, 수도방위사령관 동지께서 말씀해 주십시오.

【질문 14】예, 수도방위사령관입니다.

금번 계획에는 엄호 및 기만작전 그리고 루-머(유언비어) 작전이 포함되어 있지 않은지 언급이 없습니다. 우리의 5일 작전을 성공시키기 위해서는 주공 타격군을 기만하는 작전은 대단히 중요하다고 생각되며, 특히 핵 및 화생무기 사용에 관한 루-머는 국민들에게 주는 심리적 영향이 대단히 클 뿐만 아니라 속전속결 작전에도 크게 기여하리라 믿습니다. 이 문제에 대해서 말씀해 주시기 바랍니다.

【답변】예, 아주 좋은 질문을 해 주셨습니다.

저희 군사대학에서도 엄호 및 기만작전을 교육하고 있고 또 과거의 전례에서도 엄호 및 기만작전이 주작전의 성공에 크게 기여한 것도 잘 알고 있습니다. 그리고 루-머 작전으로 8년간의 이란-이라크 전쟁을 종결시킬 만큼 중대한 영향을 미쳤다는 것도 알고 있습니다.[41] 그래서 기동계획 설명시 시간관계상 언급은 않았습니다만 작전계획 부록 "엄호 및 기만작전"에 포함되어 있음을 말씀드립니다.

"다음 질문 받겠습니다." 하자 화학방위국장이 마이크를 잡는다.

【질문15】화학방위국장입니다. 작년으로 기억합니다만 미 국방장관이 언급한 바에 의하면 미국은 우리의 화학무기 사용에 굉장히 겁을 먹고 있는 것으로 알고 있습니다. 우리 북한 인민들 모두(100%)가 가스마스크를 지급받고 있으나 남한 인민들은 한 사람도 가스마스크가 없으므로 남한의 후방 대도

---

41) 著者註 : 제4장 제2절 "나"항 참조

시에 화학무기를 사용하면 굉장한 효과를 얻을 수 있을 것으로 판단되는데, 왜 이번 전쟁계획에는 화학무기 사용을 계획하지 않았는지, 특별한 이유라도 있는 것인지 말씀해 주시고, 또 우리의 화학무기 종류 중에는 건물이나 장비 등에는 피해를 주지 않고 또 화학독성이 잔류하지도 않고 사람에게만 피해를 주는 아주 좋은 무기가 있는데도 이 화학무기를 사용하지 않는 이유를 알 수 없습니다. 말씀해 주시기 바랍니다.(작전계획에 자못 불만이 있는 듯한 표정이다.)

【답변】 예, 아주 좋은 질문하셨습니다.

양질의 비체류성 화학무기가 있는 것 잘 알고 있습니다. 만일 우리가 먼저 화학무기를 사용하면 미국도 화학무기를 사용하게 될 것입니다. 이렇게 되면 피아간의 피해가 클 것이기 때문에 사용하지 않았습니다. 그리고 우리가 먼저 사용하면 국제 사회로부터의 비난도 우리에게 불리할 것으로 판단하여 초전에는 계획하지 않았습니다. 그러나 결정적으로 필요한 시기에는 사용할 것을 고려하였으며, 제3단계 작전에서 서울 진입시나 추격작전시 강력한 저항에 직면했을 때는 승인을 득한 후 화학무기를 사용하도록 작전지침에 포함시켰으며, 또 주요 항만이나 도시에도 사용할 계획이 수립되어 있음을 말씀드립니다.

"만일, 미군이 조국통일 전쟁에 개입하는 것이 확실시될 때는 대량의 화생무기를 사용하지 않을 수 없을 것입니다"라며 상당히 음성을 높인다. 그리고는 "한 분만 더 질의를 받고 마지막으로 최고사령관님의 교시를 듣도록 하겠습니다." 하고 마지막 질의임을 강조한다.

"그럼 인민무력성 작전국장 동지께서 말씀해 주시기 바랍니다."

【질문16】 예, 작전국장입니다.

질의할 기회를 줘서 감사합니다. 특히 오늘 군사종합대학에서 아주 현실적인 조국통일 전쟁계획을 발표해 주셔서 감사하다는 말씀을 먼저 드립니다.

질의사항은요, 전쟁이 개시되면 미국은 한·미방위조약에 의해서 지상군은 몰라도 공군은 즉시 참전할 것으로 봅니다. 물론 남한 내에 있는 미 공군은 아군의 특수전부대나 또는 다른 방법에 의해서 기능을 발휘할 수 없게 만들 수도 있습니다만, 일본 본토와 오키나와에 있는 미 공군기지에 대해서는 어떤 특별한 방책을 강구해서라도 사용을 거부하도록 해야 한다고 봅니다.

이것을 막지 못하면 우리는 싫어도 최첨단의 항공기와 미사일을 가진 미 공군과 전투를 할 수밖에 없을 것입니다. 결국 우리는 미국과의 전쟁에 휘말리게 될 것입니다. 그래서 본 국장의 견해로서는 이런 방안이 어떻겠는가를 제시해 보고자 합니다.

즉 개전과 동시에 일본 동경 중심부에 노동1호 미사일로 비교적 파괴력이 큰 비핵탄두 1발을 투발하는 것입니다.(회의실 내의 모든 장령들이 의외란 듯이 일제히 쳐다본다. 작전국장은 이것을 의식이나 한 듯 헛기침을 하고는) 그리고는 즉각 일본 정부에 대해서 '유감 내지는 협박성 성명'을 발표합니다. 즉 "본의 아니게 컴퓨터 조작의 실수로 인하여 미사일 탄두가 동경으로 낙하한 데 대해서 매우 유감으로 생각한다. 그리고 우리는 지금 한국의 침공에 의해서 불가피한 반격작전을 개시하게 되었다. 금번 우리의 조국통일전쟁에 미국이 개입하는데 일본이 직간접으로 미국을 지원해 준다면 이것은 우리와의 '전쟁선포'로 간주할 것이며, 우리가 갖고 있는 대량파괴무기로 보복할 수밖에 없음을 밝혀 두는 바이다"라는 요지의 내용을 발표하면, 일본은 아마도 핵공격을 당할 것을 두려워하여 일본 내의 미군기지에서 미군기의 이착륙을 금지하는 조치를 단행할 수밖에 없을 것입니다. 한편으로는 일본에 있는 조총련과 우리 지원세력들에게 지시하여 일본의 전쟁개입을 반대하고 주일 미군기지 폐쇄운동을 즉각 벌리도록 조치해야 할 것입니다.

이와같은 조치들이 일본 본토와 오키나와에 있는 미군기지들에 이루어질 때 미군의 전쟁개입에 제동이 걸릴 것으로 생각되어서 개인적인 의견으로 제시합니다. 이상입니다.

【답변】 예, 작전국장 동지께서 아주 좋은 의견을 제시해 주어서 감사합니다.

이런 문제 역시 충분히 우리가 사전에 고려되어야 할 중요한 책략으로 생각되며, 이 문제는 전략적 차원에서 상당히 검토되었다는 말씀을 드립니다.

더 많은 질문이 있으리라 믿습니다만 시간관계상 이만 줄이겠습니다. 지금까지 선후배 장령 동지들께서 저희 군사종합대학에서 착안하지 못한 여러 가지 고견을 제시해 주신데 대하여 깊은 감사를 드리며 제시된 고견은 계획에 반영할 수 있도록 검토하겠습니다.

이상으로 제3부를 모두 마치고 이어서 제4부를 진행하겠습니다. (라는 말이 떨어지자마자, 호위사령부 요원들이 국방위원장 전용 연설용 탁자를 단상 가운데 순식간에 위치시킨다. 탁자 위에는 마이크가 반원형으로 6개나 꽂혀 있다.)

3. 인민군 최고사령관 교시(제4부)

"국사가 바쁘신 가운데도 불구하시고 처음부터 끝까지 이 자리에 나와 주신 경애하는 인민군 최고사령관 동지에게 다시 한번 감사의 말씀을 올리면서 최고사령관 동지의 교시를 듣도록 하겠습니다"라고 하자 김정일은 일어서서 단상으로 올라가고 참석자 전원은 옷매무새를 바로 하고 단상을 주목한다.

단상에 올라간 김정일은 탁자 위에 팔꿈치를 얹어놓고 장내를 죽 훑어보고는 헛기침을 한 후,

"친애하는 조선 인민군 장령 여러분!

오늘 김일성 군사종합대학에서 준비한 조국통일전쟁계획을 보고받고 아주 만족하게 생각합니다. 더욱 여러 장령들의 조국통일의 열정이 넘쳐 흐르는 질의에 마음 든든하게 생각하며, 인민무력상 동지는 금일 검토된 5일 작전에 만족하지 말고 더 단기간에 전쟁을 종결할 수 있는 방안을 검토해 주기 바랍니다. 또 오늘 많은 장령들이 건의한 여러 가지 사항들을 잘 검토해서 계획에 잘 반영시켜 주기 바랍니다. 그리고 우리 당과 인민이 자랑스럽게 여기는 대륙간탄도미사일인 광명성2호와 3호가 곧 발사될 것입니다. 이렇게 되면 미국은 한반도에서 서서히 발을 빼려고 할 것입니다.

과거 수개 사단이 있었던 미군 사단들이 이제는 미2사단 하나만 남았습니다. 또 2,000발[42] 넘게 있었던 미군의 핵무기도 모두 철수했습니다. 이제 얼마 안 가서 미군이 우리 당과 인민의 요구에 따라 모두 철수할 날이 다가오고 있습니다.

---

42) 동아일보 1998.11.4

이것은 우리 당의 일관된 외교 군사전략의 승리입니다.(라고 하자. 장내는 우레와 같은 박수 소리로 가득 찼다. 박수 소리가 끝나길 기다린 후 계속한다.)

친애하는 인민군 장령 여러분!

사회주의 위업 수행에서 혁명 군대가 매우 중요한 역할을 한다는 것은 이미 잘 알려진 사실입니다. 우리 인민군대는 조국의 통일을 준비하고 있을 뿐만 아니라 사회주의 건설에도 중대한 역할을 하고 있음을 항상 자랑스럽게 생각합니다.

오늘날 우리 나라가 식량과 에너지 문제로 심각하게 타격을 받고 있는 것은 사실이나 이것은 경제사업을 담당하는 당 일꾼들과 행정, 경제 일꾼들이 제대로 책임을 다하지 못했기 때문에 일어난 것입니다.

이런 어려운 상황 속에서도 우리 인민군대만은 일치 단결하여 당 정치사업을 활발히 벌인 까닭에 언제라도 조국통일 전쟁에서 승리할 수 있는 자신감을 가지고 있는 것을 정말 마음 든든하게 생각하며 인민무력상 동지 이하 전 장령들 그리고 장병들에게 치하를 보냅니다.

남한은 우리의 공산주의 체제가 곧 붕괴될 것이라고 기대하고 또 햇볕정책으로 우리를 녹일 수 있을 것이라고 믿고 있지만 우리는 우리의 손으로 분단된 조국을 통일시켜야 할 사명을 띠고 있는 이상, 근간의 경제적 위기를 인민군대의 높은 혁명정신으로 극복하고 또 극복될 것으로 확신합니다. 그리하여 우리는 사회주의 혁명정신으로 무장한 860만의 막강한 인민군대와 세계인들이 깜짝 놀랄 특별병기를 갖고 있는 '강성대국'으로 발전하고 있습니다. 이제 우리 당과 인민이 소망하는 조국이 통일될 날은 멀지 않았습니다."(라고 말하자 장내는 또 우레와 같은 박수 소리로 가득찼다. 잠시 기다린 최고 사령관은 만족한 듯 계속한다.)

친애하는 장령 동지들!

위대한 김일성 주석께서 이루지 못하신 사회주의 조국통일을 기필코 우리의 손으로 달성해야 합니다. 우리는 조국통일을 앞당길 '강성대국' 건설의 위대한 결사대로서, 가일층 분발하여 최후의 돌격전에서 빛나는 위훈을 세워주길 당부하면서 여러 장령들과 부대에 영광 있으라."43)

하고 말을 마치자 좌석했던 장령들이 모두 일어나서 우레같은 박수를 치자 김정일도 같이 박수를 친다. 상당히 긴 박수가 끝날 무렵 김일성 군사종합대학 총장은 일어나서 경례할 준비를 갖춘다. 박수가 끝나자 "차려!"하고는 뒤로 돌아서서 최고 사령관에게 거수경례한다.

김정일은 특유의 거수경례로 답례하고는 단상에서 내려오자 또 우레 같은 박수가 요란하다. 김정일은 만족한 듯 웃음을 띠우면서 인민무력상과 총참모장, 총정치국장, 후방총국장 그리고 호위총국장을 대동하고 손을 흔들면서 퇴장한다.

그리고는 스피커에서 오늘 저녁 만찬이 18:30에 주석궁에서 있으니 모두 시간에 늦지 않게 참석해 달라는 내용이 흘러나왔다.

그리고 뒤이어 인민무력성 제1부상으로부터 퇴장하기 시작하여 모두 퇴장해 버리자 회의실에는 대형 한국 지도만이 우두커니 걸려 있다.

---

43) 김일성신년사(1993년, 1994년), 진달래꽃, 제5전선
　　金正日の核と軍隊, 국방일보 1999.3.14

第2節 남침 전쟁 시나리오 평가

북한의 조국통일 전쟁 시나리오는 그들이 자랑하는 10만 명의 특수전 병력과 한국군에 비해 수적으로 우세한 화력과 기동장비, 그리고 해·공군력과 비인간적인 화생무기를 사용하면서 선제공격을 실시하고 여기에 핵미사일을 발사함과 동시에 종심돌진공격으로 5일 만에 한국을 석권하는 속전속결 시나리오이다.

이 시나리오는 북한의 선제공격에 한·미 연합군이 어떻게 대처할 것인가에 대해서는 전연 고려하지 않고, 또 중동전에서 보인 미군의 최첨단무기의 위력이나 한국군이 보유한 첨단 신형 장비 등에 대해서는 일체 계산에 넣지 않을 뿐만 아니라 북한은 핵미사일과 화생무기의 위협만으로도 미국의 전쟁개입과 일본의 전쟁지원을 저지할 수 있을 것으로 확신하고 있는 그들의 일방적인 남침 전쟁 시나리오이다. 만일 한·미 연합군이 손놓고 구경만 하고 있다면 북한은 이 남침 전쟁 시나리오 그대로 진행될 수 있을지도 모른다. 그러나 한·미 연합군이 이런 전쟁 시나리오를 예상하고 대비해 버리면 전연 불가능한 시나리오가 될 것이다. 그래서 가상 시나리오의 가치가 높은 것이다.

그리고 북한은 그들이 시작한 전쟁에 미군이 개입하고 일본이 지원하게 되면 그들의 가용한 핵무기와 화생무기를 모두 사용해서라도 '조국통일 전쟁'은 기필코 완수해야 한다는 민족주의적인 명분을 내세우지만 실제는 김정일을 비롯한 지도층 세력들이 살아남기 위한 수단으로 반민족적, 비인간적, 비이성적 전쟁을 시도하겠다는 최악의 핵전쟁 시나리오라 할 수 있다.

그리고 북한이라는 집단은 상식적으로 예측할 수 없는 불확실성의 집단이라는 것은 이미 상식화된 세계의 공통적인 견해이다.

이런 불확실성을 배제할 수 없는 북한이라면, 우리는 비록 반민족적이고 비이성적인 전쟁 시나리오라 하더라도 간과할 것이 아니라 여기에 대비하는 것이 안보를 담당하는 분들의 직무이다.

이런 북한의 경우를 가상해 보자. 북한의 체제가 존립할 수 없을 정도의 위기상황에 직면하여, 북한의 지도층이 자신들의 생명을 보장할 수 없는 최악의 사태가 야기되었을 때, 그들이 천신만고 끝에 만들어 놓은 핵무기와 화학무기 그리고 장거리 탄도미사일을 사용하지 않고 그대로 둔 채, 북한 인민과 남한 동족의 안전을 위해서, 그리고 세계의 비인도적인 처사라는 비난을 피하기 위해서 전쟁을 포기하고 나올 그들인가? 김정일 일당이 적어도 그런 일말의 양심이라도 있었다면 6.25 한국전쟁, 아웅산 폭탄테러사건, KAL기 폭파사건과 같은 동족 간의 비이성적 사건을 획책하지도 않았을 것이고 2,400만의 북한 인민을 저렇게 기아선상에 헤매이게 하면서까지 핵무기와 화학 및 생물학무기 그리고 미사일 제조 등 고비용의 군사력 증강에 혈안이 되지도 않았을 것이다.

만일, 김정일이 핵무기나 화학무기만 없다면 시간이 경과함에 따라 전쟁을 포기할지도 모른다. 그러나 김일성이 말한 그대로 "북한은 핵무기를 만들 능력도 없고 만들 의사도 없으며 또 화학 및 생물학무기도 만들지 않고 있다"면 북한의 남침 전쟁 시나리오는 허무맹랑한 픽션에 불과할 것임에 틀림없다. 그러나 만일에 북한이 핵무기와 화생무기를 보유하고 있다면 북한의 남침 전쟁 시나리오는 재미있는 픽션이 아닌 현실적인 남침 전쟁 시나리오가 될 가능성을 배제할 수 없다.

최근('99년 2월) 미국의 코언 국방장관과 합참의장, 중앙정보국장, 국방정보국장들이 미 국회 상하원의 군사위원회에 출석하여 보고한 내용을 종합해 보면 "북한은 경제난의 악화에도 불구하고 대량파괴무기를 개발하고 있는 예측 불가능한 집단으로 가까운 장래에 한반도에 전면전을 도발할 경우 한·미 연합군에 심대한 타격을 줄 수 있을 것이며, 핵무기를 탑재할 대륙간탄도미사일을 개발하고 있는 점도 크게 우려되고 있다. 그리고 궁극적으로 김정일은 한반도 전체를 수중에 넣으려는 목표를 포기했다는 징후를 발견하지 못하고 있다."[44] 라고 보고한 내용은 이 최악의 전쟁 시나리오를 연상하기에 충분하다.

북한은 핵무기와 화생무기 그리고 대량파괴무기를 운반할 수 있는 미사일을 보유하고 있는지 그 실상을 제2장과 제3,4장에서 구명(究明)해 보자.

---

44) 1999.2.2 美 상하원 청문회 보고 내용(1999.2.4 조선일보, 한국일보)

第 2 章

第2章 북한의 핵무기

김정일에게 핵무기가 없다면 시간의 흐름에 따라 남북한의 전력은 역전되어 장차 한국이 우위를 차지할 날이 다가올 것이다. 이렇게 되면 김정일은 전쟁을 포기할지도 모른다.

그러나 김정일이 핵무기를 보유하게 되면 전쟁 포기는 쉽지 않을 것이고 여기에 따른 한국의 대응도 만만치 않을 것이다. 문제는 김정일이 핵을 보유하고 있느냐 하는 것이 핵심이다.

이 문제가 분명해져야만 전략적 대안이 가능해지기 때문이다.

이 문제는 복잡미묘하다는 이유로 거론하기를 꺼려한다.

한때(1994년)는 전쟁할 각오로 영변 핵단지를 폭격하겠다는 구체적인 안이 작성되기까지 했었고 온 세계의 이목이 한반도에 집중되기도 했다. 그런데 지금은 핵무기의 실체를 밝힐 IAEA의 특별사찰도 미루어지고 일반사찰도 제대로 이행되지 못하는 가운데 경수로 지원사업은 계속되고 있다.

1997년도에 대만의 핵폐기물이 북한에 반입된다 해서 국회의원들이 대만을 방문하고 그린피스 회원들이 삭발을 하는 등 한반도가 방사능으로 오염될 것을 우려하여 온통 난리를 치면서도 핵폐기물의 오염(방사능)과는 비교도 할 수 없는 막대한 치사량의 방사능 방출뿐만 아니라 단숨에 4,500만 민족의 생명과 재산을 송두리째 날려 보낼 대량 살상무기인 북한의 핵무기에 대해서는 오히려 말이 없다. 정말 아이러니하다.

그래서 제2장에서는 핵무기의 위력이 어느 정도의 대량 파괴무기인지 확인해 보고 북한은 왜 이런 가공할 핵무기를 개발하려 하고 있으며, 또 어떻게 개발해 왔는지 그리고 지금은 핵무기가 완성되었는지를 집중 분석해 보고 우리의 안보에 미치게 될 영향을 검토해 보고자 한다.

第1節 핵무기의 위력

핵무기는 공포의 대량 살상무기라고 알려져 있으나 과연 그 위력이 어느 정도인지 조금은 막연하다. 그래서 핵무기 폭발시 그 위력의 실체를 먼저 확인해 보아야만, 북한이 핵무기를 보유할 때 우리가 당면하게 될 위협 분석이 가능해지기 때문에 핵무기의 위력을 먼저 검토해 보고자 한다.

1. 핵폭발시의 현상

먼저 핵무기가 공중에서 폭발할 때 일어나는 현상을 한 번 생각해 보자.

핵무기가 폭발하면 순간적으로 막대한 에너지의 발생으로 인하여 인류가 지금까지 본 적이 없는 마치 태양을 1,000개나 합친 것과도 같은 강렬한 섬광이 빛남과 동시에 폭발 순간 약 30m 직경의 불덩어리가 형성되어 순간적으로 확장되면서 태양 표면 온도의 수십배나 더 뜨거운 수백만 도의 고온을 발산하면서 폭발 1초 후에는 직경이 1,000m에 달하는 거대한 불덩어리(화구)로 확장되어 버섯모양의 원자운이 10,000m 상공까지 높이 솟아오른다.

화구로부터 수백만 도 이상 고온의 열복사선이 방출되며, 이 열복사선은 초당 30만㎞의 속도로 사방으로 전파됨으로 인해서 사람들은 이 열복사선에 의해 사망하거나 심한 화상을 입게 되고 건물과 산림에는 화재를 발생시키게 된다. 그리고 강렬한 섬광이 빛남으로 인해서 사람들은 망막에 화상을 입어 영구적 또는 일시적 실명을 하게 된다.

곧이어 핵 폭발지점에서 순간적인 화구의 확장으로 음속 이상의 속도로 전파되는 충격파가 사방으로 퍼져나가고 뒤이어 폭풍이 몰아닥치는데 이 폭풍의 강도는 자연폭풍의 100배나 되는 강렬한 폭풍으로 사람들을 공중으로 날리고 사망에 이르게 함과 동시에 건물과 수목들을 전도 파괴시키고 화재가 난 건물과 산림의 피해는 더욱 증폭된다. 또, 건물과 유리 등의 조각이나 돌과 자갈 등이 폭풍에 의하여 비산됨으로써 사람들에게 2차적인 피해를 입히게 된다.

뿐만 아니라 핵폭발로 인해 발생한 방사선인 감마선과 중성자가 화구로부터 사방으로 전파되어 건물 내외에 있는 사람들에게 사상(死傷)을 입히게 된다. 이들 현상은 핵이 폭발한 지 불과 1분 또는 수분 내에 일어나는 현상으로 핵 폭발지점에서 수㎞ 이내(핵무기 위력에 따라 달라진다)는 그야말로 순식간에 아비규환의 처참한 아수라장으로 변하게 된다.[1]

이것은 핵무기가 공중 폭발시에 일어나는 현상이고 핵무기가 표면이나 표면하 폭발시에는 다음 사항이 추가적으로 일어난다.

핵폭발시 수백만 도 이상의 화구가 형성되는데 이 화구가 폭발점 주변의 흙들을 모두 녹여 증발시켜 원자운과 함께 공중으로 솟아올라감으로써 폭발 지점에는 굉장한 크기의 폭발

---

1) 核兵器, p.18

구가 형성된다. 110KT의 핵무기가 표면하 폭발시 직경 360m, 깊이 180m의 대형 폭발구가 형성된다.[2]

공중으로 솟아오른 원자운은 높이 올라가면서 온도가 차츰차츰 내려가서 다시 응결하여 아주 작은 미립자를 형성하게 되는데 이들 미립자들 속에는 흙 속에 있던 각종 원소들과 핵분열시 생성된 핵분열 생성물질 및 미분열물질들이 섞여 있어서 모두 방사선을 방출하는 방사능 물질이 되어 풍향에 따라 날아가면서 무거운 입자들부터 지상으로 떨어지기 시작하여 광범한 지역에 떨어진다. 이들 방사능 미립자가 떨어진 지역에는 방사선을 상당기간 계속 방출하게 되므로 이 지역에 있는 사람들은 방사선에 노출되어 사상에 이르게 된다. 이렇게 방사능으로 오염된 지역을 잔류방사선 오염지역이라 한다.

이처럼 핵폭발 초기의 열복사선, 폭풍, 방사선에 의한 피해에 추가하여 잔류방사선으로 인하여 상당기간 광범한 지역에 피해를 입히는 것이 바로 핵폭발시의 현상이다.

물론 핵폭발시 이와같은 피해범위의 크기는 무기의 위력에 따라 달라진다.

〈참고〉 핵무기의 위력은 TNT(일반 포탄이나 폭탄에 사용하는 고폭장약)의 1,000톤을 폭발시켰을 때 위력과 동일한 핵무기의 위력을 1KT(Kilo Ton)라 하고, 백만 톤 위력과 같은 핵무기를 1MT(Mega Ton)이라 한다.
· 20KT는 TNT 2만톤(5톤 트럭 4,000대 분량)의 폭약을 동시에 폭발시킨 위력과 같다.
· 1945년 8월 일본 '히로시마'와 '나가사끼'에 투하된 핵무기의 위력은 약 20KT의 핵무기였다.

---

2) 핵문제 100문100답, p.54

2. 핵무기의 효과

핵무기가 폭발하면 막대한 에너지를 방출함으로 인해서 강력한 폭풍과 열복사선이 발생하고 방사선이 방출되는데, 발생되는 전체 에너지의 55%는 폭풍으로, 30%는 열복사선으로, 15%는 방사선으로 방출된다. 이들 폭풍, 열복사선, 방사선의 방출로 인해서 인체와 물체에 입히는 피해효과를 핵무기의 3대 효과라고 한다. 그리고 인체에 피해는 없으나 전자장비의 기능을 마비시키는 전자맥동 효과라는 추가적인 효과도 나타난다.

이들 하나하나의 피해효과를 구체적으로 검토해 보자.

핵무기의 효과

가. 폭풍 효과

나. 열복사 효과

다. 방사선 효과

라. 전자맥동 효과

가. 폭풍 효과

폭풍은 핵폭발시 순간적으로 막대한 에너지가 방출되어 음속 이상의 속도로 강한 압력이 사방으로 확산되는데 이것을 충격파라고 한다.

이 충격파에 의하여 건물의 구조물이나 장비들을 일차적으로 약화시키고 사람의 고막이나 폐를 파열시킨다. 이 충격파에 뒤이어 강력한 폭풍이 사방으로 확산되는데 이때의 풍속은 자연태풍의 100배나 되는 초당 3,200m[3])로 엄청나게 빠른

---

3) 핵,터놓고 얘기합시다. p.60

강풍에 의해 건물과 수목을 전도 파괴시키고 사람이나 장비를 공중으로 날려 보내기도 한다. 뿐만 아니라 붕괴된 건물의 파편이나 유리, 돌과 자갈 등도 강한 태풍의 2배 이상의 속도로 마치 총알처럼 날아다니면서 추가적인 피해를 입히게 된다.

20KT의 핵무기가 폭발시 폭풍으로 인한 피해범위를 분석해 보면 핵 폭발지점으로부터 800m 이내에 있는 사람의 폐나 고막은 파열되고, 2㎞ 이내에 있는 모든 건물들은 완전히 파괴되고, 4㎞ 이내의 건물들은 절반 정도가 파괴되며, 5㎞ 이내에는 경미한 피해를 입게 된다.

핵무기의 위력이 커지면 그 피해범위도 커지는데 10MT의 핵무기가 폭발시 폭풍에 의해 예상되는 피해는 폭발점으로부터 8㎞ 이내의 모든 건물은 완전히 파괴되고 21㎞ 이내의 건물들은 절반 정도가 파괴된다.

폭풍에 의한 건물 피해 범위[4]

폭발점으로 부터 거리	2km	4km	5km	8km		21km
20KT	완파	반파	경미			
10MT	완파(완전파괴)			반파(반정도파괴)		

〈참고〉 자연적으로 발생하는 일반적인 태풍의 최대풍속은 초속 32m 정도임. 초속 50m의 강풍은 달리는 열차를 날리고 초속 35m의 강풍은 사람을 날린다. 초속 25m의 강풍은 수목을 뿌리째 뽑아 전도시킨다.

나. 열복사선 효과

핵폭발이 일어나면 수백만 도에 달하는 열에너지와 가시광

---

4) 핵문제 100문100답, p.55

선이 초당 30만㎞의 속도로 전파되는데 이 열에너지에 노출된 사람들은 고온의 열로 인하여 사망하거나 심한 화상을 입게 되며, 산림이나 건물에 화재를 일으키고 또 연료탱크와 탄약의 폭발 그리고 도시의 가스관과 주유소의 파괴로 인한 화재 발생으로 이차적인 화상을 입게 된다. 특히 핵 폭발지점 부근 지상에는 섭씨 3,000도~4,000도에 달하는 고온5)에 의해서 그곳에 노출된 사람들은 즉각 사망에 이르고 건물에는 화재를 일으킨다.

사실 핵폭발이 일어나면 제일 먼저 지상에 도달하는 것이 열복사선이고 그 다음에 폭풍이 도달하게 되므로 화재로 인하여 약하게 된 구조물들은 이차적으로 도달하는 폭풍에 의하여 피해가 더욱 증폭되고 화재를 더욱 확대시키게 된다. 그리고 핵폭발시 강력한 빛의 섬광이 빛나는데 이때 발산되는 섬광이 직접 사람의 눈 초점과 마주친 사람은 망막에 화상을 입어 영구적인 실명을 하게 되고, 그 이외의 노출된 사람들은 너무나 강한 섬광에 의해서 일시적인 실명을 일으키게 된다.

20KT의 핵무기가 폭발시 열로 인한 피해범위를 분석해 보면 핵폭발 지점으로부터 1.2㎞ 이내에 있는 인원은 사망하게 되고, 2.5㎞ 이내에서는 3° 화상을 입게 되며, 4㎞ 이내에서는 2° 화상을, 5㎞ 이내에서는 1° 화상을 입게 된다. 그리고 2㎞ 이내에 있는 건물이나 산림은 모두 화재가 발생하고 3㎞ 이내는 산발적 화재 발생, 5㎞ 이내는 화재 발생이 가능한 지역이다. 또한 30㎞ 이내에 있는 사람이라도 화구를 바라본 경우 일시적 실명을 하게 된다.

---

5) 原子爆彈, p.51

10MT의 핵무기가 폭발되면 7㎞ 이내에 있는 사람은 사망에 이르고, 25㎞ 이내에서는 3°~2° 화상을, 32㎞ 지점에서도 1° 화상을 입게 된다. 그리고 16㎞ 이내에서는 모두 화재가 발생하고 32㎞ 이내에서는 산발적 화재발생이 가능하다.

열에 의한 피해 범위

KT \ 거리km \ 구분	1.2km	2km	2.5	3km	4km	5km	7km	16km	25	32km
20 KT 인원	사망	3° 화상		2° 화상		1° 화상				
20 KT 건물	화재발생	산발적		화재발생가능						
10 MT 인원	사 망							3° ~2° 화상		1° 화상
10 MT 건물	화 재 발 생									산발적

〈참고〉 피부는 바깥으로부터 표피, 진피, 지방층으로 이루어져 있으며, 화상의 종류에는 1°, 2°, 3° 화상이 있다
1° 화상은 피부의 표피만 화상을 입어 피부가 빨갛게 부어오르지만 물집은 생기지 않은 정도의 화상
2° 화상은 피부의 표피 밑 진피까지 화상을 입어 물집이 생기며 통증이 심한 화상
3° 화상은 피부의 진피 밑 지방층까지 손상돼 감각이 마비되는 등 기능에 문제가 생기며, 화상 부위의 크기에 따라 사망에 이르게 되는 화상

다. 방사선 효과

방사선은 초기핵 방사선과 잔류핵 방사선으로 구분된다.

• 초기핵 방사선은 핵폭발 후 1분 이내에 발생하는 방사선을 말하며, 이때 방출되는 방사선은 알파(α), 베타(β), 감마(γ)선과 중성자인데, 이중 알파 및 베타선은 비산거리가 수 ㎝ 및 수 m에 불과하고 또 투과력이 약하므로 이들 방사

선이 직접 피부에 접촉하거나 호흡기에 흡입될 때만 피해를 주게 되므로 중요하게 다루지 않는다. 그러나 감마선과 중성자는 비산거리가 수 ㎞에 달하고 투과력이 강하기 때문에 사람들에게 사상을 일으키는 피해를 주게 되므로 중요시하게 된다.6)

사람이 방사선을 받으면 인체의 세포 내에 있는 분자를 파괴하거나 변형시키게 되어 세포가 죽거나 새로운 분자들이 생성되어 암을 유발하거나 유전자의 변이, 생식기 장애, 백혈병 등을 유발하게 된다.

20KT의 핵무기가 폭발시 초기핵 방사선으로 인한 피해범위는 핵폭발 지점으로부터 1.2㎞ 이내의 사람들은 방사선으로 인하여 사망에 이르고, 2.5㎞ 이내에는 50%의 사람들이 사망하게 되며, 5㎞ 이내는 경미한 피해를 주게 된다.

10MT의 핵무기 폭발시는 3㎞ 이내의 사람들은 사망하고 7㎞ 이내는 50%가 사망하게 된다.

초기핵 방사선에 의한 피해 범위

폭발점으로부터 거리	1.2㎞	2.5㎞	3㎞	5㎞	7㎞
20KT	사망	50%사망	경미한 피해		
10MT	사망			50% 사망	

• 잔류핵 방사선은 핵폭발 1분 후 계속 방출하는 방사선을 말하며 여기에는 중성자 감응방사선과 낙진이 포함된다.

중성자 감응방사선은 핵무기가 공중 폭발시 발생되는데, 핵

---

6) 군사화학, p.122, 化學戰 I, p.245

폭발시 방출된 중성자가 핵폭발 지점 직하의 지면에 있는 각종의 원소들을 충격하면 이들 원소들이 방사능물질이 되어 방사선을 방출하는 것을 말한다. 이 중성자 감응방사선 지역은 핵폭발점 직하의 원점을 중심으로 원형으로 형성되며, 1KT의 경우 반경 700m, 10KT의 경우 약 1,000m를 반경으로 하는 원형의 방사선 지역이 형성된다. 이 지역 내에는 상당기간(10여 시간 이상) 방사선을 방출한다.

낙진(일반적으로 잔류방사선이라고도 한다)은 핵무기가 표면 또는 표면하 폭발시에 일어나는데 핵폭발시 수백만 도에 달하는 고온을 발생하는 화구가 지면이나 지면하에 접촉이 되면 접촉된 지상의 흙이나 돌 그리고 방사능물질인 핵분열 생성물질과 미분열물질들이 모두 녹아서 증발되어 공중으로 높이 솟아올라가면서 온도가 낮아져 다시 작은 방사능 입자(알맹이)로 응결되어 풍향에 따라 공중으로 날아가면서 지상으로 떨어져 방사선을 방출하는 지역을 형성하는 것을 말하는데, 이때 형성되는 잔류방사선 지역의 형태는 핵폭발 지점으로부터 바람이 부는 방향으로 '반 부채꼴'모양으로 형성된다. 이 잔류방사선 지역의 크기는 핵무기의 위력과 폭발고도, 풍향에 따라 달라진다.

20KT의 핵무기가 표면 폭발시 형성되는 낙진에 의한 피해 범위를 분석해 보면 폭발지점으로부터 4.2㎞의 원자운 반경 크기의 원형 지역과 바람부는 방향으로 좌우 20° 씩 확장되며 중심으로부터 약 15㎞ 이내 지역에는 '심각한 오염지역'이 형성되고 이 지역에서 4시간 이내에 150래드(rad) 이상의 방사선을 받게 되며 이 정도의 방사선을 받게 되면 5% 이상의 인원이 사상하게 된다.

그리고 폭발지점으로부터 15㎞에서 30㎞ 이내 지역에는 '상당한 오염지역'이 형성되는데 이 지역에서는 4시간 내에 150rad 이하, 24시간 내에 50rad 이상의 방사선을 받게 되며,7) 50rad 이상의 방사선을 받게 되면 2.5% 이상의 사람들은 사상을 일으키게 된다. 이 잔류방사선 지역에 장시간 체류하면 더 많은 방사선을 받게 되므로 사망에 이르게 된다. (부록#6 방사선 강도에 따른 피해 정도 참조)

20KT 핵무기 표면 폭발시 잔류방사선의 위험지역8)
(간이 예측)

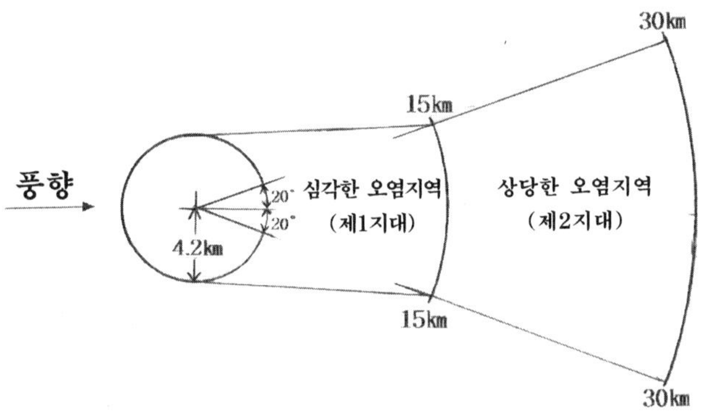

10MT 핵무기인 경우는 250㎞까지 심각한 오염지역이 형성되고 500~600㎞까지 상당한 오염지역이 형성된다.

〈참고〉 방사선의 한 단위인 '래드(rad)'는 사람이 방사선을 흡수한 양을 말하는데, 650rad를 받으면 6주 이후에 50% 이상이 사망하고, 3,000rad를 받으면 5~6일 이내에 전원 사망하며, 8,000rad를 받으면 1일 이내에 전원 사망한다. 1rad는 '1렌트겐'(X-선)과 거의 유사하다.

---

7) 化學戰 I, p.273
8) 핵문제 100문100답, p.55

라. 전자맥동 효과

핵폭발시 일어나는 인체에 미치는 3대 효과 외에 전자맥동 효과(Electro-Magnetic Pulse)[9]라는 현상이 나타나는데, 이 현상은 인명을 살상하거나 물자를 직접 파괴하는 것이 아니고 각종 전자장비의 기능을 마비시키는 피해를 유발하는 효과를 말한다.

핵무기가 공중폭발시 방출되는 감마(γ)선이 공기중에 있는 원자들의 전자를 이탈시켜 폭발 주변의 대기를 이온화시킴으로써 각종 전자장비에 의해서 전파된 전자장파(電磁場波)에 혼란을 주게 되어 수 초에서 수 시간동안 무선통신, 레이더, 미사일, 항공기 등의 기능을 마비시키는 현상이 나타나는 것을 '전자맥동 효과'라고 하며 일명 '전자장 파동 효과'라고도 한다. 이 현상은 핵무기의 저공폭발시보다 고공폭발시에 더 광범위한 지역에 피해효과를 미치게 된다. 이 전자맥동 효과로 핵 폭발지역에는 통신이 마비되어 군사작전상 상당한 혼란을 초래하게 된다.

지금까지 핵무기의 4대 효과에 대해서 간단히 언급하였으며, 20KT 핵무기 폭발시 3대 효과(전자맥동효과 제외)의 위력을 종합해서 도표로 작성해 보면 도표#1과 같다.

• 20KT 핵무기는 폭발지점으로부터 2.5㎞ 이내에서는 50% 이상의 인원이 사망하게 되고 화재가 발생하며 대부분의 건물들은 파괴된다. 4㎞ 이내의 시설물은 거의 파괴되고 5㎞ 이내에서도 상당한 피해를 입게 됨을 알 수 있다.

〈도표 #1〉

---

9) 군사화학, p.123 핵문제 100문100답, p.54

20KT 핵무기의 3대 효과로 본 위험범위

핵폭발 지점	1km	1.2	2km	2.5	3km	4km	5km	15km	30km
폭풍	건물 완파			반파		경미			
열 / 인원	사망		3° 화상		2° 화상	1° 화상		망막화상	
열 / 건물·산림	화재발생			산발적 화재	화재발생가능				
방사선 / 초기핵	사망	50%사망			경미.				
방사선 / 잔류	심 각 한 오 염 지 역								상당한 오염

핵폭발 지점	1km	2km	3km	4km	5km	15km	30km

출처 : 100문100답 p.55

그리고 실제 1945.8.6. 08시16분 일본 '히로시마'시에 투하한 20KT[10] 핵무기 폭발로 인한 피해를 보면, 당시 일본 '히로시마'시에는 33만 명의 시민 중 1945년말까지 14만 명이 사망하고, 1950년 10월까지는 6만 명이 추가 사망하여 총 20만 명이 사망함으로써 시 전체인구의 60.6%가 사망했으며 건물은 총 7만6천 호중 4만8천 호가 완파됐고, 2만2천 호가 반파됨으로서 전체 가옥의 90%가 피해를 입었다.[11] 그 피해범위는 도표#1과 같다.

---

10) 原子爆彈, p.51에는 20KT, 핵 터놓고 얘기합시다. p.60에는 12.5KT 核武器, p.61에는 15KT로 기록하고 있음.
11) 핵,터놓고 얘기합시다. p.60, 核武器と 核戰爭, p.45, 核兵器, p.16

3. 일본 '도쿄(東京)'에 1MT 핵무기 폭발시 예상 피해

일본의 수도이며 인구 1,200만 명이 살고 있는 도쿄시(직경: 37km)에 핵무기 1메가톤(MT)이 폭발시 어느 정도의 피해를 줄 것인가를 1984.8.5 일본에서 분석한 자료12)가 있는데 그 내용을 요약 소개하면 다음과 같다.

ㅇ 도쿄 타워가 있는 상공 2,400m 공중에서 1MT의 핵무기가 폭발시, 직경 1,800m의 거대한 불덩어리(火球)가 만들

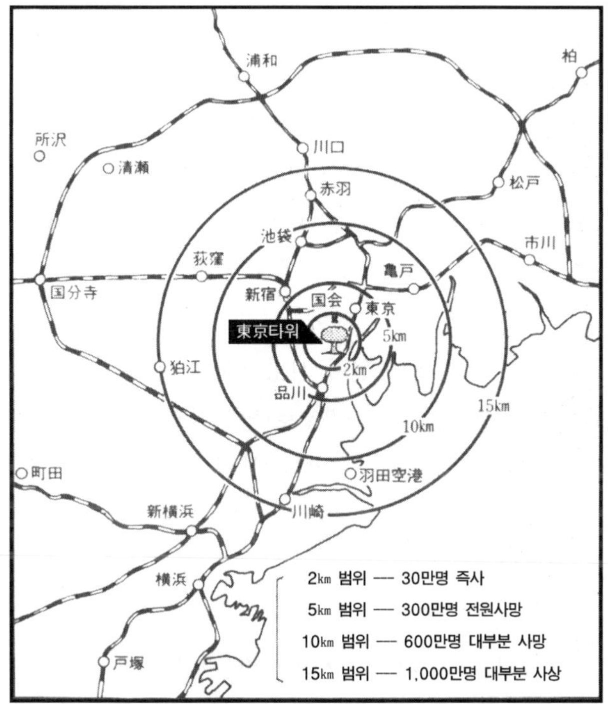

1MT 핵폭탄이 도쿄시 상공에 폭발시 영향 반경

12) 原子力讀本, p.120

어지며 강철도 녹일 수 있는 섭씨 5,000도의 고열이 방출되어 바로 밑에 있는 공원에서 놀고 있는 어린 아이들을 소사시키고 화재를 일으킨다.

ㅇ 열 복사선에 이어 충격파가 닥쳐서 신주쿠(新宿)지역(동경에서 약 6㎞)의 빌딩 등을 파괴하고 4,000톤의 유리 파편이 폭포의 거센 물이 떨어지듯 사방으로 날아가서 노출된 사람들에게 피해를 준다.

ㅇ 반경 5㎞ 이내에서 달리던 400대의 차량과 고속도로 상의 3,500대의 차량들을 날려 불태워 버린다.

ㅇ 도쿄만(灣) 내에 있는 연료탱크와 유조선 등이 폭발하여 도쿄만은 불바다가 된다.

이렇게 되어 반경 2㎞ 이내에 있는 인원 30만 명은 즉사하고, 5㎞ 이내에 있는 인원 300만 명 역시 전원 사망하게 되고, 10㎞ 이내의 600만 명은 대부분 사망하고, 15㎞ 이내의 1,000만 명 중 생존자는 극히 적을 것으로 판단하였다.

이렇게 일본의 수도 도쿄에 1MT의 핵무기 단 한 발로 1,000만 명에 가까운 인원이 사상당하는 처참한 결과가 발생하리라고 분석한 이 내용을 TV로 방영까지 한 바 있다.

일본 도쿄시에 핵무기 폭발시 분석내용을 보면서 간과할 수 없는 것은 도쿄시의 인구와 면적이 서울시와 너무나 유사하다는 점이다.

〈참고〉 도쿄시와 서울시의 인구 및 직경

구 분	도 쿄	서 울
인 구	1,200만명	1,000만명
직 경	37㎞	34㎞

그렇다면 도쿄시에 투하된 핵무기와 동일한 1MT의 핵무기가 만일 서울 광화문 네거리 상공에서 폭발한다면 도쿄시의 피해와 유사한 피해가 서울시에서도 발생할 것이라는 것을 상상해 보면 정말 상상하기조차 싫은 위협의 실체에 놀라지 않을 수가 없다.

〈참고〉 1MT은 1,000KT로서 20KT 핵무기 위력의 50배나 되는 대위력 무기이다. 1MT 핵무기 제조에는 핵분열성물질 수 100㎏이 필요하다.

4. 서울시 상공에 1MT 핵무기 폭발시 예상 피해

만일 서울 광화문 네거리 상공에 1MT의 핵무기가 폭발시 예상되는 피해상황을 '도쿄'의 피해 시나리오를 적용시켜 보면 대략 다음과 같은 예상 판단이 가능하다.

ㅇ 광화문 네거리에서부터 2㎞권 이내에 있는 사람들은 모두 즉각 사망하고, 지상 건물은 완전 파괴되어 텅빈 폐허의 공간이 될 것이다.

ㅇ 5㎞권 이내에 있는 사람들도 모두 사망할 것이고, 지상 건물 역시 완전 파괴되고 철근 콘크리트 건물의 뼈대 일부는 앙상하게 남을 것이다.

ㅇ 10㎞권 이내에 있는 사람들 역시 대부분 사망하게 되고, 지상 건물은 초당 62m의 강풍[13]으로 완파 또는 반파될 것이며 화재 발생으로 목조건물은 형체를 알아볼 수 없을 것이다.

ㅇ 15㎞권 이내의 사람들 대부분은 사망 또는 부상을 당할 것이고 살아남은 사람들마저도 대화재로 인한 산소 부족으로

---

13) 초속 50m의 강풍은 달리는 기차를 날리고, 초속 25m의 강풍은 수목을 뿌리째 뽑는다. (경기해안의 특징, p.63)

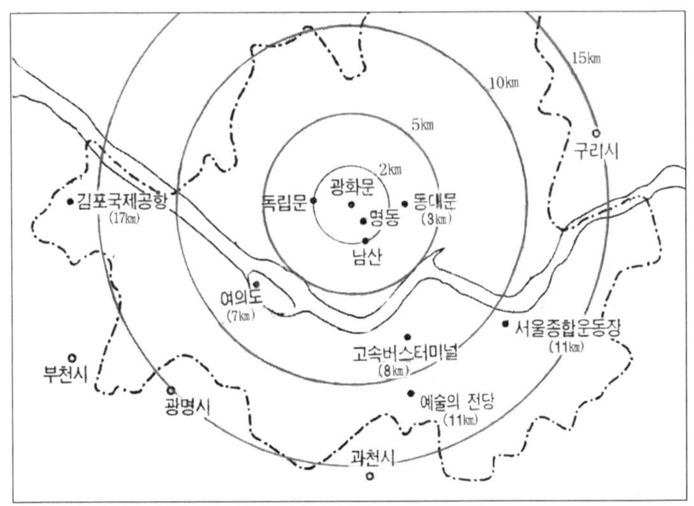

서울시 광화문으로부터 거리별 권역(圈域)

호흡곤란을 일으켜 질식할 수도 있을 것이며 지상 건물은 완파 또는 반파될 것이다.

서울시의 주요 시설과 사람들의 90% 이상이 15km권 내에 있으므로 1MT의 핵무기 단 1발로 대량살상, 대량파괴의 피해를 입을 것이 예상된다.

핵무기의 위력을 이해하는 한 저널리스트는 "서울 광화문 상공에 1MT의 핵무기가 폭발하면 서울의 어디라고 할 것 없이 사람의 흔적은 '자취도 없이' 사라지고 말 것이다. 정말 끔찍하다"라고 표현한 바 있다.14)

이렇게 단 한 발의 핵무기(1MT)로 한국 인구의 4분의 1인 1,000만 명이 살고 있는 거대한 도시를 일순간에 잿더미로 만들 수 있는 무기가 바로 '핵무기 1MT의 위력'임을 우리는 먼저 인식해 둘 필요가 있다.

---

14) 핵 터놓고 얘기합시다, p.39

　왜냐하면 한국은 1991년 11월 한반도 비핵화선언으로 핵무기의 개발은 물론 원자로의 원료를 만드는 농축과 재처리까지도 할 수 없게 된 데 반하여 북한은 핵무기를 개발하고 있음이 확인되고 있다. 북한은 미국을 비롯한 국제사회의 강력한 개발저지 압력 속에서도 이 엄청난 파괴력을 가진 대량 살상무기를 개발하고 있는 실체를 다음 절(節)부터 파헤쳐 보기로 한다.

第2節   북한의 핵개발 동기와 역사

김일성이 소련 국제 제88여단[15]에 소속되어 있을 때인 1945년 8월 미국이 일본에 핵폭탄을 투하하자 소련과 중국은 물론 세계의 모든 나라가 충격을 받았고 이때 김일성도 핵무기의 가공할 위력에 일본이 무조건 항복하는 것을 보고 놀랐음에 틀림없다.

일본이 패망하고 김일성이 북한에서 권력을 잡은 후 소련의 기술원조로 북한 지역에 우라늄 광맥 탐사를 실시하여 1947년부터 ′50년 6월 남침 전쟁 시작 직전까지 약 9,000ton의 우라늄을 채굴하여 소련에 반출[16]했을 정도로 핵무기의 원료가 되는 우라늄에 대해서 큰 관심을 보이기 시작했다.

그리고 남침 전쟁 중인 1950년 11월 3일 미국의 트루만 대통령이 "원폭사용을 고려하고 있다"[17]라는 기사에 김일성은 크게 공포를 느끼고 "만일 미국이 핵무기를 사용하면 우리는

---

15) 중국 공산당의 동북항일연군 소속 유격대원들이 만주지역에서 1941년 초 일본군의 토벌에 쫓겨 소.만 국경을 넘어 구 소련의 '하바로스크'에 도착. 1942년에 구 소련의 지원하에 창설된 소련군 특수부대를 말하며, 여기에 김일성이 소속되어 있었다. (北韓人民軍隊史, p.370)

16) 핵문제 100문100답, p.144

17) 朝鮮戰爭(7卷), p.12, 북한핵 뛰어넘기, p.33, 軍事硏究 1995.10. p.227

끝장이다." 라고
말했다고   당시
인민군 작전국장
이였던   유성철
씨가 증언한 바
있다.   사실
1950년 9월부터
극동군 총사령부
참모부에서는 핵

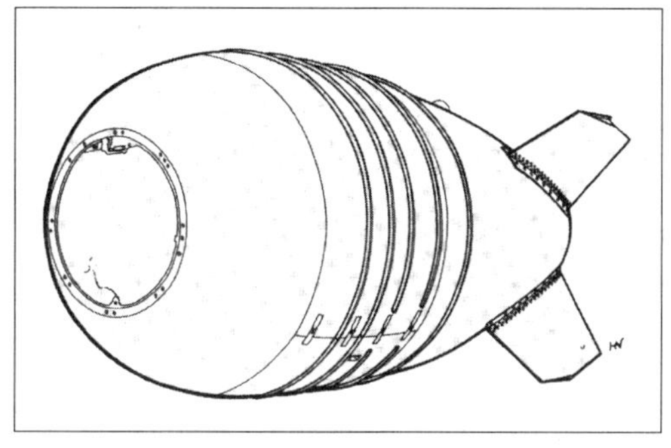

평강에 투하할 것을 고려했던 MK-6(40KT)
핵폭탄

무기의 전술적 운용에 대한 연구를 비밀리에 하고 있었고,
1951년 9월에 당시 철의 3각지대라 불리었던 평강(平康)에
40KT 원폭을(그림 참조) 투하하는 참모연구서를 작성한 적
도 있었다.18)

그리고 1953년 한국전쟁 휴전회담이 진행되고 있을 때 '아
이젠하워' 미 대통령은 "중국 본토에 핵공격을 가할 것을 검토
하고 있다"고 발표하여 중국이 휴전회담에 동의하도록 압력을
행사한 바 있다.19)

이에 중국의 '모택동'은 미국의 핵공격에 대비하여 당시 티
벹에서 전쟁중인 '등소평'에게 "미국이 중국 본토에 원자탄을
터뜨릴지 모른다. 제3의 전선을 내륙에 구축하라."고 명령한
적도 있다.20)

이처럼 한국전쟁 중에 김일성과 모택동은 미국이 핵무기를
사용할 것인지에 대해서 크게 위협을 받은 것은 사실이고,

---

18) 軍事硏究 1995.10, p.239
19) 북한 핵 뛰어넘기, p.34
20) 한국일보 1993.3.1

1953년 7월에 휴전 동의에 영향을 미친 것으로 추측되고 있다.

전쟁중 미국의 핵무기 사용에 공포를 느낀 김일성은 휴전 후 2년도 채 못 된 1955년 4월 북한 과학원 제2차 총회에서 원자 및 핵물리학연구소를 설치할 것을 결정했으며, 1956년 3월 26일 구 소련의 '드브나' 다국적 핵연구소 창설시 참여하기 위해서 소련과 핵협정을 체결하고 핵관련 기술자 30여 명을 연수차 이 연구소에 보내고 이때 북한에 '방사화학연구소'를 설립하는 등의 조치를 보면 김일성의 핵개발에 대한 강한 의지를 엿볼 수 있다.[21]

1959.1.29. 주한 UN군사령부는 미국의 대량핵보복전략에 따라 한국에 핵무기를 배치하고 있다고 정식 발표를 하게 되었고,[22] 1963.10.5. 김일성은 김일성군사종합대학 제7기 졸업식에서 "우리는 원자탄이 없다. 우리가 땅을 파고 들어가면 원자탄은 능히 막아낼 수 있다."[23]라고 역설한 것은 미국의 핵공격 위력을 축소하면서도 북한이 핵을 보유해야겠다는 강력한 의지를 피력한 것이라 할 수 있다.

왜냐하면 1962년 1월에 이미 평북의 영변과 박천에 원자력연구소를 설립하고 구 소련으로부터 IRT-2000형(열출력 2MWt) 연구용 원자로를 도입하고 있었기 때문이다.[24]

그리고 1964년 중국의 원폭실험에 자극받은 김일성은 영변 원자력연구소에 기술진을 보강하고 연구를 독려했으며, 그

---

21) 핵문제 100문100답, p.144
22) 朝鮮半島의 軍事地図, p.104
23) 북한핵 뛰어넘기, p.42, Jane's I. R(SR No9), p.7
    防衛年監(1945-89) p.378
24) Jane's I. R.(S.R No9) p.7

이듬해(65년)에 IRT-2000 연구용 원자로가 가동되어 최초의 핵분열실험을 실시하게 되었다. 70년대에 들어와서 캐나다의 유명한 핵폭탄 전문가인 김경하 박사를 입북(1972.7)시켜 핵무기 개발에 박차를 가하였다.[25]

1974년 5월 인도에서 핵실험을 하자 김일성은 핵무기 개발을 조기에 완성하도록 서둘렀고, 1975년 4월에 월남이 패망하자 이에 용기를 얻은 김일성은 중국을 방문하는 등 남침시기를 또 한번 저울질함으로써[26] 한반도의 긴장이 고조되자 '슐레진저' 전 미 국방장관은 "한국에 전술핵무기가 배치되어 있음"을 재확인('76.6.20)하고 "만일 북한이 한국을 재침한다면 미국은 북한에 대해 핵무기를 사용할 수 있다"고 대북 전쟁억지용 경고발언('76.7.6)을 하였다.

여기에 자극받은 김일성은 '77년초 "남들이 핵무기를 보유하면 우리도 겁낼 것 없다"[27]라고 핵에는 핵으로 대응할 수 있다는 가능성을 시사하고 나섰다. 이러한 가능성의 시사는 1975년도에 IRT-2000 연구용원자로에서 최초의 그램(g) 단위의 플루토늄(Pu)을 추출한 자신감에서 나온 발언으로 해석할 수 있다.[28]

1980년이 되면서 IRT-2000 연구용 원자로에서 기술을 축적한 북한은 '80년 7월 자체기술로 5MWe원자로를 건설하기 시작하여 '86년에 완공 가동하기 시작했다. 이무렵 프랑스 인공위성 SPOT가 영변 핵시설을 촬영(86.6) 공개함으로써 북한의 핵개발 문제가 대두되기 시작했다.[29] 이 원자로

---

25) 국방논집 제17호
26) SAPIO(1998.9.23), p.24
27) 국방논집 제17호
28) Jane's IR(S.R No 9)

에서 연소된 사용후핵연료에서 플루토늄(Pu)을 재처리 생산하는 시설인 '방사화학실험실'을 5MWe원자로가 가동되기 1년전에 건설(1985)하기 시작하여 1989년부터는 제한된 가동상태에 들어갔다. 여기에서 북한은 핵무기의 원료가 되는 플루토늄을 생산했고 또 핵기폭장치 실험도 병행하는 것을 탐지한 미국은 북한이 곧 핵무기를 완성하게 될 것이라고 판단하게 되었다. 미국은 북한의 핵개발이 더 진전되는 것을 저지하기 위한 방편으로 '91.9.27. '부시' 미국 대통령은 한국에서 미국의 전술핵을 철수한다고 선언했고,[30] 노태우 대통령은 남한이 핵개발을 하지 않으면 북한도 핵개발을 포기할 것이라 믿고, 남북 비핵화공동선언('91.12.31)을 하기에 이르렀다. 북한도 IAEA와 핵안전협정을 체결하는 등 한반도에 비핵화 화해 분위기가 조성되는 듯했다. 그러나 이 시기(1990~1991)에 북한은 항공기에 탑재 가능한 조잡한(crude) 플루토늄형 핵무기를 제조하고 있었다고 미 국방성은 뒤늦게 판단하게 되었다.[31]

1992년 5월 이후 북한에 대한 IAEA의 핵 임시사찰 실시과정에서 북한이 최초 보고한 핵관련 시설의 내용과 불일치한 미신고 시설이 확인되어 이 시설을 확인하기 위한 IAEA의 특별사찰 요구에 북한이 거부함으로써 문제가 야기되어 북한이 NPT를 탈퇴하겠다고 선언하고('93.3.12)는 다시 탈퇴를 유보('93.6)하고, IAEA 사찰에 동의하더니, 또다시 "서울을 불바다로 만들겠다."('94.3.19)는 극언을 하는 전쟁 직전의

---

29) 핵문제 100문100답, p.100
30) 핵문제 100문100답, p.100
31) Jane's IR (SR)

험악한 분위기를 연출하는 등 우여곡절을 거친 뒤, 결국 '94년 10월 5MWe원자로와 건설중인 두 개의 원자로를 동결하는데 미북간에 합의하여 오늘에 이르고 있다.

지금까지 북한의 핵개발 동기와 역사를 간추려 봄으로써 알 수 있듯이 북한의 김일성은 일본에 핵폭탄이 폭발할 때 핵무기의 위력에 놀랐고 6.25 남침 전쟁시에는 미국의 핵위협에 직면해 왔었다. 한국전쟁 후 월남이 패망하는 것을 보고 또 한번 남침의 기회를 노릴 때, 미국으로부터 핵위협을 당해 남침을 포기할 수밖에 없었고, 또 미국이 한국에 핵무기를 배치해 놓고 있을 때, 북한의 유일한 대응방법은 스스로 핵무기를 보유하는 것임을 체득하게 되었다. 또 1989년부터 구 소련의 공산체제가 붕괴되고 연이어 동구권의 공산국가들이 차례로 붕괴되는 상황에서 북한이 살아남을 수 있는 유일한 방법은 핵무기를 보유하는 길이라 확신하고 김일성과 김정일은 1989년 3월 영변 핵연구단지를 직접 방문하고 조속히 핵개발을 완성하도록 독려하기에 이르렀다.[32]

오늘날에 와서도 김정일은 핵개발은 북한체제를 유지하는 유일한 방안이며, 당면한 경제적 난관의 해결도 이 '핵카드' 이용 여하에 달려 있다고 믿고 있다. 그리고 체제가 붕괴될 최악의 사태시에는 무력남침에서 그 탈출구를 찾을 것이고, 이때는 핵무기가 미국의 참전을 저지시키고 무력 통일을 보장하는 최고의 수단이라는 망상에 사로잡혀 있다.

그리고 1991년도의 중동전쟁에서 김정일과 그의 추종 군부세력은 최첨단 무기로 무장한 미국과 다국적군에 백만의 군

---

32) 영변의 약산 진달래꽃(하), p.177

대를 가진 이집트군이 패배하는 모습을 보고 미군과 대항할 수 있는 유일한 수단은 핵무기를 보유하는 길밖에 없다는 것을 실감하게 되었고, '97년 4월 북한군 65주년 창건기념식전에서 "북한은 원하기만 하면 어떠한 첨단무기도 제조할 수 있는 자주적 방위산업의 굳건한 물질적, 기술적 토대를 갖게 되었다"고 하면서 핵무기 제조능력 보유를 간접적으로 시사했다.33)

김정일이 지난 제10기 1차최고인민회의에서(1998.9.5) 정치, 군사, 경제를 총체적으로 통솔하는 국가 최고직책으로 선언한 국방위원장직에 재추대됨으로써 국방위원장이 국가수반이 되는 전쟁을 수행하는 국가에서나 볼 수 있는 군사국가체제를 구성하고, '강성대국' 건설을 선언하고 나선 김정일의 의도가 무엇인지 북한의 핵무기 개발 연구시설들을 살펴봄으로써 확인할 수 있을 것이다.

---

33) 조선일보 1996.4.25

第3節 북한의 핵무기 개발연구시설

1. 영변 핵연구단지

평양으로부터 90㎞ 북방에 청천강이 황해로 흐르고 있다. 이 청천강 하구로부터 40㎞ 북동쪽에 청천강과 구룡강이 만나고 이곳으로부터 구룡강을 따라 약 7.5㎞ 상류로 올라가면 영변역에 이르게 된다. 이곳이 바로 김소월의 '영변의 약산 진달래꽃'이라는 시로 유명한 해발 490m 높이의 약산이 바라보이는 곳으로 이 지역에 가면 구룡강으로 둘러쌓인 넓은 분지 외곽에 5m 높이의 콘크리트 담장이 쳐 있고 그 위에 전기철조망을 설치한 삼엄한 경계 속에 자리잡은 280만 평에 달하는 곳이 바로 북한의 핵무기 개발연구단지로 '분강지구'라고 명명하고 있으며, 지역적으로는 '평안북도 영변군'이지만 북한의 행정구역상으로는 '평양시 중구역 충성동'으로 되어 특별관리하고 있다.[34]

이 지역을 프랑스의 첩보위성 SPOT와 미국의 첩보위성 Landsat가 촬영하여 공개함으로써 북한의 핵개발에 대한 의혹이 부상되었고[35] 세계의 주목을 받게 된 지역으로 일반적

---

34) 영변의 약산 진달래꽃(下), p.174
35) Jane's I. R.(SR No 9), p.8

으로 '영변 핵단지'라 부르고 있다.

1992.5.4 북한이 IAEA(국제원자력기구)에 제출한 '최초 보고서'에 16개소의 핵관련 시설을 보고했는데, 이중 7개 시설은 영변 핵단지 내에 있고 나머지 9개 시설은 북한 전역에 산재되어 있다.(부록#7 북한이 IAEA에 신고한 핵시설 일람표 참조)

가. IAEA에 신고된 영변 핵단지 내의 핵관련 시설

<그림1> 영변 핵단지내 핵관련시설

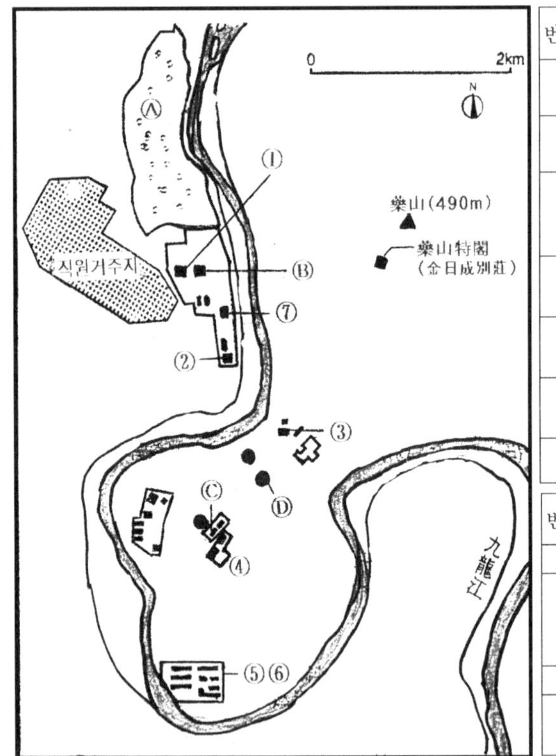

번호	시설명	수량
1	IRT-2000 연구용원자로	1기
2	5MWe 실험원자로	1기
3	50MWe 원자력 발전소	1기
4	방사화학 실험실	1 개소
5	핵연료 가공공장	1 개소
6	핵연료 저장시설	1 개소
7	임계시설	1기

번호	시설명	수량
A	고폭시험장	1
B	동위원소 생산가공 연구소	1
C	빌딩 500	1
D	핵폐기물 저장소	2

IAEA에 신고된 영변 핵단지 내의 시설은 7개 시설이다.
이들 시설을 개관해 보자. (〈그림1〉 참조)

(1) IRT-2000 연구용 원자로(제1호 원자로)

1962년 1월 소련에서 도입하여 ′64년도에 완공한 연구용 원자로로 10% 농축우라늄을 연료로 사용하며, 경수를 냉각제로 사용

1RT-2000 연구용 원자로

한다. 최초 열출력은 2MWt였으나 자체 기술로 1973년에 4MWt, 1998년에 다시 8MWt로 출력을 증가시켰으며, 이 시설에서 방사성 동위원소 등을 생산하여 산업 및 의료용으로 일부 활용하기도 하였으나 지금은 노후화되어 정지상태에 있는 시설이다.[36] 1965년도에 처음으로 핵분열 실험에 성공했으며, 1975년도에는 천연우라늄을 연료로 사용하여 플루토늄을 생산하는 실험을 함으로써 핵무기 원료 획득의 가능성을 확인한 바 있다.[37]

〈참고〉 MWt와 MWe : MWt는 원자로의 열출력(Thermal Power)을 표시하는 단위로 백만 와트(Mega Watt) 출력을 뜻한다. MWe는 열출력을 전기출력(Electric Power)으로 전환한 전력 단위로 백만 와트(Mega Watt) 출력을 뜻한다.

---

36) 軍事硏究 1994.9, p.112
37) 핵문제 100문100답, p.78, Jane′s I. R.(SR N09), p.7
　　軍事硏究 1994.9, p.112

(2) 5MWe 실험원자로(제2호 원자로)

IRT-2000 연구용 원자로 운영으로 축적된 기술과 경험을 토대로 하여 1980년 7월 자체 기술로 원자로를 제작하기 시작하여 1986년에 '흑연감속가스냉각식 실험원자로'를 완성하여 가동하기 시작하였다.(이후 '흑연감속로'라 함) 이 흑연감속로의 전기출력은 5MWe로 '94년 5월까지 가동되었다. 이 원자로를 가동하면 핵무기 원료가 되는 플루토늄

5MWe 실험원자로

(Pu)을 포함하고 있는 '사용후핵연료(Spent Fuel)'가 생산되는데, 이 원자로에서 1년간 생산된 사용후핵연료에서 4~7kg의 핵무기용 플루토늄을 생산할 수 있다.[38]

〈참고〉'사용후핵연료'란 원자로에서 일정기간 핵연료를 연소시킨 후 핵연료를 교환하는데 이때 인출한 '연소된 핵연료'를 말한다.

북한은 '86년에 이 원자로를 가동 후 '89년에 핵연료봉의 일부가 파손되어 단 한 번 이를 인출해서 90그램(g) 정도의 플루토늄을 추출한 적은 있지만, 그 이외는 핵연료봉의 교환을 한 적이 없다고 주장하고 있다. 그러나 IAEA는 이 원자로에서 인출한 사용후핵연료에서 단 한 번이 아닌 여러번에 걸쳐, 수 kg의 플루토늄을 추출했을 것으로 추정함으로써 의

---

38) Jane's I. R (SR No 9), p.11

혹을 받고 있는39) 플루토늄 생산 목적의 원자로이다.40)

〈참고〉 흑연감속로는 흑연을 감속재로 사용하며, 가스(이산화탄
소)로 냉각시키는 원자로로 천연우라늄을 핵연료로 사용한다.
이 원자로는 핵무기의 원료가 되는 플루토늄 생산을 주목적으로
하는 원자로이며 부차적으로 발전도 하지만 비경제적이며 안정
성이 없는 발전로이다.

(3) 50MWe 원자력발전소(제3호 원자로)

1985년 착공하여 '95년도에 완공 예정이였으나 1994년
10월 미·북 제네바핵합의에 따라 동결(공사 중단)된 원자력
발전시설이다. 60년대초 프랑스가 플루토늄 생산용으로 만든
원자로인 'G-2원자로'를 모델로 한 것으로 5MWe 실험용 원

50 MWe 원자로

---

39) 핵문제 100문100답, p.84, 金日成の 核ミサイル, p.46
　　軍事硏究 1994.1, p.30
40) 軍事硏究 1994.9, p.112,114, Jane' I. R.(SR N09), p.7,10

자로와 같은 '흑연감속로'로 이것이 완성되면 연간 55kg(핵무기 7~8개를 만들 수 있는 양)의 플루토늄 추출이 가능한 사용후핵연료를 생산할 수 있다.

(4) 방사화학실험실(핵재처리공장)

사용후핵연료를 재처리하여 핵무기급 플루토늄을 추출해내는 시설로써 1985년도에 착공하여 현재 토목공사의 80% 내부 설비시설 70%가 완료('93년도)된 상태에서 공사가 중단된 6층 높이의 대형건물(180m×20m×6층건물)로 '89~'91년 사이에 일부 시설을 가동하여 플루토늄을 추출해낸 의혹을 받고 있는 시설이다.

이 시설이 완공되었을 경우 재처리능력은 연간 200ton으로 추정되며 추출가능한 플루토늄은 100kg이 된다.[41] IAEA는 북한이 이런 대형의 재처리공장을 설치하는 목적이 무엇인지에 대해 큰 의혹을 표시하고 있는 건물이다. 북한은 이 시설을 '12월 기업소'라 부르고 있다.

(5) 핵연료 가공공장(핵연료봉 제조시설)

채광된 우라늄 광석을 분쇄하여 불순물을 제거한 천연우라늄(일명 Yellow Cake라고도 함)을 원자로에 넣어 연소시키기에 편리하게끔 핵연료봉을 제조하는 공장인데, '87년부터 가동하여, 여러번 원자로에 넣을 만큼의 연료봉을 제작한 바 있으며 북한에서는 '8월 기업소'라 한다.

---

41) 軍事硏究 1994.1. p.37

핵연료 가공공장

(6) 핵연료 저장시설

정련공장에서 가져온 "Yellow Cake"나 핵연료 가공공장에서 만든 핵연료봉 등을 저장하고 있는 시설이다.

(7) 임계시설(0.1MWt)

핵분열 연쇄반응시 핵분열수가 증가하지 않고 동일하게 일정 수준의 핵분열이 지속되는 상태를 연구하는 시설로, 이 시설은 소련이 제공한 것이며, 출력은 0.1MWt로 핵분열 연쇄반응 실험을 실시하고 있는 시설이다.

이상 7개 시설은 영변 핵단지 내에 위치하고 있으며, 이중 IAEA의 임시사찰 후 추가적인 재사찰을 요구하고 있는 문제의 시설은 '5MWe 실험원자로'와 '방사화학실험실'이다.

나. 영변 핵단지 내 미신고시설

북한이 IAEA[42]에 제출한 '최초보고서' 중에 핵폐기물 저장시설과 동위원소 생산가공연구소의 2개 시설이 누락되었는데 이들 시설(미신고시설)이 '영변 핵단지' 내에 있다. 이들 시설 중 핵폐기물 저장소 2개소가 IAEA로부터 중요한 핵의 혹시설로 주목받고 있다.(p122 〈그림1〉참조) 이들 시설에 대해서 알아보자.

(1) 핵폐기물 저장시설(3개소)

영변 핵단지 내에 3개의 핵폐기물 저장소가 있는 것으로 알려졌으나 북한은 IAEA에 제출한 최초보고서에는 하나도 신고하지 않았다.

이중 2개소의 핵폐기물 저장소 내에 소규모 실험용 재처리시설이나 추출된 플루토늄을 저장하고 있는 것이 아닌가 하는 의혹을 받고 있는 곳이고 북한은 이 시설을 군사시설이라고 주장하고 있다.

(가) 액체 핵폐기물 저장소(일명 '빌딩500')

이 빌딩500 건물[43]은 방사화학실험실로부터 약간 떨어진 북측에 위치하고 있는 2층 건물(은폐작업으로 1층으로 보임)로 1989년 이전에 완공한 건물이며, 이 건물 내부(지하)에 소규모 실험용 핵재처리 시설이나 핵폐기물(사용후핵연료) 저장 시설이 있을 것으로 의혹을 받고 있으며[44] 이 건물의 우

---

42) IAEA : IAEA(International Atomic Energy Agency)는 국제원자력기구로 원자력의 평화적 이용을 지원하고, 또 핵물질의 군사적 전용(轉用)을 방지하기 위한 검증임무, 즉 안전조치(Safe-guard)활동을 주임무로 하고 있다.

43) 빌딩500(Building500)이란 명칭은 美중앙정보부에서 붙인 명칭임. (북한 핵뛰어넘기, p.160)

측 단애 아래에는 두 개의 파이프로 연결되어 있는 액체 핵폐기물을 저장하는 대형 탱크가 있다.

(나) 액체 및 고체 핵폐기물 저장소

이 시설은 50MWe 원자로와 방사화학실험실 사이에 위치하고 있으며 '76년부터 사용되어 온 핵폐기물 저장탱크인데 이곳에는 액체 및 고체 핵폐기물을 저장하는 곳으로 의혹을 받고 있는 시설이다.

(다) 신(新) 핵폐기물 저장소

이 시설은 고체 핵폐기물 저장소 건너편에 있는 시설로 IAEA 사찰팀이 영변 핵단지에 도착하기 직전인 '92년 8월에 급조한 핵폐기물 저장소이다.

(2) 동위원소 생산가공연구소

북한은 1970년대 중반부터 플루토늄과 우라늄에 관한 기초연구를 실시하는 연구소로서 이 시설에는 7개의 Hot Cell과 Glove Box를 시설하고 있으며, 1975년 IRT-2000 연구용 원자로에서 인출한 사용후핵연료를 이곳에서 그램(g) 단위의 플루토늄을 최초로 추출했다고 '92년 IAEA 사찰팀에게 시인한 바 있음에도[45] IAEA에 제출한 최초보고서에는 누락되어 있다.

〈참고〉 Hot Cell과 Glove Box : 방사선 차단을 위해 밀폐된 시설 속에 있는 방사성 물질을 투명한 납유리를 통해 내부를 보면서 원격조종을 통해서 작업을 하거나 특수장갑으로 수작업을 할 수 있도록 만들어진 시설

---

44) 軍事硏究 1994.9, p.113
45) 핵문제 100문100답, p.78, Jane's I. R.(SR No9), p.7

다. 기타 시설

영변 핵단지 내에는 IAEA에 신고된 시설, 미신고된 시설 외에 여러 시설들이 있다. 이들 시설을 살펴보면,

(1) 영변 핵물리학 연구센터

IRT-2000 원자로와 5MWe 실험용원자로 시설을 포함한 구룡강 서측에 대규모의 건물들이 밀집되어 있는데, 이 시설들이 모두 원자력과 관련된 핵물리학을 연구하는 연구센터이며 또한 핵개발계획을 진행, 감독하는 지도기구들도 이곳에 있는 것으로 알려져 있다.

(2) 고폭시험장

핵물리학 연구센타 지역 북쪽의 넓은 공지에 고폭시험장이 있으며, 또 5MWe 실험원자로의 남측에도 고폭시험을 실시한 흔적이 남아 있는 것이 '91년 6월에 미국의 첩보위성에 의해 확인되었고, 이곳에 지하 고폭시험장도 있는 것으로 알려지고 있다.[46]

(3) 제43공병여단

사회안전부[47] 예하에는 원자력 관계시설만을 담당하는 제3공병국이 있는데, 이 제3공병국 소속의 제43여단이 영변 핵단지 내에 위치하고 있다. 이 여단은 주로 지하 핵시설 건설

---

[46] SAPIO 1993.10.14, p.25 第2次朝鮮戰爭, p.107

[47] 북한의 사회안전부는 한국의 내무부와 유사한 기구인데, 이 사회안전부 예하에는 예외적으로 5개의 공병국이 있다. 이중 제3공병국은 원자력 관계시설을 전담하는 부대이다.(北朝鮮解體新書, p.85)

임무를 전담하는 부대로 알려져 있다.48)

(4) 대공 미사일기지

영변 핵단지 주변 6㎞ 이내에 47개소의 대공포진지(346
문)와 6개소의 대공 미사일기지를 설치하여 영변 핵단지에
대한 대공방어임무를 수행하고 있다.49)

2. 영변 핵단지 외 핵관련 시설

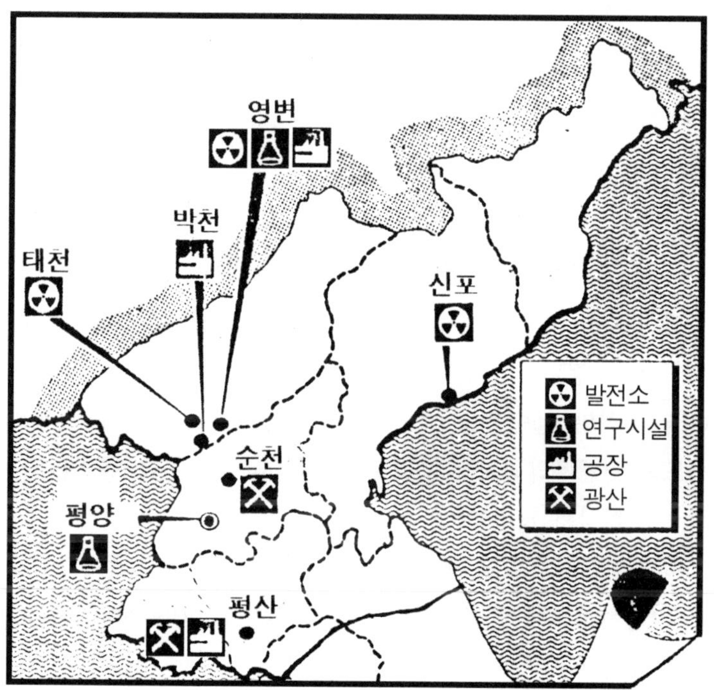

북한의 핵 관련 시설

---

48) 영변의 약산 진달래꽃(下), p.174
49) 조선일보 1993.9.15, 北朝鮮人民軍の 全貌, p.125
    軍事硏究 1994.9, p.112

영변 핵단지 외에도 IAEA에 신고했거나 신고되지 않은 미확인된 많은 핵관련 시설들이 북한 전역에 산재되어 있다.

가. IAEA에 신고한 시설

먼저 IAEA에 신고한 16개 시설 중 영변 핵단지 외에 있는 9개 핵관련 시설들을 살펴보면,(부록#7. 북한이 IAEA에 신고한 핵시설 일람표 참조)

(1) 준임계시설(평양)

핵분열 연쇄반응시 핵분열 수가 점차 적어져서 핵분열이 감소되는 현상을 연구하는 시설로 평양 김일성 군사종합대학 내에 시설되어 있다.

(2) 우라늄 정련공장(2개소:평산,박천)

광산에서 채광한 우라늄 광석은 먼저 우라늄 정련공장에 보내진다. 정련공장에서는 여러 가지 불순물이 섞여 있는 우라늄 광석의 불순물을 제거한 후 화학적 처리를 통해 75% 순도의 천연우라늄으로 분리하여 'Yellow Cake'를 만드는 공장으로 황북의 평산과 평북의 박천에 위치하고 있다.

박천공장은 1982년에 가동하여 '92년까지 약 10년간 350톤을 정련하는데 불과했으나 평산공장은 1990년부터 가동하여 연간 20만 톤의 정련 능력을 가지고 있다.[50]

(3) 우라늄광산(2개소:평산,순천)

---

[50] 第2次朝鮮戰爭, p.61

우라늄광산으로 알려진 곳은 순천, 박천, 신포, 평산, 웅기, 흥남 등이나 현재 조업중인 광산은 황북 평산 광산으로 우라늄의 질과 매장량에 있어 전망이 좋은 광산으로 알려져 있고, 평남 순천 광산은 ′87년부터 고갈되는 상태에 있고, 함남 신포 광산이 개발중에 있다.

(4) 200MWe 원자력발전소(태천)

평북 태천에 ′89년도에 착공하여 공사중 ′94년 11월에 중단된 "흑연감속 원자로"로 ′96년에 완공할 예정이었다. 이 원자로는 연간 210kg(핵무기 26~32개를 만들 수 있는 양)의 플루토늄 생산이 가능한 발전소이다.[51]

200MWe 원자력발전소

---

51) 핵무기 100문100답, p.83

(5) 신포 원자력발전소(635MWe 원자로 3기)

함남 신포에 635MWe급 경수로형 원자로 3기를 건설할 것이 계획되어 있었다.

이 발전소에 설치할 원자로는 구 소련의 'VVER-1000형 원자로'의 개량형인 경수로형 발전로를 도입할 예정이었으나 계획 중지되었다.

이상 9개 시설(7개소 9개 시설)은 영변 핵단지 외에 있는 IAEA에 신고한 핵관련 시설들이다.

나. 미확인된 핵관련 시설

IAEA에 신고한 핵관련 시설(총16개 시설) 외에도 신고하지 않거나 미확인된 핵관련 시설들이 북한 전역에 산재하고 있다.

예를 들면 평남 평원에 있는 핵기폭장치 시험장, 함남 김책에 있는 지하 원자력연구소, 평북 박천의 지하 핵연구시설, 평남 개천의 지하 핵연구시설, 함북 화성(명윤)의 핵실험시설, 평북 대관의 핵저장고 등이다.[52]

그리고 금년('98년 1월) 초부터 영변 핵단지로부터 북동쪽 40㎞ 떨어진 자강도 하갑지구에 2003년 완공을 목표로 대규모 지하시설이 건설중인 사실이 미 첩보위성에 의해 확인되었는데, 이 시설은 핵무기의 생산시설 내지는 저장시설일 가능성이 높다고 지적하는 보도가 나오는가 하면,[53]

---

52) 北朝鮮 解体新書, p.66

53) 軍事研究('98.4), p.180 New York Times Service 1998.1.17

금년 9월 '뉴스위크'지는 영변 핵단지로부터 북서쪽 60㎞ 떨어진 평북 대관군 "금창리" 지역에도 원자로와 재처리시설을 건설할 것으로 추정되는 40만㎡의 대규모 지하시설이 공사중에 있으며, 또 평북의 태천과 구성 사이에도 인공호수가 있는데 그 호수 지하에 핵시설이 건설되어 있다고 보도된 바 있다.54)

이에 대해 한국 정부는"아직 핵관련 시설이라고는 확인되지 않고 있다"고 발표하고 있으나, '코언' 미 국방장관은 1998.11.19 "미국은 북한의 금창리 지하시설에서 핵개발로 의심되는 활동이 진행되고 있다는 실체적이고 믿을 만한 증거를 갖고 있으며 북한은 이 시설에 대한 사찰을 허용해야 할 것이며, 미국은 북한의 핵시설 의혹을 무한정 기다릴 수 없다"고 강조하는 논조를 보면 이들 시설들은 핵관련 시설들일 가능성이 더한층 높아지고 있다.

지금까지 북한의 핵개발 관련시설을 검토해 본 바와 같이 북한이 IAEA에 신고한 16개소 그리고 미신고 시설, 또는 미확인된 시설들을 합치면 최소 38개55) 이상의 핵관련 시설들이 북한 전역에 설치되어 있음을 알 수 있다.〔부록#8. 및 #8-1 북한의 핵관련 시설 일람표(확인 및 미확인) 및 위치도 참조〕

---

54) 문화일보 1998.10.23 조선일보 1998.8.28, 1998.8.31, 1998.9.22
55) 北朝鮮 解體新書, p.66

第4節   핵무기 제조과정과 북한의 핵시설

북한의 영변 핵단지 내에 있는 플루토늄 생산용 5MWe원자로와 플루토늄을 추출하는 재처리시설, 미신고시설 그리고 기폭시험장 등의 시설만 보더라도 핵무기에 기초적인 상식을 가진 사람이면 누구나 북한은 핵무기 개발을 하고 있다는 사실을 직감할 수 있다.

그러나 핵무기를 제조하는 것은 고도한 기술과 시설, 그리고 철저한 보안 속에서 이루어지는만큼 직감만으로 간단히 단언할 수 있는 문제가 아니다. 그래서 핵무기를 제조하는 기초적인 원리로부터 생산해내는 과정과 시설을 대조해가는 접근방법으로 북한의 핵개발 내용을 구명(究明)해 보고자 한다.

일반적으로 핵무기를 개발 완성하는 데는 4가지 사항이 필수적으로 갖추어져야 한다.

① 우선 핵폭발의 원료가 되는 우라늄(U)이나 플루토늄(Pu)과 같은 '핵분열성 물질'이 있어야 하고,

② 다음은 이런 핵분열성 물질을 폭발시키는 뇌관과 같은 '핵폭발장치'가 만들어져야 한다.

③ 그리고는 '핵폭발 실험'을 해보아야 그 성능을 입증하게 된다. 여기까지면 핵폭발물이 완성되는 단계이고

④ 다음 단계로는 완성된 핵폭발물을 목표지역에 운반해야

하는 '핵투발수단'이 갖추어졌을 때 하나의 무기로서 핵무기가 완성되는 것이다.

이상 4가지 사항이 핵무기 개발의 필수조건이다. 이들 과정을 하나하나 살펴보면서 북한의 핵개발 내용을 확인해 보자.

핵무기 개발의 필수조건

① 핵분열성 물질의 획득

② 핵폭발장치의 제조

③ 핵실험

④ 핵투발수단의 개발

---

1. 핵분열성 물질의 획득

우리가 마시는 물(H_2O)이 산소(O)와 수소(H)라는 원소로 구성되어 있듯이 이 세상의 모든 물질은 하나 또는 몇 가지의 원소들로 구성되어 있다.

어떤 원소를 쪼개고 또 쪼개어 더이상 쪼개면 그 원소의 특성을 잃어버리게 되는데, 그 원소의 특성을 잃지 않는 마지막 최소의 알맹이(입자)를 원자(原子)라고 한다. 이 원자의 크기는 1억분의 1cm라는 지극히 작은 알맹이지만 이 원자 알맹이 속을 들여다보면, 그 중심에 원자핵이 있고, 이 핵 주위로 전자가 돌고 있으며, 원자핵은 양자와 중성자로 구성되어 있다.

원자핵들 중에는 저속의 중성자가 원자핵을 충격하면 이 중성자를 흡수함과 동시에 핵이 두 개로 쪼개지면서 2~3개의 중성자를 방출하고 또 에너지를 방출하게 된다. 이것을 핵

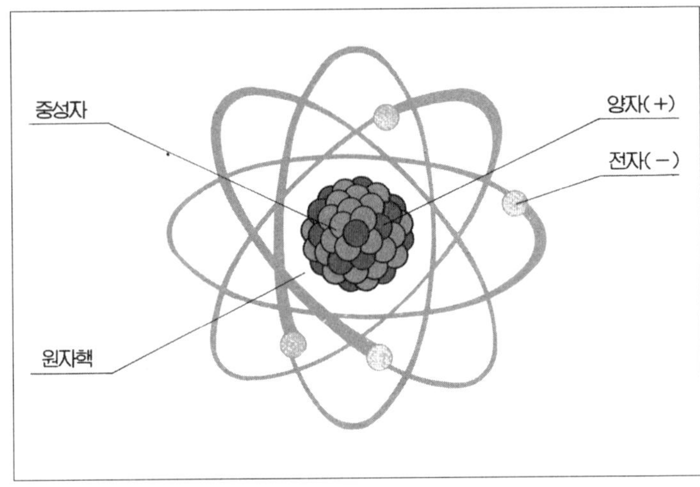

원자의 구조

분열이라고 하고 이런 핵분열을 일으키는 물질을 '핵분열성
물질'이라 한다.

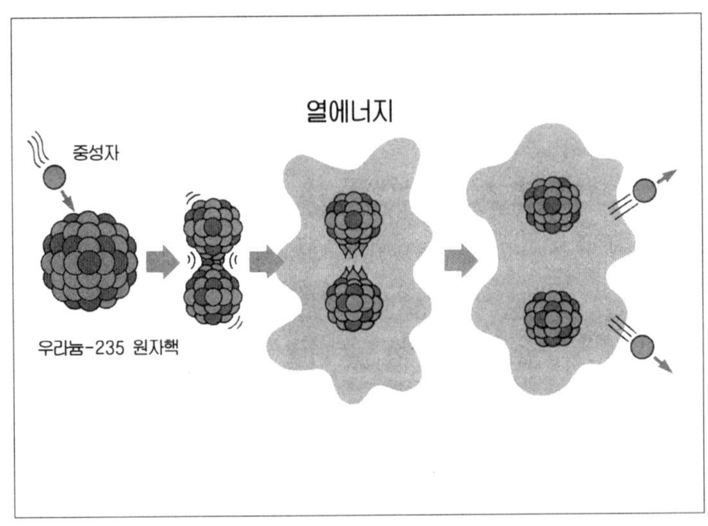

핵분열

　핵분열성 물질이 핵분열시 방출되는 2~3개의 중성자가 또 다른 2~3개의 핵분열성 물질을 분열시킨다. 이런 연속적인 핵분열 현상을 '핵분열 연쇄반응'이라 하고 이 핵분열 연쇄반응이 기하급수적으로 백만분의 1초라는 지극히 짧은 순간에 일어나는 것이 "핵폭발"이다.

　한 개의 원자 핵분열에서 발생되는 에너지는 미미하지만 기하급수적으로 일어나는 수많은 핵들이 순간적으로 분열될 때 발생되는 에너지는 막대하다.

　핵분열성 물질인 우라늄 1그램이 완전 핵분열시 발생되는 에너지는 석유 9드럼 또는 석탄 3톤이 탈 때 내는 에너지와 동일하다.56)

　이처럼 핵분열성 물질이 핵분열 연쇄반응을 폭발적으로 일으킬 때 발생되는 에너지는 일반 폭약인 TNT와는 비교도 안 될 만큼 막대한 것이기 때문에 이 핵분열성 물질을 핵무기의 원료로 사용하게 되는 것이다.

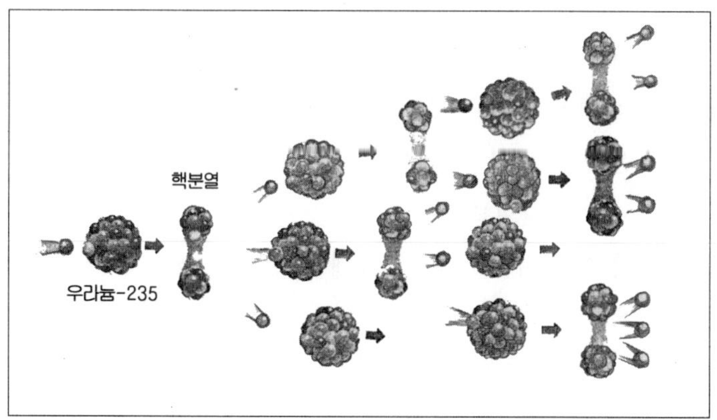

핵분열 연쇄반응

---

56) 金日成の 核ミサイル, p.15, 北朝鮮 解體新書, p.60

오늘날 핵무기의 원료로 사용되는 핵분열성 물질은 우라늄-235($_{92}U^{235}$)와 플루토늄-239($_{94}Pu^{239}$)이다.

우라늄-235는 자연계에 존재하는 핵분열성 물질이지만 광산에서 채광된 천연우라늄 속에는 대부분이 비분열성 물질인 우라늄-238($_{92}U^{238}$)이고, 우라늄-235는 불과 0.72%에 불과하므로 이 우라늄-235를 획득하는 과정은 대단히 어렵다. 또 플루토늄-239는 자연계에는 존재하지 않는 핵분열성 물질이므로 인공적으로 만들어야 하는데, 이것 역시 기술적으로 대단히 어려운 과정을 거쳐야 한다. 이 핵분열성 물질인 우라늄과 플루토늄의 획득 방법에 대해서 알아보자.

가. 핵무기용 우라늄-235의 획득 방법

우라늄은 자연계에 존재하는 원소임으로 우라늄이 매장되어 있는 광산을 탐사하여 채광해내야 한다. 채광된 우라늄 속에는 핵무기의 원료가 되는 우라늄-235가 불과 0.72%밖에 함유되어 있지 않으므로 이를 핵무기의 원료로 사용하기 위해서는 우라늄-235가 90% 이상 수준으로 함유비율을 높여야 하는데, 이것을 "농축"이라 한다. 우라늄을 농축하기 위해서는 채광-정련-변환-농축의 과정을 거쳐서 이루어진다.

이들 과정을 살펴보면,

【채광】 : 먼저 우라늄 광산에서 우라늄 광석을 채광하게 된다. 채광된 광석에는 흙을 포함한 여러 가지 불순물이 섞여 있으므로 이를 제거하기 위해서 제일 먼저 정련공장으로 보낸다.

【정련】 : 정련공장에서는 채광된 우라늄 광석을 분쇄하여

화학적 처리를 통해 불순물을 제거하여 순도 75% 수준의 천연우라늄으로 분리해 내는데 이때 분리된 우라늄은 황색을 띠고 있는 떡처럼 생긴 것이어서 통상 'Yellow Cake'(화학식으로는 U_3O_8)라 칭하고, 이것을 변환공장으로 보낸다.

【변환】: 변환공장에서는 순도 75% 수준의 우라늄(Yellow Cake)을 또 한번 불순물을 제거하여 순도를 높인 후, 농축하기에 적합한 분말형태로 만들기 위해 불소(F)를 혼합하여 육불화우라늄(UF_6)으로 변환시킨다.[57] 이 과정에서 우라늄 순도는 99.5%로 높아진다. 순도 99.5%의 우라늄 속에는 99.3%가 우라늄-238이고, 0.72%만이 우라늄-235이다. 그리고 극소량의 우라늄-234(0.0058%)가 포함되어 있다. 육불화우라늄은 농축공장으로 보내게 된다.

우라늄 (99.5%)
우라늄-238 (99.3%)

↑
└ 우라늄-235 (0.72%), 우라늄-234(0.0058%)

【농축】: 농축공장에서는 육불화우라늄을 가열하면 기체가 되는데, 이 기체화된 육불화우라늄을 '기체확산법'이나, '기체원심분리법' '레이저법' '노즐분리법' 등의 농축방법으로 우라늄-235의 비율을 높이고, 대신 우라늄-238의 비율을 낮추어서 핵무기의 원료가 되는 순도 높은(90% 이상) 우라늄-235를 획득하게 되는 것이다. 미국과 프랑스는 기체확산법을 사

---

57) 육불화우라늄(UF_6)은 Yellow Cake(U_3O_8)의 미세한 분말과 불소(F)를 혼합한 것으로 상온에서는 고체이나 고온에서는 기체로 변환된다.

용하고 영국, 소련, 일본 등은 기체원심분리법(통상 원심분리법이라 함)을 사용하여 우라늄을 농축하고 있다. 두 가지 농축방법에 대해서 간단히 알아보자.

▶ 기체확산 농축방법

기체확산 농축방법은 육불화우라늄(UF_6) 분말을 가열하여 기체 상태로 만들어서 사람의 머리카락의 만분의 일 정도의 미세한 구멍이 무수히 뚫린 스테인레스판을 통과하도록 육불화우라늄 기체를 밀어넣으면(확산시키면) 우라늄-235와 우라늄-238은 미세한 무게 차이로 인해서 가벼운 우라늄-235가 우라늄-238보다 좀더 잘 통과하게 된다. 먼저 통과한 기체를 이런 스테인레스판을 반복 통과시키게 되면 우라늄-235의 비율이 점점 높아지므로 요망되는 비율의 농축우라늄을 획득할 수 있게 된다.

핵무기의 원료로 사용하려면 우라늄-235의 비율이 90% 이상이 되어야 하므로, 90% 이상이 될 때까지 스테인레스판을 수천번 계속 반복하여 통과시키면 '핵무기급 고농축우라늄'을 얻을 수 있게 된다.

그러나 이 기체확산법으로 농축하는 시설은 길이가 무려 1.6㎞나 될 정도로 거대한 시설이 요구되고 매일 수만kw의 전력이 소요되며, 또 여기에서 1년 가동해서 얻을 수 있는 핵원료는 겨우 핵무기 1개 정도를 만들 수 있는 분량밖에는 획득하지 못하는 대단히 어렵고도 고비용의 농축방법이다.[58]

미국이 1945.8.6 일본 '히로시마'에 투하한 핵무기는 이

---

58) 원자와 영웅, p.186, 軍事硏究 1994.9, p.08

기체확산법에 의하여 농축한 우라늄을 사용하였다.

▶ 원심분리 농축방법

최근에 와서는 원심분리법이라는 농축방법을 주로 사용하고 있다. 이 방법 역시 우라늄-235와 우라늄-238의 미세한 무게 차를 이용하는 것으로 우라늄을 기체상태(UF_6)로 만들어서 원심분리기에 넣어 고속으로 회전시키면 무게가 무거운 우라늄-238은 바깥쪽으로 몰리고, 약간 가벼운 우라늄-235은 안쪽으로 많이 몰리게 된다. 안쪽으로 몰린 우라늄을 모아 다시 고속 회전시키는 이 과정을 여러번 반복하면 안쪽에 몰린 우라늄에는 우라늄-235의 비율이 점점 높아지므로 요망되는 비율의 '농축우라늄'을 획득할 수 있게 된다. 90% 이상의 핵무기급 고농축우라늄을 획득하기 위해서는 원심분리기를 수없이 반복 회전시켜야 한다. 이 원심분리 농축방법은 기체확산 농축방법에 비해서는 비교적 용이하고 저비용의 방법이라고 하나 역시 고도한 기술을 요하는 어려운 농축방법이다.

우라늄-235의 함유비율에 따라 농축우라늄을 저농축우라늄, 고농축우라늄, 핵무기급우라늄으로 구분한다.

명 칭	U-235의 함유비율	용 도
천연 우라늄	0.72%	발전용
저농축우라늄	2~20% 이상	발전용
고농축우라늄	20% 이상	기 타
핵무기급(고농축) 우라늄	90% 이상	핵무기용

지금까지 언급한 바와 같이 핵무기의 원료가 되는 우라늄-235를 획득하기 위해서는 우라늄 광산에서 우라늄을 채광하여 정련공장에서 Yellow Cake를 만들고 다음 변환공장에서 육불화우라늄(UF_6)으로 변환시킨 후 농축공장에서 기체확산법이나 원심분리법에 의하여 핵무기의 원료가 되는 핵무기급 고농축우라늄을 획득하는 과정까지 알아보았다.

원자로의 핵연료로 사용하기 위해서 농축한 저농축우라늄은 핵연료 성형가공공장으로 보내게 된다.

우라늄 농축과정

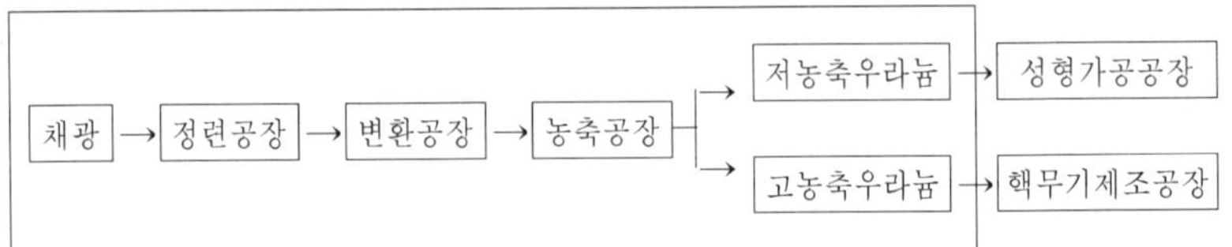

〈북한의 핵무기용 우라늄 획득 실상〉

북한은 핵무기를 제조하기 위한 핵무기용 원료인 우라늄-235를 어떻게 획득하고 있는지 알아보자.

북한에는 비교적 풍부한 천연우라늄이 매장되어 있다.

북한에 우라늄 광맥이 발견된 것은 세계제2차대전 말기인 1943년에 일본이 원자탄 개발을 위해서 일본 제8육군연구소(第8陸軍硏究所)로 하여금 북한 지역의 우라늄 자원 탐사를 실시한 바 약 2,600만ton의 우라늄이 매장되어 있음을 확인하였다.59)

---

59) 金日成の 核ミサイル, p.42

해방 후 김일성은 두 차례에 걸쳐 우라늄 탐사를 실시했고 본격적으로 우라늄을 채광하기 시작한 것은 1970년대 중반부터이다.

우라늄 광산은 웅기, 신포, 흥남, 순천, 박천, 평산의 6개소이나 현재 채광중인 광산은 황북 평산과 평남 순천 광산이며, 함남 신포 광산이 새로이 개발중에 있다. 북한의 우라늄 총매장량은 2,600만 톤에 달하며 가채량은 400만 톤으로 알려지고 있다.[60]

그리고 평북 박천과 황북 평산에는 우라늄을 정련하는 정련공장이 가동중에 있고, 지금까지 약 400톤~450톤 정도를 정련한 것으로 알려져 있다.[61]

즉 북한은 우라늄 광산에서 우라늄을 채광하고 있으며, 정련공장에서 천연우라늄(Yellow Cake)을 분리해 내고 있다. 그리고 90% 이상의 순도 높은 우라늄-235를 획득하기 위해서는 그 다음 과정인 '변환과정'과 '농축과정'을 거쳐야 하는데, 이 과정을 거치지 않고 '성형가공'공장으로 직송하고 있다. 이것은 북한에서는 우라늄 농축시설이 없다는 것이다. 북한에 농축시설이 없다는 것은 고농축우라늄을 원료로 하는 우라늄 핵무기를 만들 수 없다는 것이고 대신 플루토늄을 원료로 하는 핵무기를 만들 것을 선택한 것으로 판단되며, 또 북한에 있는 원자로는 모두 천연우라늄을 핵연료로 사용하기 때문에 농축시설이 필요없다.

그럼으로 북한은 우라늄을 광산에서 채광 정련한 후 농축과정을 거치지 않고 바로 핵연료 가공공장으로 보내어 핵무기

---

60) 第2次朝鮮戰爭, p.60, 영변의 약산 진달래꽃(하), p.176
61) 金日成の 核ミサイル, p.42

급플루토늄 획득을 위한 수순을 밟게 된다.

나. 핵무기용 플루토늄의 획득 방법

앞에서 핵무기의 원료가 되는 플루토늄은 자연계에 존재하는 원소가 아니고 인공적으로 만들어진다고 했다.

플루토늄을 인공적으로 만들어내는데는 우라늄-238이 중성자를 흡수하면서부터 시작된다.

우라늄-238이 중성자를 흡수하는 시설은 일반적으로 발전용 원자로를 이용하고 있으므로 원자발전로야말로 플루토늄 제조공장이라 할 수 있다.

(1) 플루토늄의 생성원리

그럼 원자로 내에서 인공적인 원소인 플루토늄-239가 생성되는 원리부터 알아보자.

우라늄-235는 중성자의 충격을 받으면 핵분열을 일으키지만 우라늄-238은 핵분열을 일으키지 않고 중성자를 흡수해 버린다. 중성자를 흡수한 우라늄-238은 불안정한 원소가 되어 스스로 전기적으로 음성 ⊖인 베타(β)를 핵에서 방출하여62) 안정된 원소가 되려고 한다. 원자 핵 속에는 전기적으로 ⊕인 양자와 ⊕인 중성자로 구성되어 있음은 이미 알고 있다. 그런데 중성자를 흡수한 우라늄-238의 핵 속에서 ⊖인 β가 방출되는데, 이것이 어디에서 방출된 것인가 하면 전기적으로 ⊕인 중성자 한 개가 ⊕와 ⊖로 붕괴되어 ⊖전기인 β

---

62) 핵 속에서 방출된 전기적으로 ⊖인 입자를 베타(β)라 한다. 이 β입자는 핵주위를 돌고 있는 전기적으로 ⊖인 전자와 동일한 성질이나 이 전자와 구분하기 위해서 β라 한다.

는 외부로 방출되고, ⊕인 양자는 핵 속에 남게 된다. 즉, 핵 속에 양자 한 개가 새로 생겨나게 된 것이다.

우라늄-238($_{92}U^{238}$)의 핵 속에 있는 총 238개의 알맹이 중에서 92개는 양자이고 나머지 146개(238-92＝146)는 중성자이다. 외부에서 중성자 한 개를 흡수했으므로 중성자는 147개가 되었는데, 이중 한 개의 중성자가 없어지면서(붕괴됨) β가 나가고 대신 양자가 새로이 생겨남에 따라 양자 수는 하나 늘어서 93개가 되고, 중성자 수는 1개가 줄어서 도로 146개가 된다. 즉 핵 속에는 양자가 93개 중성자가 146개로 총알맹이 수는 239개가 되는 새로운 원소가 생겨난 것이다.

양자 수가 늘어나면 새로운 성질의 원소가 생겨난 것인데, 이 원소가 바로 인공적으로 생성된 네프트늄($_{93}Np^{239}$)이라는 원소다.

$$\text{ⓝ} \ + \ _{92}U^{238} \ \rightarrow \ _{93}Np^{239}$$
$$\hookrightarrow \beta \qquad \qquad \text{ⓝ: 중성자}$$

이 네프트늄 원소 역시 불안정한 원소로, 안정되기 위해서 스스로 핵 속에서 한 개의 중성자가 붕괴하여 β를 방출하게 된다. 이렇게 되면 양자가 새로이 하나 생겨나고 대신 중성자는 하나 감소되나 전체 알맹이(중성자＋양자) 수는 동일한 새로운 원소가 인공적으로 생겨나게 되는데 이것을 플루토늄($_{94}P^{239}$)이라 한다. 이 플루토늄은 그 이상 β를 방출하는 변환이 없는 안정된 원소다.

이 과정을 화학 기호로 표시하면 다음과 같다.

$$n + {}_{92}U^{238} \rightarrow {}_{93}Np^{239} \rightarrow {}_{94}Pu^{239}$$
$$\hookrightarrow \beta \qquad \hookrightarrow \beta$$

이상 언급한 이런 일련의 과정이 원자로 속에 핵연료를 장입시켜 일정기간 연소시키면 자동적으로 새로운 원소인 플루토늄(${}_{92}Pu^{239}$)이 생성되는 것이다.

그래서 원자로는 플루토늄 생산공장이라고 한다.

(2) 핵무기급 플루토늄을 생성하는 원자로

앞 항에서 원자로에 핵연료를 일정기간 연소시키면 자동적으로 플루토늄이 생성된다고 했다. 그러나 모든 원자로에서 생성되는 플루토늄이 모두 핵무기 원료로서 사용될 수 있는 것은 아니다. 왜냐하면 농축우라늄(2~4%)을 핵연료로 사용하는 경수로형 원자로에서 생성되는 플루토늄-239의 순도는 60~70%로서 핵무기 제조의 원료로 사용할 수 없으나, 천연우라늄을 원료로 사용하는 "흑연감속로"에서 생성되는 플루토늄-239의 순도는 93% 이상으로 핵무기 제조의 원료로 사용할 수가 있다.

원자로형에 따라 생성되는 플루토늄의 순도

원자로형	핵 연 료	플루토늄-239의 순도
경수로형원자로	농축(2~4%)우라늄	60~70%
흑연감속원자로	천연우라늄	93% 이상

핵무기급(순도 90% 이상) 우라늄-235를 획득하기 위해서는 "농축"과정을 거치면 획득할 수 있으나, 플루토늄-239는

우라늄처럼 농축을 할 수 없으므로 원자로 내에서 순도 93% 이상의 핵무기급 플루토늄이 생성되도록 해야 한다. 그래서 핵개발 초창기부터 핵무기급 플루토늄 획득을 위해서는 '흑연감속로'를 주로 이용해 왔다.

북한에 있는 원자로는 공사중인 것까지 포함해서 모두 4개의 원자로가 있다.(부록#9. 북한 원자로의 성능 및 제원, 참조)

북한의 원자로

원자로	출력	위치	로형	목적	현상태
제1호원자로	2MWe	영변핵단지	경수로	연구용	노후로 중단
제2호원자로	5MWe	〃	흑연감속로	플루토늄 생산용	가동중 동결
제3호원자로	50MWe	〃	〃	플루토늄 생산 및 발전	공사중 동결
제4호원자로	200MWe	평북 태천	〃	플루토늄 생산 및 발전	공사중 동결

이중 연구용 원자로인 제1호 원자로를 제외한 3개의 원자로가 모두 '흑연감속로'형인 것을 보면 북한 역시 핵무기급 플루토늄 획득을 위해서 흑연감속로형 원자로를 건설한 것으로 판단된다.

제1호 원자로는 현재 노후되어 가동이 중단상태에 있고, 또 제3,4호 원자로는 공사가 중단되어 동결상태에 있으므로 현재로서는 모두 플루토늄 추출과는 관련이 없는 원자로이다.

그러나 제2호 원자로인 5MWe 원자로는 북한이 자체 기술로 1986년도에 완공하여 1994년까지 가동했었던 '흑연감속로'이므로 핵무기급 플루토늄을 과거에 생산했을 가능성이 있는 유일한 원자로이다. 이로 인해서 IAEA로부터 플루토늄 생산에 대한 많은 의혹을 받고 있는 것은 사실이다.

이 5MWe원자로에 대한 의혹을 구명하기 위해서 먼저 이 원자로에 사용하는 "핵연료"에 대해서 알아둘 필요가 있다.

【북한의 핵연료 성형가공공장】

원자로에 사용하는 핵연료는 천연우라늄을 그대로 사용하거나 또는 경수로형 원자로처럼 우라늄-235를 2~4% 농축시켜서 사용하는 두 가지가 있다. 그 외에도 플루토늄을 사용하기도 하고 혹은 우라늄과 플루토늄을 혼합한 MOX(혼합핵연료)63)라는 핵연료를 사용하기도 한다.

북한의 5MWe 원자로에는 천연우라늄을 핵연료로 사용하므로 우라늄을 채광하여 정련공장으로 보내서 만든 천연우라늄(Yellow Cake)을 바로 '성형가공공장'으로 보내 '핵연료봉'을 제작하여 원자로의 핵연료로 사용하고 있다.

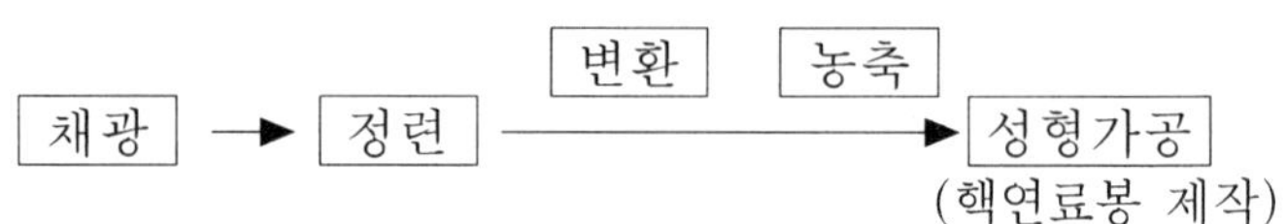

북한의 성형가공공장은 영변 핵단지 내에 있으며, 1986년에 착공하여 1987년 전반부터 가동해 왔으며 북한에서는 '8월기업소'라 불리고 있다.

이 성형가공공장에서는 천연우라늄인 Yellow Cake를 받

---

63) MOX : Mixed Oxide Fuel의 약자로 UO_2와 PuO_2의 혼합물로 원자로의 핵연료로 사용한다. 통상 혼합핵연료(MOX)라 한다.

아서 성형가공하기 쉽게끔 이산화우라늄(UO_2)으로 변환시킨 후 직경 3㎝, 높이 3㎝ 크기의 원통형의 단단한 덩어리로 성형가공하게 된다. 이것을 핵연료 소자, 즉 펠릿(Fellet)이라고 한다.

이 펠릿을 일렬로 넣을 수 있도록 50~60㎝의 길이로 만들어진 긴 원통형을 피복관이라 하고, 이 피복관은 마그네슘합금(Magnox)으로 만들어져 핵분열시 생성되는 방사능물질의 외부누출을 방지하는 역할을 한다. 이 피복관 속에 펠릿을 넣은 것이 바로 흑연감속로에 사용할 '핵연료봉'이 된다.

북한의 핵연료 성형가공공장에서는 이미 5MWe 원자로에 사용할 수 있는 수 회분(1회분: 약8,000개)의 "핵연료봉"을 제작한 바 있다.

〈북한의 5MWe 원자로〉

북한의 5MWe 원자로는 왜 IAEA로부터 플로토늄 생산에 대한 의혹을 받고 있는지 알아보자.

북한 자체에서 개발한 5MWe 원자로의 성능을 이해하면 핵무기급 플루토늄의 획득여부를 쉽게 판단할 수 있다. 북한은 1962년도에 소련에서 'IRT-2000 연구용 원자로'를 최초로 도입하였는데, 이 원자로는 농축우라늄을 핵연료로 사용하고 경수를 냉각제로 사용하는 연구용 원자로였다. 1964년부터 가동하기 시작하였고, 1975년경에 천연우라늄을 핵연료로 사용하는 실험에 성공하고 이후 1980년까지 16년간 이 연구용 원자로를 운용하면서 얻은 경험과 기술을 토대로 하여, 천연우라늄을 핵연료로 사용할 수 있고 또 건설비용이 저렴하고 낮은 기술로 건설이 가능하며, 특히 핵무기급 플루토늄 생산에 가장 적합한 영국의 "Calder Hall형 원자로"를 모방한 원자로를 설계하였다.

이 Calder Hall형 원자로는 1956년 영국이 최초로 개발한 원자로로 Calder Hall이라는 도시에서 건설했는데, 이때부터 이와 동형인 원자로를 'Calder Hall형 원자로'라는 이름이 붙게 되었다.

이 원자로는 흑연으로 핵분열을 감속시키고, 이산화탄소로 냉각시키는 형으로 천연우라늄을 핵연료로 사용하며 출력은 270MWt(60MWe)이고 핵연료는 1회에 112ton을 장입한다.64)

이 원자로는 경수로형 원자로에 비해 열효율이 20~25%로 낮아 상업용으로는 경제성이 떨어지며,(30% 이상이라야 경제성이 있음) 특히 감속제를 흑연을 사용함으로 해서 생기는 잠열(Wigner효과)65)로 인해서 안전성이 취약하다는 단점을 가지고 있으나 천연우라늄을 핵연료로 사용할 수 있고 핵무기급 플루토늄 생산에 적합하다는 이유로 원자력산업 초창기에 영국, 프랑스, 소련 등 핵강국들이 핵무기급 플루토늄 생산을 위해 주로 이 '흑연감속로'를 이용하였다.

북한의 5MWe 흑연감속로는 영국의 Calder Hall형 원자로를 원형(原型)으로 하여 북한 자체에서 개발한 '흑연감속 이산화가스냉각식' 원자로로 1980년에 착공하여66) 1986년

---

64) 第2次朝鮮戰爭, p.62

65) 잠열(Wiger효과) : 흑연은 약 350℃ 이하에서 방사선을 받으면 내부에 에너지가 축적되는 성질을 말하는데, 일정기간마다 이 축적된 잠열을 방출해 주어야 한다. 그렇지 않고 불의에 일시에 방출되면 화재가 발생하거나 연료봉이 녹는 사고가 발생한다.(化學戰Ⅱ, p.148)

에 준공하여 가동하기 시작하였다. 원자로의 중심부인 노심의 크기는 직경이 8m, 높이 6m, 원자로 용기는 40㎜ 두께의 철판을 사용하였으며 이 가운데 핵연료봉을 넣을 구멍이 약 800개가 있으며 이 구멍 속에는 10개의 핵연료봉을 각각 넣도록 되어 있다. 그러니까 약 8,000개의 핵연료봉을 한꺼번에 장입할 수 있다.[67]

그런데 이 5MWe 원자로는 1986년에 가동한 이래 3년 후인 '89년에 일부 파손된 핵연료봉 교환을 위해 가동을 중지한 적이 단 한 번 있을 뿐이라고 북한이 주장하고 있다. 가동 후 8년 만인 1994년 6월에 공개적으로 가동 중단을 선언하고 8,000개의 핵연료봉을 IAEA 사찰단의 입회없이 독단적으로 인출해 버렸고,[68] 게다가 연료봉의 순서마저 뒤섞어 버렸다.

사실 IAEA로서는 원자로 내의 8,000개의 핵연료봉이 연소된 그대로의 분포도를 확인 분석함으로써, 1989년도에 몇 개의 핵연료봉을 인출했으며 또, 그 이후 몇 번이나 핵연료봉을 교체했는지를 확인할 수 있을 것으로 기대했으나 수포로 돌아갔다. 이렇게 북한은 이 원자로에서 핵무기급 플루토늄을 얼마나 획득했는지를 알 수 없도록 만듦으로써 북한이 주장하는 90g이 아닌 다량의 플루토늄을 획득했을 것이라는 의혹을 사기에 충분했다.

그리고 영국의 Calder Hall형 원자로의 열출력(270MWt)

---

66) 第2次朝鮮戰爭, p.62, 金日成の 核ミサイル, p.43에는 1979년도에 착공한 것으로 기록하고 있다.
67) 第2次朝鮮戰爭, p.62
68) 상게서 p.63

과 핵연료 장입량(112ton)에 비해, 북한의 5MWe 원자로의 열
출력과 핵연료 장입량이 엄청나게 많다는 사실을 알게 된다.

영국과 북한의 Calder Hall형 원자로

흑연감속로	열출력	핵연료 장입량
영국 Calder Hall	270MWt	112ton
북한 5MWe	25MWt	50ton

〈참고〉 5MWe 원자로의 열효율은 20%이므로[69]

$$열출력 = \frac{전기출력}{열효율} = \frac{5MWe}{20\%} = 25MWt \ 이다.$$

즉 영국제 흑연감속로와 북한의 흑연감속로는 같은 형의
원자로임으로 연소도는 동일하다. 그래서 영국제 흑연감속로
가 270MWt의 열출력을 위해서 핵연료를 112ton을 장입하
고 있으므로 북한제 흑연감속로는 25MWt의 열출력을 위해
서는 약 10ton의 핵연료를 장입 연소시키면 되는데도 무려
5배나 되는 50ton이라는 엄청나게 많은 핵연료를 장입함을
알 수 있다.

영국제 흑연감속로는 초기의 핵연료 수명(112ton을 연소
시키는데)은 약 3.5년인데,[70] 북한의 핵연료 수명은 핵연료
를 5배나 장입했으므로 17.5년(3.5년×5=17.5년)이나 될
것이므로 한 번 핵연료를 장입한 후에는 약 17년간을 연소시
킬 수 있다는 이론이 성립된다.

그래서 북한은 1994년 6월 5MWe 원자로의 8,000개의
연료봉을 인출하는 이유로 "핵연료봉의 파손 증가로 위험이

---

69) 핵문제 100문100답, p.32
70) 第2次 朝鮮戰爭, p.62

높아졌기 때문에 '86년 가동한 이래 처음으로 핵연료봉을 모두 교체하는 것이라"고 했다. 8년 만에 처음으로 전체 핵연료봉을 교체한다는 주장은 핵연료봉을 많이 장입했으므로 이론적으로 타당할 수 있으나 그 대신 '핵연료봉의 파손 증가'라는 사실을 인정함으로써 실제는 이론만큼 장기간 가동시킬 수 없음을 노출시켰다.

즉, 북한의 핵연료봉 피복관은 마그네슘 합금(Magnox)을 사용하는 바, 이 마그네슘 합금 피복관은 원자로 내에서 가스 냉각제에 섞인 불순물로 인해 부식되기 쉬우므로(특히 물 속에서는 1년 반~2년 정도면 급속히 부식현상이 일어난다.) 계속적으로 핵연료봉의 파손이 생긴다. 이 파손된 핵연료봉을 확인해서 인출 교체하지 않으면 방사능 물질의 누출로 사고 발생 우려가 있기 때문에, 원자로의 가동을 중지하고 핵연료봉을 정기적으로 교체하는 것이 안전하고도 경제적인 방법일 수밖에 없다. 실제로 핵무기급 플루토늄 획득을 목적으로 하는 원자로라면 저출력으로 10개월이면 순도 93%의 플루토늄을 획득할 수 있으므로71) 이 정도의 기간에 핵연료봉을 교체하면 핵연료봉의 파손문제도 해결되고 플루토늄도 획득할 수 있다. 특히 영국형 흑연감속로의 출력에 비해 훨씬 많은 핵연료봉을 장입했으므로 한꺼번에 많은 양의 플루토늄을 획득할 수 있을 것이다.

그러므로 5MWe 원자로 가동 후 IAEA 사찰단이 '92년 입북하기 전까지 6년간('86~'92) 핵연료봉을 불가피하게 또는 의도적으로 여러번 교체했을 것이라는 것을 이 원자로의

---

71) 化學戰Ⅱ, p.421

특성으로 볼 때 너무나 자연스러운 결론에 도달할 수 있다.

결론적으로 북한은 5MWe 원자로에서 플루토늄을 양산하지 않았다고 아무리 주장해도 이 5MWe 원자로는 8,000개나 되는 연료봉을 장입하고 가동 만하면 단기간(1년 이내)내에 대량의 핵무기급 플루토늄이 자동적으로 생성된다. 그리고 시간의 경과에 따라 생성된 플루토늄의 순도는 떨어지고, 원자로 내의 위험은 상승되는데도 가동 후 8년('86~'94) 이상이나 연료봉을 교체하지 않았다는 북한의 주장에 의혹을 사지 않을 수가 없다.

그럼에도 북한은 '89년도에 단 한 번 일부 파손된 핵연료봉을 인출하여 극소량(90g)의 플루토늄을 추출한 적이 있을 뿐이라고 주장하고 있으며72) 서방측 핵전문가들은 이 원자로에서 인출한 사용후핵연료에서 약 6~13kg 이상의 핵무기급 플로토늄을 추출했을 것으로 믿고 있다.73)

(3) 사용후핵연료

원자로 내에서 핵연료봉을 연소시키면 핵분열을 일으킴으로 해서 열에너지가 발생하고 이 열에너지를 전기에너지로 전환시킨다. 이것이 원자발전로의 원리이다.

원자로 내에서 핵연료봉이 어느 정도 연소되면 핵연료봉을 교체하게 된다.(교체주기는 원자로 형에 따라 차이가 난다.)

교체하여 인출한 핵연료봉을 '사용후핵연료'라 한다. 사용후핵연료 속에는 우라늄-238이 중성자를 흡수하여 새로이 생성된 플루토늄-239을 비롯하여 중성자를 흡수하지 못하고 그대

---

72) 第2次朝鮮戰爭, p.63, 金日成の 核ミサイル, p.44
73) 第2次朝鮮戰爭, p.63

로 남아 있는 우라늄-238과 핵분열에 참가하지 못하고 그대로 남아있는 우라늄-235, 그리고 핵분열(우라늄-235) 후 생성된 핵분열 생성물질이 포함되어 있다. 그러므로 연소후 인출한 핵연료봉 속에는 핵분열 생성물질(핵폐기물)을 제외하고는 모두 핵연료로 다시 사용할 수 있으므로 '사용후핵연료'(Spent Fuel)란 단어가 생긴 것이다. 이 사용후핵연료를 재처리과정을 거치면 핵무기급 플루토늄이 생산되는 것이다.

〈북한의 사용후핵연료〉

북한이 가동했던 5MWe 원자로는 50ton의 핵연료를 장입하므로 사용후핵연료도 50ton이 된다. 이 사용후핵연료에서는 약 6~10kg 정도의 핵무기급 플루토늄이 포함되어 있다.[74] 그리고 영변 핵단지 내에 공사중인 50MWe 원자로는 130ton, 태천에서 공사중인 200MWe 원자로는 300ton의 사용후핵연료 생산이 가능하다.[75] 이 3개 원자로에서 매년 핵연료를 교체한다고 가정하면 1년에 최대 총 480ton의 사용후핵연료가 생산 가능하다.[76]

이 480ton을 북한의 재처리 능력과는 상관없이 재처리한다고 가정하면 여기서 획득할 수 있는 순도 93% 이상의 플루토늄의 양은 약 272kg에 이른다.[77] 이 양이면 핵무기(20KT 기준으로) 45발을 만들 수 있는 양이 된다. 이 엄청난 사용후핵연료를 북한은 3개의 원자로에서 매년 생산하려

---

74) 전략연구 1997.3, p.265
75) 핵문제100문100답, p.16
76) 상게서, p.83
77) 軍事硏究 1994.1, p.36

고 시도했었다. 미국은 이것을 '미래핵'으로 판단했다.

(4) 재처리과정

원자로에서 인출한 사용후핵연료에는 플루토늄을 비롯하여 우라늄-235, 우라늄-238 그리고 핵분열 생성물질이 포함되어 있음은 이미 알고 있다.

사용후핵연료에서 우리가 획득하고자 하는 플루토늄을 화학적으로 추출해내는 작업을 '재처리(Reprocessing)'라고 한다. 이 재처리과정에서는 플루토늄 추출은 물론 우라늄도 추출하고, 핵분열 생성물질(핵 폐기물)도 분리해 내게 된다.

사용후핵연료는 방사선 강도가 매우 높은 방사능물질(고준위 방사능물질)이므로 특수한 방호시설을 이용하여 재처리하게 된다. 재처리하는 공정은 7개 단계를 거치면서 처리하게 되는데 그 공정을 살펴보자.78)

제1단계 : 사용후핵연료의 냉각 및 저장단계

원자로에서 꺼낸 사용후핵연료는 고준위 방사능물질임과 동시에 고열을 발생하므로 먼저 물탱크에 이를 저장하여 냉각시킴과 동시에 방사능을 수백분의 일 정도로 감소시키게 된다. 이 기간은 통상 3~5개월이 소요되나 필요시는 단축할 수도 있다.

제2단계 : 사용후핵연료를 절단하는 단계

냉각된 사용후핵연료는 다음 작업의 용이성을 위해서 피복관을 포함한 핵연료봉을 3~4㎝ 길이로 토막토막 절단한다.79)

---

78) 軍事硏究(1994.9), p.109,110 六ケ所 原子燃料サイクル, p.13,14
79) 핵문제 100문100답. p.21에는 폐연료봉의 피복관을 제거하고 연료봉을

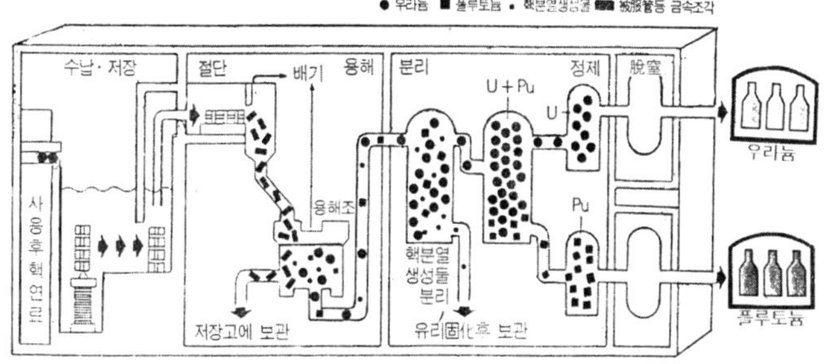

「사용후핵연료」 재처리 공정도

제3단계 : 절단된 사용후핵연료를 질산염에 용해시키고, 피복관을 제거하는 단계

절단된 사용후핵연료 토막을 질산염으로 채워진 용해 탱크 속에 넣으면 사용후핵연료들은 잘 용해되나, 절단된 피복관(Magnox)은 용해되지 않아 식별이 되므로 이 피복관들을 모아 별도로 제거한다.

제 4단계 : 핵분열 생성물질 제거 단계

질산염에 용해된 사용후핵연료 용액을 핵분열 생성물질 용액과, 우라늄과 플루토늄이 섞인 용액의 두 가지 용액으로 분리한 후, 핵분열 생성물질 용액만을 별도로 분리 제거한다. 이 용액은 고준위 방사능물질이므로 저장시 특별히 주의해야 한다.

제 5단계 : 우라늄용액과 플루토늄용액으로 분리하는 단계

핵분열 생성물질이 제거되었으므로 남은 용액은 우라늄과 플루토늄이 섞인 용액인데, 이 용액에 질산의 용액을 변화시키면 우라늄 용액과 플루토늄 용액으로 다시 분리된다.

제 6단계 : 우라늄과 플루토늄을 정제하는 단계

절단한다고 기록되어 있다.

우라늄 용액과 플루토늄 용액 속에 아직도 미량이나마 남아 있는 핵분열 생성물질을 다시 한번 제거해 준다.

제 7단계 : 질산염 제거 및 저장단계

우라늄 용액과 플루토늄 용액 각각에 포함된 질산염을 최종적으로 제거해 줌으로써 우라늄 산화물과 플루토늄 산화물로 만들어서, 스테인레스 용기에 밀봉하여 전용저장고에 저장하게 된다.

지금까지 언급한 바와 같이 원자로에서 꺼낸 사용후핵연료는 재처리 7개 단계를 거쳐 우라늄과 플루토늄으로 추출되어 우라늄은 원자로의 핵연료로 재사용되고, 플루토늄은 그 순도에 따라 핵무기 원료로 또는 혼합 핵연료로 만들어 핵연료로 재사용하게 된다.

〈북한의 재처리시설〉

북한은 1992.5.4 IAEA에 제출한 최초보고서에 '방사화학실험실'이라는 종합 핵실험실이 있다고 신고했는데 이 시설이 바로 사용후핵연료를 재처리하여 핵무기급 플루토늄을 추출해 내는 공장이다.

원자력발전소에서 생산되는 사용후핵연료는 고준위의 방사성물질이기 때문에 운반의 난이성으로 통상 핵발전소 부근에 재처리시설을 위치시키는 것이 편리하다. 그래서 북한의 5MWe 원자로와 재처리 공장(방사화학실험실)은 같은 영변 핵단지내 근거리에 위치하고 있다.

이 시설은 1985년에 착공하여 1993년 현재 외부 건물

80% 정도, 내부설비는 약 70%[80] 정도가 설비된 상태이고 특히 내부에는 2개의 플루토늄 생산라인이 설계되었었는데, 이중 제1생산라인은 '92년에 완성되었고, '93년 3월에 제2생산라인을 시설중이었으나 지금은 중단상태에 있다.[81]

이 공장에서는 고준위의 방사성물질인 사용후핵연료를 취급해야 하기 때문에 방사선으로부터 안전하게 작업하기 위해서는 모두가 원격조정장치로 작업하는 Canyon이라는 대형작업시설과 3개의 Hot Cell과 Glove Box와 같은 시설을 포함한 특수 방호시설을 갖추고 있다.[82]

그래서 이 공장의 외형크기는 6층 건물의 높이에 길이 200m, 폭 80m의 거대한 건물이다.

이 시설 내부에 있는 이미 완성된 제1생산라인만으로 연간 50ton의 사용후핵연료를 재처리할 능력을 갖게 될 제2생산라인이 완성되면 연간 총 200ton의 재처리능력을 갖게될 것으로 추정되며, 추출가능한 플루토늄은 연간 46~100kg 정도가 될 것으로 판단하고 있다.[83]

다. 핵연료주기

원자로에서 핵연료를 연소시킨 후 교체되는 사용후핵연료

---

80) 第2次朝鮮戰爭, p.64에는 내부설비 약 40%가 반입된 것으로 기록되어 있다. 1993.8에 제2생산라인을 설치함으로써 70%의 내부설비가 설치되었음.
81) 핵문제 100문100답, p.78
82) 합참, p.18, 핵문제 100문100답, p.20
83) 軍事硏究 1994.1, p.37에는 100kg으로 기록되어 있으나, 軍事硏究 1994.9, p.109에 의하면 사용후핵연료에는 0.023% 정도의 플루토늄이 포함되어 있다는 근거로 계산한 결과 200ton을 재처리하면 46kg의 플루토늄이 추출됨.

를 재처리 공장에서 재처리하여 우라늄과 플루토늄을 획득하는 과정까지 앞 항에서 검토해 보았다.

재처리과정에서 생산된 우라늄을 핵연료로 재사용하기 위해서 변환공장으로 보내면 농축, 성형가공과정을 거쳐서 원자로의 핵연료로 다시 사용되는 핵연료 순환과정이 형성된다. 이것을 핵연료주기(Cycle)라고 한다.

이것을 도시해 보면 〈그림1〉과 같으며 경수로형 원자로인 경우, 재처리과정에서 추출된 우라늄은 핵연료로 재사용하게 되고, 플루토늄은 순도가 60~70%로 핵무기 원료로 사용하기에 부적합하므로 혼합핵연료(MOX)로 전환하여 핵연료로 사용하게 된다.

〈그림1〉

정상적 핵연료주기

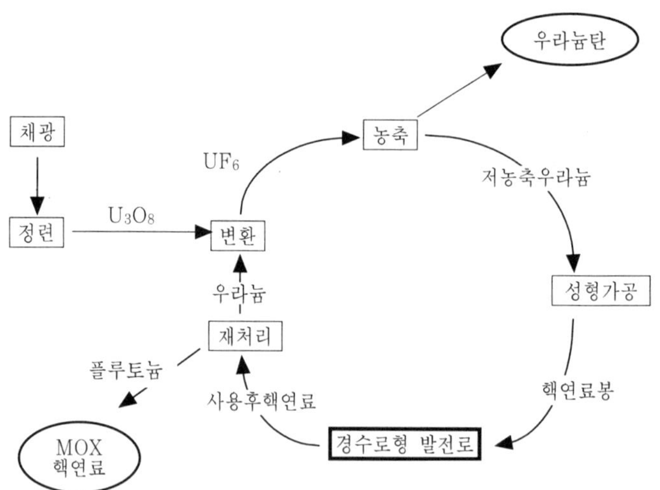

〈북한의 핵연료주기〉

북한의 핵연료주기는 천연우라늄을 핵연료로 사용하기 때문에 변환과 농축과정이 필요없으므로 이를 생략한 핵연료주기가 형성된다. 즉 재처리과정에서 생성된 우라늄은 핵연료로 재사용하기 위해서 성형가공공장으로 보내면 핵연료주기가 형성된다.

이것을 도시해 보면 〈그림2〉와 같으며, 재처리과정에서 추출된 플루토늄은 순도가 93% 이상이므로 핵무기 제조에 사용하거나 아니면 저장고에 저장해 두어야 할 것이다.

〈그림2〉

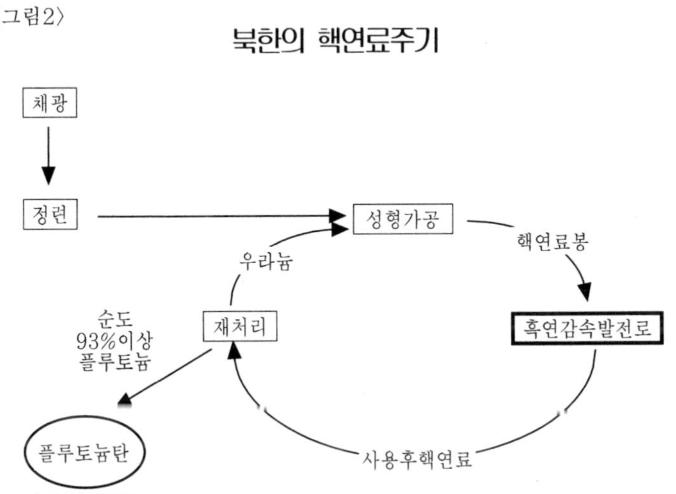

북한의 핵연료주기는 '정상적인 핵연료주기'보다는 '축소된 핵연료주기'라고 할 수 있으나 그것보다는 핵무기급 플루토늄 생산공정이라고 보는 것이 적절하다.

북한의 핵연료주기가 완성되었다는 의미는 핵연료의 공급,

원자로의 가동, 그리고 재처리공정의 모든 단계를 자체능력으로 확보 운영하는 것으로, 이는 곧 외국에 의존함이 없이 독자적인 핵무기급 플루토늄을 획득할 수 있는 개발 능력을 보유하고 있음을 의미한다는 것에 주목해야 한다.

라. 북한의 핵분열성 물질(플루토늄-239) 획득능력

지금까지 핵무기 개발의 필수조건 중 가장 어려운 문제인 핵분열성 물질 획득에 관해서 살펴보았다.

핵무기급 우라늄 및 플루토늄 획득과정

이 과정을 통해서 북한의 핵분열성 물질의 획득 가능성을 확인한 바, 북한은 독자적인 핵연료주기를 완성함으로써 핵무기급 플루토늄을 획득하는 원료와 시설과 능력을 독자적으로 구비하고 있음을 확인하였다.

① 북한은 2,600만 톤의 천연우라늄이 매장되어 있는 광산을 이미 개발하여 채광하고 있으며, 가채량은 400만 톤에 이

르고 있다.

② 연간 20만 톤 이상의 정련 능력을 가진 정련공장을 보유하고 있다.

③ 영변 핵연구단지 내에 핵연료 가공공장에서는 5MWe 흑연감속로에 장입할 핵연료 수 회분을 이미 제조한 바 있다.

④ 연간 최대 50톤의 사용후핵연료를 생산해 내는 5MWe 흑연감속로가 지금은 동결되어있고, '미·북제네바핵합의'에 따라 공사가 중단 상태에 있는 50MWe 및 200MWe 흑연감속로가 만일 완공되어 가동시에는 연간 총 480톤의 사용후핵연료를 생산해 낼 수 있는 원자로를 보유하게 된다.

⑤ 제1생산라인만으로도 연간 50톤을 재처리할 수 있는 재처리공장을 보유하고 있음으로써 핵무기급 플루토늄을 생산할 수 있는 능력을 갖추고 있으며, 제2생산라인이 완성되면 연간 200톤의 재처리능력을 가진 재처리시설(방사화학실험실)을 보유하고 있음을 확인하였다. 그럼으로 북한은 장차 핵무기급 플루토늄을 대량 획득할 수 있는 능력을 구비하고 있다고 할 수 있다.

2. 핵폭발장치의 제조

앞에서는 핵무기 개발의 4대 필수요건 중 첫번째인 핵분열성 물질의 획득에 대해서 살펴보았고, 다음은 획득된 핵분열성 물질을 어떻게 폭발시킬 것인가 하는 핵폭발장치 제조에 대해서 알아보고자 한다.

가. 핵폭발장치의 구성요소

핵폭발장치에는 4가지의 구성요소가 있으며, 이 4가지 구성요소가 한 체제로 완벽하게 결합되면 핵폭발장치가 완성되는 것이다. 이 핵폭발장치의 구성요소는

첫째로, 폭발에 필요한 일정량의 핵분열성 물질이 있어야 하며,

둘째는, 핵분열성 물질을 미임계질량 상태로 각각 분리해 두었다가 폭발상태(초임계질량)로 결합하기 위한 고성능 기폭(起爆)장치가 있어야 하고

셋째는, 핵분열 연쇄반응을 일으켜 주는 최초의 중성자를 발생시키는 장치가 마련되어야 하며

넷째는, 연쇄반응을 촉진시켜 줄 반사재 장치가 있어야 한다.

> ### 핵폭발장치의 구성요소
> (1) 초임계질량 달성과 형태
> (2) 기폭장치
> (3) 중성자 발생장치
> (4) 반사재

마지막으로 완성된 이 핵폭발장치의 종합적인 실험을 통해서 완전성을 점검하게 된다.

이 핵폭발장치를 완성하는데 필요한 핵폭발장치의 구성요소 하나하나에 대해서 살펴보자

나. 초임계질량 달성과 형태

핵분열 연쇄반응이 순식간에 기하급수적으로 일어나는 것

이 핵폭발이다. 핵폭발을 일으키기 위해서는 일정 수준의 핵분열 물질의 순도와 질량 그리고 형태가 요구된다.

(1) 핵분열 물질의 순도는 이미 언급한 바와 같이 우라늄-235의 경우 90% 이상이 되어야 하고, 플루토늄-239의 경우는 93% 이상이 되어야 한다.

ㅇ우라늄 핵무기의 경우, 우라늄-238은 비분열성 물질임과 동시에 중성자를 흡수하는 성질이 있으므로 이 우라늄-238이 우라늄 핵원료에 10% 이상 포함되면 우라늄-235가 핵분열 시 방출하는 중성자를 많이 흡수하게 되어 기하급수적인 연쇄반응으로 핵폭발을 일으키는데 장애가 된다.

그래서 핵무기급 우라늄의 구성비는 우라늄-235가 90% 이상, 우라늄-238은 10% 이내라야 한다.

핵무기급 우라늄의 구성비

우라늄-235: 90% 이상

우라늄-238 : 10% 이내

ㅇ 플루토늄 핵무기의 경우, 플루토늄의 동위원소에는 Pu^{239}, Pu^{240}, Pu^{241}, Pu^{242}가 있는데, 이중 플루토늄-239가 93% 이상이 함유되어야 하고 특히 플루토늄-240은 6.5% 이내로 적은 비율이어야 한다. 왜냐하면 플루토늄-240은 외부에서 중성자의 충격이 없어도 스스로 핵분열을 일으키는 성질이 있기 때문에 플루토늄 핵원료에 6.5% 이상으로 많이 포함되면 임계질량이 되기 전에 핵분열로 중성자를 발생시켜 조기에 연쇄반응을 일으켜 핵무기를 불발탄으로 만들 우

려가 있기 때문이다.[84]

그래서 핵무기급 플루토늄의 구성비는 플루토늄-239가 93% 이상, 플루토늄-240이 6.5% 이내이어야 하고 플루토늄-241은 0.5%, 플루토늄-242 및 기타가 0.1% 이하라야 핵폭발이 가능해진다.

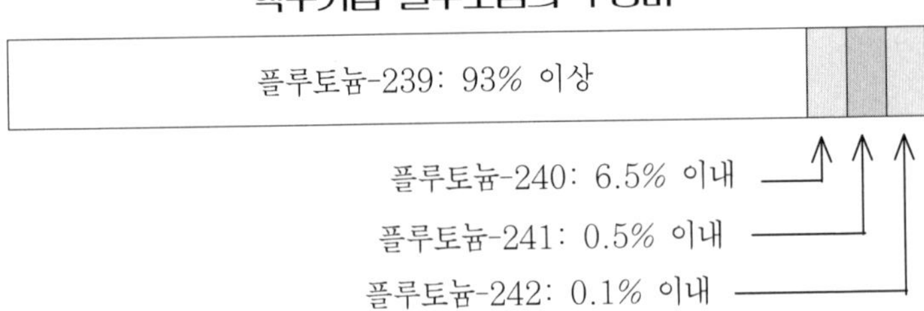

(2) 그리고 순도 높은 핵분열 물질이라 하더라도 일정양 이하로는 핵분열이 지속되지 않으므로 핵폭발을 일으키려면 일정양 이상의 우라늄이나 플루토늄이 있어야 한다. 그래서 이 일정양의 핵분열 물질을 '임계질량'이라는 술어를 사용한다.

임계질량은 핵분열 수가 늘어나거나 감소됨이 없이 일정하게 핵분열이 유지되는데 필요한 최소한의 질량을 말한다. 그리고 핵분열의 수가 점차 증가되어 핵분열이 지속될 뿐만 아니라 연쇄반응이 기하급수적으로 일어나는데 필요한 질량을 '초임계질량'이라 한다.

그러므로 핵폭발이 일어나기 위해서는 최소한 임계질량을 초과한 초임계질량이라야만 가능하다. 그래서 IAEA에서는 보통 기술수준에서 약 20KT의 위력(일본 히로시마에 터뜨린

---

84) 核武器と 核戰爭. p.39 핵문제 100문100답. p.45

핵무기와 동일한 위력)을 내는데 필요한 일정양을 'Significant Quantity'라 해서 플루토늄은 8kg, 우라늄은 25kg 정도는 되어야 된다고 알려지고 있으나, 오늘날에는 기술의 발전으로 더 적은 양으로도 이 정도의 위력을 발휘할 수 있게 되었다. 또 반사재를 사용할 때는 더 적은 양으로도 동일한 위력을 발휘할 수 있다. 계산적으로는 56g의 플루토늄을 100% 핵분열시키면 1KT의 위력을 낼 수 있다고 하나 아직까지 100% 핵분열을 시키지는 못하고 있지만 장차 기술의 발전에 따라 임계질량은 점차 감소될 것만은 확실하다.

20KT 위력의 임계질량

구 분	93% 순도의 플루토늄	90% 순도의 우라늄
IAEA의 Significant Quantity	8kg	25kg
기술발전으로 감소된 질량	6~8kg	20~25kg
특정 자료의 질량	5kg	15kg
반사재 사용과 플루토늄과 우라늄의 순도 99%인 경우	4kg	14kg

출처 : 핵문제100문100답, 金日成の 核ミサイル

(3) 순도 높은 일정양의 우라늄과 플루토늄이 획득된다 하더라도 연쇄반응을 일으키기에 가장 적합한 형태를 갖추어야 한다. 즉 질량에 대한 표면적비가 크면 중성자가 표면으로 이탈하는 율이 많아 연쇄반응을 어렵게 만든다.[85] 그래서 가장 이상적인 형태는 완벽한 구형(球型)이라야 한다. 핵무기 속에

---

85) 세계대백과사전(제16권), p.91

들어 있는 우라늄이나 플루토늄의 형태는 모두 구형으로 되어 있거나 구형으로 조립되도록 만들어져 있다. 그리고 그 형태가 구형이 아닌 원통형이나 다른 형태로는 기하급수적인 연쇄반응이 일어나지 않는다. 이처럼 구형의 핵분열성 물질을 폭탄이나 탄두 내부에 넣기 위해서는 그 폭탄 부품의 구조에 맞게 성형하기 위해서 우라늄이나 플루토늄을 금속으로 전환시킨 후에 성형을 하게 된다.

【북한】에서는 영변 핵단지 내에 있는 핵연료 성형가공공장에서 쉽게 성형할 수 있다.[86]

그러니까 핵폭발을 일으킬 핵분열성 물질의 순도와 양 그리고 형태를 종합하면 아래 표와 같다.

20KT 위력의 임계질량

구 분	플루토늄	우라늄
임계질량	6~8kg	20~25kg
순 도	93% 이상	90% 이상
형 태	구형	구형

일본 '나가사키'에 투하된 핵폭탄에 사용된 플루토늄의 양은 7kg이었고, 일본 '히로시마'에 투하한 핵폭탄에 사용된 우라늄의 양은 무려 60kg나 되었다[87]고 알려져 있다.

다. 기폭장치

핵폭발장치 구성요소 중 두번째인 기폭장치에 대해서 알아

---

86) 軍事硏究 1994.9. p.111
87) 核武器と 核戰爭. p.39 軍事硏究 1994.1. p.38

보면, 핵무기 내부에 내장된 핵분열 물질을 임계 및 초임계질량 상태로 한 곳에 두면 핵폭발이 일어날 위험성이 있기 때문에 폭발 직전까지는 미임계질량 상태로 유지하기 위해서 2개 이상으로 분할하여 분리시켜 놓거나 저밀도 상태로 유지시켜야 한다.

핵폭발을 시킬 때는 우선 미임계질량 상태의 핵분열성 물질을 순간적으로 초임계질량 상태로 다시 만들어야 하므로 고성능 폭약으로 결합 또는 압축시키는 장치가 필요한데 이 장치를 "기폭장치" 또는 "고폭장치"(고성능폭발장치)라고 한다.

이 기폭장치는 미임계질량 상태에 있는 핵물질을 초임계질량으로 만들기 위해서 백만분의 1초라는 극히 짧은 순간에 이루어져야 하므로 초당 1,000m 이상의 고속을 낼 수 있는 고성능 폭약을 사용해야 한다.[88] 왜냐하면 기폭장치에 사용되는 폭약의 속도가 이 정도로 빠르지 못하면 완전하게 초임계질량에 도달하지 못한 상태에서 핵분열이 시작되어 불완전한 폭발이 될 수 있기 때문이다.

이와같은 조건을 만족시켜야 하는 기폭장치는 핵무기 제조의 어려운 부분 중의 하나이다. 그래서 이 기폭장치에는 최첨단의 폭약과 전자공학 부품들이 총동원된 정교한 장치가 사용된다.

핵분열 물질을 초임계질량으로 만드는 기폭장치에는 포신형과 내폭형의 두 가지 방법이 사용되고 있다.

(1) 포신형(Gun Type) 기폭장치

이 포신형 기폭장치는 우라늄 핵무기 제조에 주로 사용하

---

88) 軍事硏究 1994.9, p.111

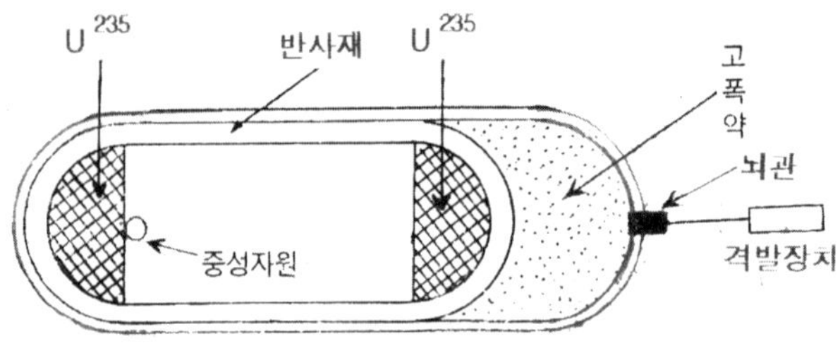

<그림1> 포신형 기폭장치(결합형)

는 기폭장치 형식이며, 분리된 2개의 미임계질량 상태의 우라늄 물질을 초임계질량 상태가 되도록 하나로 결합시키는 결합형이다.

〈그림1〉에서 보는 바와 같이 밀폐된 용기 내부에 미임계질량 상태의 우라늄 물질을 반구형으로 분할하여 둘로 분리되어 있고 그 외부에는 반사재로 둘러쌓여 있다. 그리고 오른쪽 우라늄 물질의 반구형 뒤쪽에 고성능 폭약이 충진되어 있다. 그리고 폭약에는 뇌관이 부착되어 있고 뇌관은 격발장치로 연결되어 있다. 이 격발장치로 뇌관을 점화시키면 폭약이 폭발하

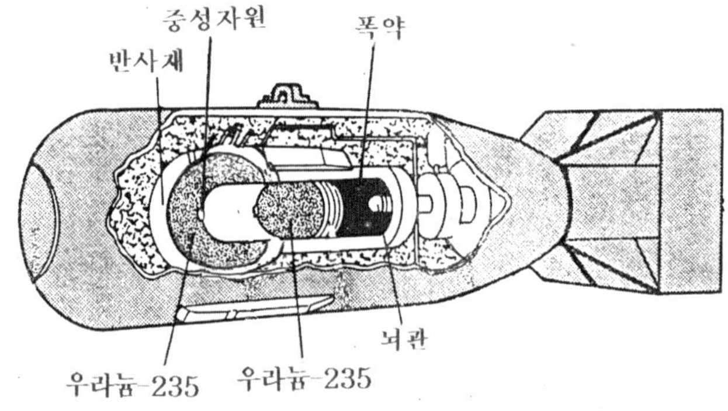

히로시마에 투하된 포신형 우라늄 폭탄

여 그 폭발력이 내부로 지향되므로 오른쪽 반구형의 우라늄 물질을 왼쪽으로 밀어붙여 순식간에 하나의 구형으로 결합하게 된다. 이때가 바로 초임계질량상태가 되는 순간이고, 이때 구형으로 된 우라늄 물질 맨 가운데 있는 중성자원에서 중성자가 방출되어 핵분열을 일으켜 핵폭발이 일어나도록 하는 방법이다.

이 포신형 기폭장치로 만들어진 우라늄 원자탄이 일본 '히로시마'에 최초로 투하되었다 해서 '히로시마형 기폭장치'라고도 한다.

(2) 내폭형(Implosion Type) 기폭장치

내폭형 기폭장치는 플루토늄 핵무기 제조에 사용하는 기폭장치 형식인데, 포신형 기폭장치를 결합형이라면 내폭형 기폭장치는 압축형이라 할 수 있다. 〈그림2〉에서 보는 바와 같이

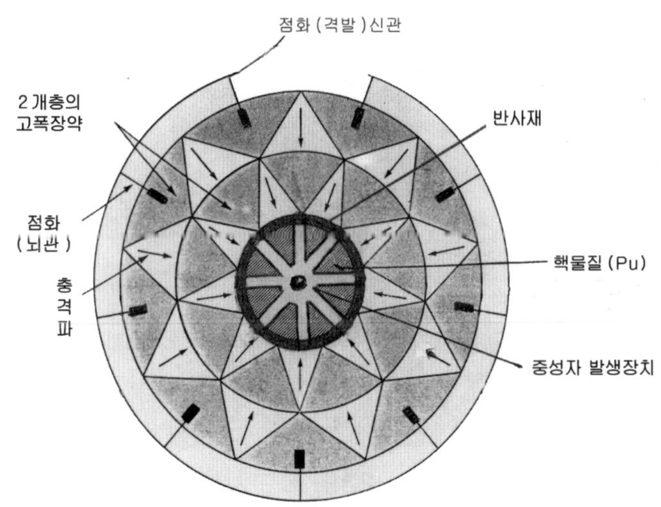

〈그림2〉 내폭형 기폭장치[압축형]

핵무기의 중앙부분에 있는 플루토늄 물질을 구형(球型)으로
성형하되 그 내용은 마치 귤(Orange)의 껍질을 벗기면 귤조
각이 여러개 있는 것처럼 플루토늄 물질을 여러 조각으로 만
들어 사이가 뜨게 하고 또 플루토늄 각 조각들 속은 속이 빈
강정처럼 부풀려서 밀도를 느슨하게 만들어 미임계질량 상태
가 되게 한다. 그리고 그 주위에 반사재를 에워싸고 그 바깥
에 폭약을 이중으로 〈그림2〉와 같이 덮어 씌운다. 그리고는
뇌관을 폭약 조각마다 설치하고 이 뇌관을 한 개의 격발장치
에 연결시켜 이 격발장치를 누르면 전 뇌관이 동시에 점화되
어 모든 폭약이 동시에 폭발하여 그 폭발력이 내부로 지향하
게 함으로써 이들 폭약 내부에 있는 핵분열 물질의 구면(球
面) 전체에 동일한 압력을 가함으로써 이 플루토늄 물질의 구
형 덩어리가 찌그러짐 없이 가운데로 압축이 되게끔 설계되어
있으며, 이 기폭장치는 2,000Volt의 전압을 순간적으로 승압
하는 전기장치가 도선을 통하여 연결되어 있으며 백만분의 1
초라는 순간에 압축하여 초임계질량 상태에 도달하도록 하는

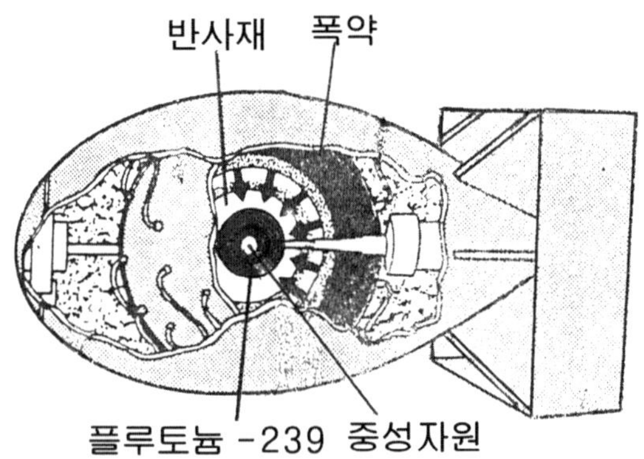

나가사키에 투하된 내폭형 플루토늄 폭탄

형태이다.89)

　이때 플루토늄 물질 덩어리 맨 가운데에 있던 중성자원에서 중성자가 방출되어 핵분열을 일으켜 핵폭발이 일어나게 된다. 이 내폭형 기폭장치로 만든 플루토늄 원자탄이 일본 '나가사끼'에 투하되었다 해서 '나가사끼형' 기폭장치라고도 한다. 이 내폭형 기폭장치는 포신형에 비해서 기폭장치의 구조가 소형인 것이 특징이다. 그래서 미사일용 핵탄두에 적합하다.90)

　이들 포신형과 내폭형 기폭장치에 사용하는 폭약은 PBX (Plastic Bonded Explosive)라는 특수폭약으로 그 충격파가 초당 7,800m의 속도를 가지고 있다.

　【북한】에서는 핵무기의 기폭장치에 필요한 고성능 특수폭약을 제조하는 공장을 보유하고 있어 이 폭약 획득은 용이한 것으로 알려지고 있다.91)

라. 중성자 발생장치(中性子源)

　앞에서 언급한 포신형이나 내폭형의 기폭장치 중심부에 위치하고 있는 핵분열성 물질(우라늄과 플루토늄) 덩어리의 맨 가운데에 중성자 발생장치가 설치되어 있다. 기폭장치에 의해서 이들 핵분열성 물질들이 초임계질량 상태로 될 때, 바로 이 순간에 이 중성자 발생장치가 자동적으로 작동하여 중성자를 발생시켜 핵분열 연쇄반응을 일으키게 하는 기폭제 역할을 담당하고 있다.

　이 중성자 발생장치는 중성자를 대량 발생시키기 위해서

---

89) 원자력과 핵은 다른 건가요, p.160
90) SAPIO 1993.10.14, p.26
91) 軍事硏究 1994.9, p.111

알파(α)입자(He의 핵)를 이용하게 되는데 α입자는 라디움
(Ra)과 폴로늄(Po)과 같은 물질이 안정된 원소로 변환되기
위해서 알파(α)입자를 방출하는 것을 이용한다. 즉 라디움과
폴로늄에서 방출되는 α입자가 베릴륨(Be)에 충돌하면 중성
자가 발생하게 되는데 이때 발생되는 중성자를 핵물질의 연쇄
반응의 시작, 즉 핵무기 폭발의 기폭제로 이용한다.[92]

$$Ra \cdot Po \rightarrow \alpha \rightarrow Be \rightarrow 중성자 \rightarrow 핵분열성물질 \rightarrow 핵폭발$$

이를 화학식으로 기술하면

$$_2He^4 + _2Be^9 \rightarrow _6C^{12} + _0N^1$$

그런데 이 α입자는 일종의 방사선이지만 투과력이 약해서
종이 한 장이나 얇은 알미늄막도 뚫을 수가 없다.

〈그림3〉 중성자 발생장치

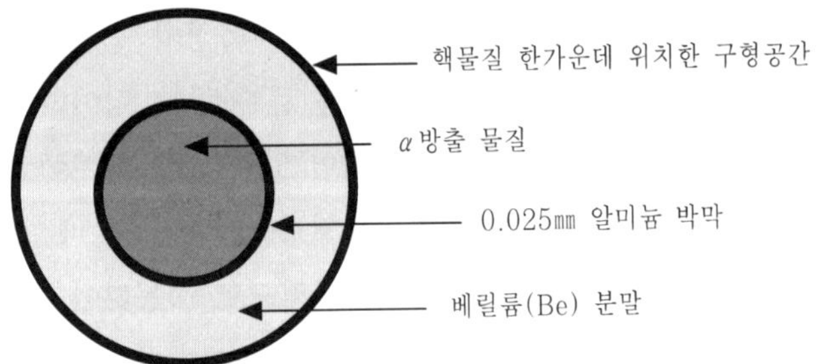

〈그림3〉에서 보는 바와 같이 중성자 발생장치는 핵물질 한
가운데 위치하고 있는 골프공 크기만한 구형(球型) 용기로 만
들어져 있다. 구형 용기의 제일 중앙부에는 α방출물질인 라

---

92) 핵문제 100문100답, p.47 軍事研究 1994.9, p.111

디움(Ra)이나 폴로늄(Po)을 두고 그 바깥에 0.025미리 정도의 얇은 알미늄막으로 감싸놓고 그 외부에 베릴륨(Be) 분말을 채운다. 이 알미늄막은 알파 입자가 Be과 충돌하지 못하도록 하는 방호막의 역할을 담당하고 있다.

기폭장치의 격발장치가 작동되어 고성능폭약이 폭발하여 폭발력이 내부로 작용할 때 그 압력과 충격에 의하여 얇은 알미늄막이 찢어짐으로써 α입자가 자유롭게 베릴륨을 충격하게 된다. 이때 베릴륨은 중성자를 방출하여 핵분열성 물질을 최초로 충격하게 됨으로써 핵분열 연쇄반응을 일으켜 핵폭발이 되는 것이다.[93]

마. 반사재장치(Reflecter)

포신형과 내폭형 기폭장치의 그림에서 보면 핵분열성 물질 외부 둘레에 반사재를 완전히 감싸주고 있는데 이것이 반사재장치이다. 이를 Temper라고도 한다.

반사재에 따른 임계질량[94] (20KT)

핵물질 \ 반사재	無 반사재	U-238	Be
순도 99% 플루토늄	10kg	4.5kg	4kg
순도 99% 우라늄	47kg	16kg	14kg

핵분열성 외부에 반사재를 감싸주는 것은 핵분열 과정에서 외부로 이탈하는 중성자를 이 반사재가 다시 내부로 되돌려

---

93) 化學戰 II, p.429
94) 핵문제 100문100답 p.4,46

보내 연쇄반응에 참가시킴으로써 핵분열 효율을 높이는데 있다. 핵무기용 반사재로는 베릴륨나 U-238을 사용하며 이 반사재가 핵분열 효율에 얼마나 큰 영향을 미치느냐 하는 것은 아래 도표를 보면 반사재를 사용하는 경우 반사재를 사용하지 않을 경우의 절반 이하의 우라늄이나 플루토늄의 질량으로도 같은 위력을 발휘할 수 있음을 알 수 있다.

【북한】은 반사재의 설계와 반사재 자재(Be을 제외한)는 비교적 쉽게 획득할 수 있다.95) 베릴륨은 외국에서 수입하는 것으로 알려져 있다.

바. 핵폭발장치의 완제품 실험

핵폭발장치의 구성요소들이 모두 완성되면 이들을 결합하여 종합실험을 실시하는데 이것을 '완제품 또는 종합(package)실험'이라 한다.

이 완제품 실험단계에 들어가기 전에 부분별 실험을 실시한다. 즉 고성능폭약실험, 전기 기폭회로실험, 포신형이나 내폭형 기폭장치실험, 중성자 발생장치실험 등이 실시된다. 이런 부분별 실험이 끝나면 종합적인 완제품 실험단계에 들어간다. 이 완제품 실험단계에서는 핵분열 물질을 주입하는 대신 위력이 약한 타 물질로 대체하여 사용하는 것 외에는 모든 구성요소를 결합하여 실험하기 때문에 핵실험이나 다를 바 없다.

기폭장치실험은 폭약이 사용되는고로 폭발실험 흔적 즉 탄

---

95) 軍事硏究 1994.9. p.110

공(彈孔)이 남게 되는데 북한 영변 원자력연구소 남측에 넓은 공지에 실험 흔적이 인공위성에 의해 탐지되었고 또 1992년 IAEA 사찰요원이 이 실험 흔적을 지적했을 때 북한은 "이 흔적은 원자로 동체에 대한 충격파 실험 흔적이라"고 변명한 바 있다.96)

'91년 6월 이 영변 핵단지에서 내폭형(Implusion) 방식에 의한 기폭장치의 폭발실험이 있었다는 것이 미국측에 의해서 확인된 바 있다.97)

그리고 '93년 11월 북한을 탈출하여 한국에 귀순한 이충국(李忠國) 씨의 증언에 의하면,

1993.10.20 평양남도 평원군 석암리 산중턱에서 핵폭발 기폭장치실험을 하였는데 이때 영변의 핵단지에서 개발한 핵폭발 기폭장치에 소량의 플루토늄을 장입하여 실시한 모의 핵폭발실험98)이었으며, 실험 후 핵화학국 정찰부장 최영관(崔英官) 대좌와 참관한 연구관 및 군관들은 하나같이 "이번 실험은 대성공이다. 기폭실험은 지금까지 행한 수 십회의 실험과 비교해서 이번은 완벽한 것이었다."며 대단히 만족했다고 했다.99)

이충국 씨는 북한 인민무력성의 핵무기 개발과 생산, 관리를 전담하는 부서인 '핵화학방위국'에 근무했었고(부록#10. 핵화학방위국편성표 참조) 1993.10.20 핵폭발 모의실험에 직접 참관한 목격자의 증언이기 때문에 신빙성을 더해 준

---

96) SAPIO 1993.10.14, p.25
97) 상게서, p.25
98) 모의 핵실험은 핵폭발장치의 완제품 실험을 의미하는 것으로 해석됨.(著者)
99) 金正日の 核と 軍隊, p.238

다.100)

그리고 '93년 3월 한국 국방부장관은 국회에서 답변하기를 "북한에서는 기폭장치실험을 80년부터 영변지역에서 70회 이상이나 실시하여 기폭장치를 완료했다"고 했으며,101) 특히 '93년에는 '핵폭발장치 완제품 실험'을 했었다고 한국 국방부는 밝히고 있다.102) 이것은 귀순자 이충국 씨의 증언과 일치한다.

이상의 여러 출처로부터의 정보를 종합해 보면

【북한】은 핵폭발장치를 완성했고 완제품 실험도 완료한 것으로 판단된다.

3. 핵실험

핵무기 개발의 4대 필수조건 중 세번째가 핵실험이다.

이제 핵폭발장치의 완성과 소위 완제품 실험도 완료되면 핵무기는 완성되었다고 할 수 있다. 그러나 실제 핵분열성 물질을 핵폭발장치 속에 주입시키고 그대로 핵폭발을 시켜봐야 핵폭발의 신뢰성이 보장되고 또 요망되는 위력이 발휘되는지를 확인할 수가 있다.

최근에 와서 핵확산금지조약이 발효되기 직전103) 선진국에서는 핵실험을 집중적으로 실시한 바 있는데 이것은 기술발달에 의한 핵무기의 효율성을 높인데 대한 실질적 효과를 측정하고 새로운 핵무기의 효과에 대한 자료를 얻기 위해서 실시

---

100) 金正日の 核と 軍隊 p.236
101) SAPIO 1993.10.14, p.25
102) 핵문제 100문100답, p.76
103) 핵확산금지조약 발효 1997.3.

되는 것이지 핵폭발 자체를 실험하기 위한 것은 아니다.

특히 최초로 핵무기를 제조한 나라에서는 핵무기 실험을 직접 실시하여 핵폭발과 그 위력을 확인하고, 각종 장치에 대한 신뢰성을 보장받고 싶어하지만 한편으로는 핵보유를 공식화하지 않고 보유한 것으로 인정받는 NCND정책104)의 달성을 위해서는 핵실험을 실시해서 세계 각국으로부터의 비난과 어떤 제재를 받는 것보다는 핵실험을 하지 않고 핵무기를 보유하는 것이 실리면에서 유리할 것을 고려하여 핵실험을 유보하는 나라도 있다.

그리고 핵실험을 꼭 실시해야만 핵폭발의 신뢰성을 보장받고 그 위력을 확인하는 것은 아니다. 예로서 일본 히로시마에 폭발시킨 세계 최초의 우라늄 핵폭탄은 한 번의 핵실험도 없이 직접 실용화한 것이다. 또 현재 핵보유국 중에서 '파키스탄'까지도 최초 핵실험에서 실패한 나라는 없었다는 사실만으로도 핵실험을 하지 않아도 핵폭발의 가능성은 확실하다는 것을 입증해 주고 있다.105) 그리고 내폭형 기폭장치인 경우는 충격파의 균형과 압축의 효과를 시험해서 내향(內向)파열 System 시험만 되면 실제 핵실험을 하지 않아도 된다106)고 알려져 있다.

오늘날 컴퓨터의 발달로 인해서 핵무기 설계로부터 완성에 이르기까지 모두 컴퓨터에 Modeling되어 왔기 때문에 컴퓨터에 의한 모의실험(Simulation)으로도 핵실험을 대신 할

---

104) NCND(Neither Conform Nor Deny) : 자국의 핵보유에 대한 긍정도 부정도 하지 않음으로써 상대국의 무력공격을 억제하는 핵전략의 하나이다.
105) 전략연구(통권 제9호), p.267
106) 軍事硏究 1994.9, p.112

수 있다는 이론에 설득력이 있다. 그러나 컴퓨터의 모의실험을 위해서는 실제 핵실험의 많은 자료가 필요한 것만은 사실이다. 그러므로 핵폭발에 대한 충분한 신뢰성이 입증된다 하더라도, 핵실험 없이 실전에 바로 사용하는 경우 핵폭발의 위력은 달성할 수 있으나, 예측한 핵 위력에 대한 크든 적든 오차는 감수해야 하는 약점이 있을 뿐이다.

【북한】이 지금까지 핵실험을 실시했다는 정보나 첩보는 아직 없다.

미국 하원 공화당 연구위원회의 '93.7.14일자 보고서에 의하면 "북한은 구 소련의 '카자흐스탄'에 있는 지하 핵실험장소를 빌려 자신들이 만든 핵무기를 실험하려고 여러 차례 '모스크바'에 사용 요청했으나 거절당했다"[107]고 했다. 그러나 1KT 이하의 저위력 핵무기를 지하 아주 깊은 곳의 직경 50m 이상의 공간에서 교묘히 실시한다면 핵폭발 탐지가 어려울 수 있다는 주장도 있다.

북한으로부터 탈출한 이충국 씨는 그의 저서[108]에서 세 번의 핵실험이 구 소련과 우크라이나에서 있었다고 기술하고 있으나 믿기에는 더 많은 충분한 자료가 필요하다고 보아진다.

4. 핵투발수단

핵무기 개발의 4대 필수조건(①핵분열성 물질 획득 ②핵폭발장치의 제조 ③핵실험 ④핵투발수단) 중 마지막이 핵투발수단의 개발이다.

---

107) 조선일보 1993.7.16
108) 金正日の 核と 軍隊, p.238

핵실험으로 핵무기 폭발과 위력의 확실성이 보장되면, 이제 남은 것은 핵무기를 목표지역으로 운반해야 하는 투발수단이 갖추어져야만 하나의 무기로서 핵무기가 완성되는 것이다.

핵무기를 목표지역으로 운반하는 방법에는 항공기로 운반하는 방법, 포, 미사일, ADM 등 여러 방법이 가능하다.

항공기로는 수 톤 무게의 대형 핵무기를 운반할 수 있는 장점이 있으나 목표지역으로 이동중 오늘날 발전된 대공미사일의 위협 때문에 레이더에 탐지되지 않는 최첨단 항공기를 보유하지 않는 한 선택하기 어려운 방법 중의 하나다.

포로 투발하는 방법은 구경 200㎜ 이내로 최소형화해야 하는 기술적인 문제와 장거리 사격이 불가능하므로 초기 핵개발 국가에서 선택하기에는 가장 어려운 방법이다.

탄도미사일로 투발하는 방법은 사거리가 길고 또 적의 반대 방책에 대한 가장 안전한 투발수단으로 선진국에서 주로 사용하는 수단이다. 단, 탄두를 1ton 내외로 경량화하여야 하는 기술적 문제가 요구된다.

ADM(일명 핵배낭, 핵지뢰) 방법은 핵무기를 소형 경량화하여 사람이 직접 핵무기를 둘러메고 목표지역으로 잠입해서 주요 지점이나 지역을 폭파시키는 방법이다. 또 방어를 위주로 하는 국가에서는 적의 침공에 대비하여 주요 접근로상에 핵무기를 사전 매몰하여 두었다가 적이 침공하면 폭발시키는 방법을 말한다. 이 방법 역시 한 사람이 운반할 수 있는 정도로 소형 경량화해야 하는 문제가 있고 또 사람이 직접 운반해야 하는 취약점이 있다.

【북한】의 현재 기술 수준으로 선택 가능한 투발방법은 항공기(IL-28, MIG-29)에 의한 방법은 언제나 가능하고,

탄도미사일에 의한 투발방법은 탄두를 1ton 이내로 경량화하는 문제만 해결되면 북한이 보유한 SCUD-B/C 개량형, 노동1호 그리고 대포동 미사일로 핵탄두를 투발할 수 있을 것이다.

지금까지 핵 선진국들이 핵무기를 제조하는 과정에 북한의 핵시설과 제조능력을 대조하면서 비교 분석해 본 결과 북한은 자체 능력으로 우라늄의 채광으로부터 핵연료의 제조, 흑연감속로의 가동, 재처리시설의 보유 등으로 플루토늄을 생산할 수 있음을 확인했고, 핵무기 제조의 마지막 단계인 핵폭발장치의 완제품실험(Package)까지 했음을 확인할 수 있었다.

第5節 IAEA 사찰결과 핵의혹

북한은 1985년도에 NPT에 가입하고 1년 6개월 이내에 IAEA의 안전협정에 서명 비준해야 함에도 6년 반 동안이나 거부해 오다가 1992.1.30 IAEA 안전협정에 서명하고 '92. 4.9 북한 최고인민회의에서 비준함으로써 IAEA의 정식 회원국이 되었고, 회원국의 임무인 핵관련 시설(16개소)에 대한 '최초보고서'를 '92.5.4 IAEA에 제출했다.(부록#7. 북한이 IAEA에 신고한 핵시설 일람표 참조)

이 최초보고서를 제출하면서 북한은 "우리는 핵무기를 만들 필요도 없고, 핵무기를 만들겠다는 의지나 능력도 없다"고 주장했다.

그런데 IAEA 사찰팀이 북한의 핵관련 시설에 대하여 '92.5.25~'93.2.6까지 총 6회의 임시사찰을 실시한 결과 북한의 주장과는 달리 북한은 상당한 핵무기 개발 의혹이 있다는 표명과 함께 일부 시설에 대한 재사찰과 미신고한 시설에 대한 특별사찰을 요구하기에 이르렀다.

북한이 IAEA로부터 핵무기 개발에 대한 의혹을 받게 된 것은 크게 나누어서 '93년 2월까지 IAEA의 임시사찰 결과로 일차적 의혹을 받게 되었고, '94년도에 와서 재사찰과정과 그 이후에 더 많은 핵의혹을 받게 되었다.

　그래서 본 절에서는 북한이 IAEA로부터 어떤 핵의혹을 받고 있는지를 검토해 봄으로써 북한의 핵개발 내용을 파악하는데 도움을 얻고자 한다.

　〈참고〉 IAEA의 사찰에는 '임시사찰', '일반사찰', '특별사찰'이 있는데, 임시사찰은 당사국이 신고한 '최초보고서'의 내용을 확인 검증하는 사찰로 봉인, 감시장비 설치 등이 여기에 속한다. 일반사찰은 임시사찰 후 정기적으로 실시하는 사찰이며, 특별사찰은 상기 2개 사찰중 의심사항 발생시 특별히 실시하는 사찰이다.

1. IAEA의 임시사찰 결과 노정된 핵의혹

　임시사찰 결과 북한의 핵의혹에 대한 IAEA의 결론은 "북한은 플루토늄을 생산했으며 이를 은폐하고 있다"는 것이다. 그 내용을 확인해 보면

　① 북한은 5MWe 원자로에서 '89년도에 단 한 번 파손된 연료봉 일부를 안전상 인출했다고 주장하나 IAEA는 이를 믿지 않고 있다.

　② 북한은 '89년도에 인출한 핵연료에서 '90년도에 90g의 플루토늄을 한 번만 추출했다고 주장하나 IAEA는 4번이나 추출했으며 그 양은 킬로그램(kg) 단위라고 믿고 있다.

　③ IAEA는 북한의 최초보고서에 누락된 미신고 핵시설이 있어 이에 대한 특별사찰이 필요하다는 주장에 북한은 그것은 군사시설이라고 주장하고 있다.

　④ IAEA는 영변 핵단지 내에 있는 고폭시험장에서 고폭실험한 흔적을 발견하고 이를 지적하자 북한은 원자로의 동체에 대한 충격파 실험 흔적이라고 주장했다.

　⑤ 핵관련 시설들이 군사시설로 은폐되어 있음을 첩보위성

이 촬영한 사진과 대조함으로써 확인되었으나 북한은 군사시설이라 주장하고 있다.

이런 내용들이 임시사찰 결과 나타난 핵의혹들이고 이 외에도 상식적으로 이해할 수 없는 의문의 내용들도 제기되고 있다.

이들을 계속 열거해 보면,

⑥ 연간 200톤의 처리능력을 가진 이 거대한 방사화학실험실(재처리시설)이 북한에 왜 필요한지 이해할 수 없고

⑦ 현재 건설중인 50MWe 원자로와 200MWe 원자로형은 '흑연감속로'인데, 이 형은 열효율이 낮아 상업성이 없고, 또 안전상 위험도가 대단히 높은 데도 불구하고 굳이 이 형을 선택한데 대한 의문이 가고,

⑧ 5MWe 원자로는 발전용이라고 주장하는데, 전력을 송전하는 송전탑이 없는데에 대한 의문을 제시하고 있다.

이상 열거한 IAEA에서 주장하는 내용을 중심으로 그 내용을 살펴보자.

가. 의혹에 대한 IAEA의 주장 근거

(1) 북한은 1989년 5MWe 원자로에서 파손된 핵연료봉 일부를 단 한 번 인출해서 1990년에 재처리하여 90g의 플루토늄을 추출했다고 IAEA에 신고하고 그 샘플(플루토늄 및 핵폐기물)을 제시했다.109)

---

109) 軍事硏究 1994.1. p.30 金正日の 核と 軍隊, p.223,224
　　　第2次朝鮮戰爭, p.63

IAEA는 북한이 제시한 샘플을 미국 등 수개국의 연구소에 보내 분석을 실시한 결과 플루토늄 동위원소(Pu-239, Pu-240, Pu-241, Pu-242)의 구성비가 각각 다르게 나타났다.(구성비가 다르다는 것은 인출시기가 다르다는 것을 뜻한다.) 또 생산년도를 알 수 있는 아메리슘($_{95}Am^{243}$)이라는 인공원소가 추출됨에 따라, 플루토늄을 추출한 것은 '89년 단 한 번이 아니고 '90년, '91년, '92년 연속해서 4번이나 추출했다는 사실을 확인하게 되었으며,[110] '부릭스' IAEA 사무총장과 북한을 사찰한 IAEA 사찰팀은 "북한이 추출한 플루토늄의 양은 킬로그램(kg) 단위라고" 주장했다.[111]

〈참고〉 플루토늄은 생산 순간부터 방사능이 감소되므로 이것을 역산하면 언제 생산했는지를 알 수 있다.[112]

그리고 파손된 핵연료봉만을 인출해서 실험적으로 추출하여 90g의 플루토늄을 획득했다고 주장하나 적어도 kg 단위의 플루토늄을 추출하는데는 핵연료봉의 절반 또는 전체(8,000여 개)를 인출해야 한다는 것이다.[113] 5MWe 원자로는 매년 4~7kg의 플루토늄 생산능력이 있다고 알려져 있다.[114]

(2) IAEA 사찰팀은 북한의 핵관련 16개 시설에 대한 최초보고서에 포함되지 않은 미신고시설 2개소에 대해 특별사찰을 요구했으나, 북한은 이 시설을 군사시설이라고 주장하고

---

110) 軍事硏究 1994.1, p.30
　　　化學戰Ⅱ, p.458과 핵문제 100문100답, p.84에는 '89, '90, '91년 3번 추출했다고 기록하고 있다.
111) 軍事硏究 1994.1, p.31, 金正日の 核と 軍隊, p.224
112) SAPIO 1993.10.14, p.
113) 第2次朝鮮戰爭, p.63 전략연구 1997.3, p.267
114) Jane's I. R. (SR No9), p.8

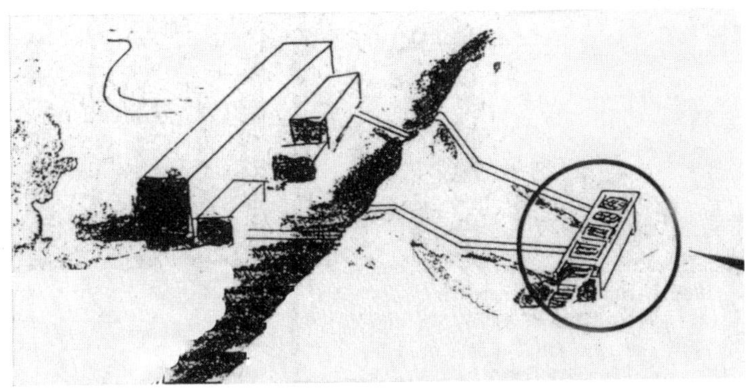

액체 핵폐기물 저장탱크(1989년에 촬영)

특별사찰을 거부하고 있다.

(가) 특별사찰을 요구한 미신고 2개 시설 중 하나는 '빌딩 500(BLG 500)'이라고 이름 붙여진 시설로 이 건물은 소형 핵 재처리시설 또는 고준위 핵폐기물 저장소일 것으로 추정되는 시설이다.115)

이 빌딩500116) 건물은 방사화학실험실로부터 약간 떨어진 북측에 위치하고 있는 2층 건물(은폐작업으로 1층으로 보임)로 1989년 이전에 완공한 건물이며, 이 건물의 우측 단애 아래에 액체 핵폐기물을 저장하는 대형 탱크가 있고 빌딩500 건물과 이 탱크는 두 개의 파이프로 연결되어 있다.117)

액체 핵폐기물 저장탱크와 파이프로 연결되어 있는 윗 건물(빌딩500) 내에는 액체 핵폐기물을 배출시키는 어떤 시설이 있을 것으로 추정되는데, '액체 핵폐기물'이란 사용후핵연료를 재처리하는 과정에서 생기는 폐기물이므로, 이 액체 핵

---

115) 軍事硏究 1994.1, p.38
116) 빌딩500(Building500)이란 명칭은 미 중앙정보부에서 붙인 명칭임.
　　　(북한 핵 뛰어넘기, p.160)
117) 軍事硏究 1994.9, p.113

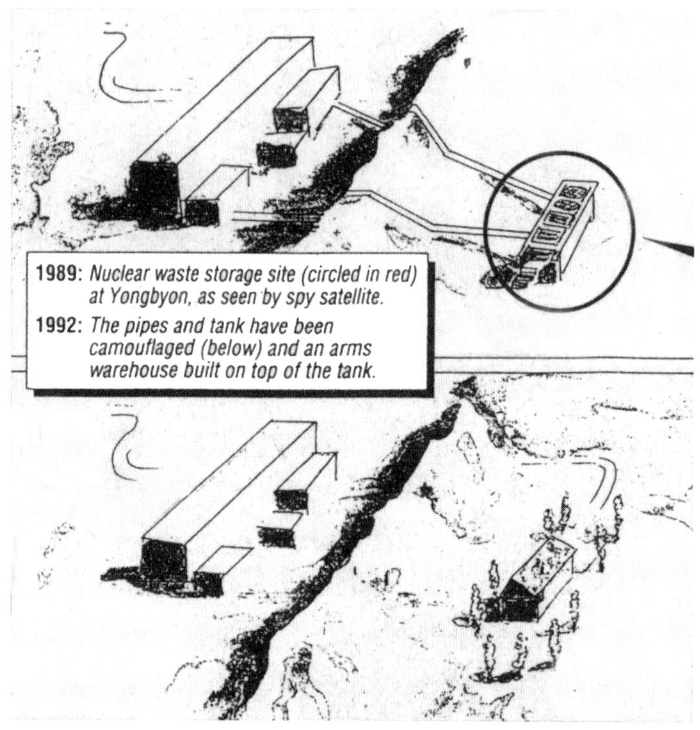

'89년과 '92년에 촬영한 빌딩 500 및 저장탱크

폐기물을 배출하는 시설이란 바로 소규모의 실험용 재처리시
설(pilot test plant)일 것으로 판단되며, 이곳에서 5MWe
원자로에서 인출한 사용후핵연료로부터 10kg 정도의 플루토
늄을 추출한 것으로까지 의혹을 받고 있다.118) 당시 방사화
학실험실은 '92년 전까지 완공되지 못했고, 또 공식적으로는
가동되지 않았으므로119) '88년도에 준공된 이 빌딩500 건물
은 '89년도에 인출한 핵연료봉을 재처리하는데 시기적으로
맞아떨어진다.

---

118) 金日成の 核ミサイル, p.46
119) 第2次朝鮮戰爭, p.64

그리고 1992년도에 IAEA 사찰팀이 방사화학실험실 사찰 시 내부의 재처리 설비 중 일부 설비가 철거된 빈 자리가 있었는데 이 철거된 설비가 빌딩500 건물에 이전 설치한 것이 아닌가 하는 의혹도 사고 있다.[120]

더욱 의혹을 증폭시키는 것은 1989년에 촬영한 사진(윗그림)과 IAEA의 최초 사찰팀이 영변 핵단지에 도착('92.9)하기 이전인 '92년 전반에 촬영한 위성사진(아래 그림)을 비교해 보면, 빌딩500 건물 아래의 단애와 핵폐기물 저장탱크 사이를 흙으로 완전 복개하여 경사를 완만하게 하고 그 위에 창고 같은 건물 한 동을 짓고 주변에 나무를 심고 도로와 주차장도 신설하여 핵폐기물 저장탱크를 창고 건물로 완전히 위장해 버린 사실을 알 수 있다.[121]

또한 미 CIA는 이 빌딩500의 지상 구조물 아래에 있는 지하시설에서 방사화학실험실(재처리공장)까지 연결하는 통로(Trench)가 만들어져 있어 이 통로를 통해서 비밀리에 핵폐기물을 운반하는데 사용했을 것으로 판단하고,[122] 이 시설에 대한 특별사찰을 요구했으나 북한은 군사시설이라는 이유로 거부하였다.

(나) 이 미신고 2개 시설 중 또 하나는 액체 및 고체 핵폐기물 저장소이다.

이 시설은 50MWe 원자로와 방사화학실험실 사이에 위치하고 있으며 '76년부터 사용되어 온 핵폐기물 저장탱크로 위성사진에 나타난 바에 의하면 과거 소련과 이라크의 액체 및

---

120) 軍事硏究 1994.1, p.38
121) 軍事硏究 1994.9, p.114
122) 북한 핵 뛰어넘기, p.160

고체 폐기물 저장소와 아주 흡사해서 의혹을 받아 왔는데, '92년 9월 IAEA의 최초 사찰팀이 도착하기 전인 '92년 8월에 저장탱크 위에 흙으로 덮어 씌우고 나무를 심어 콘크리트 엄체호로 위장한 군사시설로 바뀐 모습을 인공위성이 촬영했다.123) 이 시설에 '사용후핵연료'나 '추출된 플루토늄'이 저장되어 있지 않은가 라는 의혹을 받고 있는 시설이다. 이 시설역시 IAEA에 제출한 최초보고서에 누락되어 있으며 북한은 IAEA로부터의 특별사찰 요구에 군사시설이라는 이유로 거부했다.

  (3) 방사화학실험실이 완공되는 경우 재처리 능력은 두 개의 생산라인으로는 연간 200ton에 이른다.124)

  북한에서는 이 공장을 핵연료 주기의 완성과 '고속증식로'125)의 연료를 획득하기 위한 것이라고 주장하나 이것은 전연 이치에 맞지 않는다.

  재처리과정에서 생산되는 우라늄은 원자로의 핵연료로 사용한다는 것은 타당한 논리이나 천연우라늄을 핵연료로 사용하는 흑연감속로는 재처리과정에서 획득되는 우라늄 단가보다 우라늄광이 풍부한 북한의 경우는 채광에서 얻는 천연우라늄의 단가가 훨씬 경제적이라는 것이고, 또 재처리과정에서 생산되는 플루토늄은 고속증식로에 사용할 혼합핵연료(MOX)

---

123) 軍事研究 1994.6, p.37 軍事研究 1994.6, p.114, 북한핵 뛰어넘기,
     p.159
124) 북한 핵 뛰어넘기, p.16, 軍事研究 1994.1, p.31
125) 고속증식원자로(고속증식로)란 원자로 내에서 핵연료를 연소시켜 발전
     을 하면서 연소시킨 핵연료보다 더 많은 핵연료를 생산해 내는 미래의 원
     자로를 말한다. 프랑스, 러시아, 일본 등이 고속증식로를 건설하여 시험
     개발을 하고 있으나 상업성과 기술상의 문제로 곤란을 겪고 있다.

로 사용한다고 했는데, 지금 핵 최선진국에서도 기술상의 문제로 고속증식로를 상용화하지 못하고 시험 및 개발단계에 있는데, 경수로 건설도 못하는 기술 수준인 북한이 고속증식로 건설 운운하는 것은 황당무개한 변명에 지나지 않는다. 사실 북한으로서는 방사화학실험실이 없어도 흑연감속로형 원자로에 사용할 핵연료 획득에는 아무런 문제가 없는데도 거대한 방사화학실험실을 건설한 데에는 다른 목적이 있을 것임에 틀림없다.

즉 핵무기용 플루토늄을 추출하기 위해서 방사화학실험실을 건설했다고 하는 것이 솔직한 답변이 될 것이다.

이 방사화학실험실은 세계에서 시설면에서 두번째로 큰 시설로 연간 200ton의 재처리 능력을 가지고 있으며, 여기서 획득되는 핵무기급 플루토늄은 연간 100kg(20KT 핵무기 17개 만들 수 있는 양)나 되는데, 이 많은 플루토늄을 계속 생산해서 어디에 사용할 것인지, 의혹을 살 수밖에 없다.

(4) 현재 북한이 건설중인 50MWe와 200MWe 원자로의 로형을 보면, 열효율이 높고 안전성이 입증된 경수로형을 사용하지 않고 과거 핵 선진국들이 핵개발 초창기에 플루토늄 획득을 위해서 사용했던 '흑연감속로형'을 채택하고 있는 것은 플루토늄 획득을 위한 것이 아니고서는 다른 해석이 될 수 없다.

(5) 5MWe 원자로는 발전용이라고 주장하나 원자로에서 발전되는 전력을 송전해야 할 송전탑이 없는 것을 보면 이 원자로는 발전용이 아니고 더 큰 원자로(50MWe, 200MWe)

가 건설되어 대량의 플루토늄을 획득하기 전까지, 조기에 플루토늄을 획득하여 몇 발의 핵무기를 미리 만들기 위한 플루토늄 획득용 원자로로 추정하는 것이 타당하다 하겠다.

2. IAEA의 재사찰('94년 3월) 이후 노정된 핵의혹

1992년 5월부터 실시된 임시사찰 결과 미신고시설에 대한 특별사찰과, 또 의혹이 가는 시설에 대한 재사찰 요구에 대해서 북한은 사찰거부와 동시에 '93.3.12 NPT 탈퇴 선언까지 하게 됨으로써 핵개발 의혹에 대한 규명은 일시 중단되었다가 '94.2.25 북한이 IAEA와의 사찰허용 합의에 따라 제7차 IAEA 사찰(재사찰)이 '94.3.3부터 3.14까지 진행되었으나 또다시 북한의 비협조에 부딪혀 IAEA가 요구하는 핵시설 의혹은 해소하지 못하고 핵의혹은 더 쌓이게 되었다.

그 의혹을 열거해 보면,

① 미신고 2개 시설에 대한 특별사찰의 계속 거부

② 제7차 사찰 중 재사찰의 일부 거부

③ 핵연료봉의 임의 인출 등이다.

가. 의혹에 대한 IAEA의 주장 근거

(1) 특별사찰은 임시사찰 후 의심사항 발생시 실시하는 사찰인데, IAEA가 임시사찰 결과 소형 핵재처리시설 또는 핵폐기물 시설로 의심되는 2개소를 지적하여 특별사찰을 요구했으나

【북한】은 핵무기를 개발하지 않고 있으며, IAEA에서 요

구한 특별사찰 2개소는 모두 군사시설이므로126) 사찰에 응할 수 없다고 하고, '93.3.12 NPT 탈퇴 선언을 하였다.

이 두 개 시설은 빌딩500 건물과 (구)핵폐기물 시설이다. 그런데 이들 시설은 앞 항에서 언급한 바와 같이 위성사진으로 보면 핵시설이 분명한데 IAEA 사찰팀이 도착하기 전에 모두 군사시설로 위장해 버림으로써 더욱 의혹을 받고 있다.

만일 이 시설이 핵관련 시설이 아니라면 사찰팀에게 노출시키면 될 것임에도 대대적인 공사로 군사시설로 위장하는 자체가 더욱 의혹을 받을 뿐만 아니라 NPT 탈퇴까지 하면서도 이 시설을 공개하지 않겠다는 단호한 주장을 보면 북한으로서는 핵무기 제조사실이 탄로날 만한 핵심적인 시설인 것만은 확실하다는 의혹을 받고 있다.

특히 제7차 IAEA 사찰시에도 이 시설에 대한 접근은 이루어지지 못했다.

(2) 제7차('94.3.3~3.12) 사찰 중에 IAEA가 가장 중요하게 계획한 사찰은 두가지였다.

ㅇ 첫째는, 5MWe 원자로 내에 있는 핵연료봉의 샘플을 채취하는 것이고

ㅇ 둘째는, 방사화학실험의 Glove Box 내의 샘플 채취와 사용후핵연료봉을 용해한 질산용액의 샘플 채취, 그리고 배기구에 대한 감마선 측정이었는데, 이 모두 거부당해 사찰을 하지 못했다.

---

126) 金日成の 核ミサイル, p.48

IAEA 사찰팀이 왜 이런 사찰을 하려 했는지의 목적을 알면 북한의 사찰 거부의 의도를 충분히 짐작할 수 있다.

만일 IAEA 사찰팀이 핵연료봉의 샘플을 채취하여 감마(γ)선 측정을 하면 핵연료봉이 원자로 내에서 연소된 기간과 연소도 등의 운전 상황을 파악할 수 있고 또 플루토늄을 추출한 양에 대한 파악도 가능하다. 특히 북한이 '89년도에 파손된 핵연료봉 교환으로 90g의 플루토늄을 획득했다는 사실여부가 핵연료봉 샘플에서 확인될 수 있다.

그리고 방사화학실험실의 Glove Box 내의 찌꺼기 샘플을 채취하여 분석하면 과거에 이 Glove Box에 드나들었던 핵분열 물질을 알 수 있으므로 지금까지 이곳에서 사용후핵연료를 얼마나 재처리했는지 즉 플루토늄을 얼마큼 추출했는지를 확인할 수 있게 된다.[127]

또한 사용후핵연료를 용해한 질산용액 샘플 조사와 방사화학실험실 배기구의 필터에 대한 감마선 측정을 하면 플루토늄 추출 여부를 알 수 있다.

그런데 이런 IAEA의 사찰활동을 거부한 것은 바로 북한이 플루토늄을 상당량 추출한 것이 탄로날 것을 우려하여 취한 것으로 해석된다.

(3) 북한은 제7차 IAEA 사찰시에 5MWe 원자로는 가동 중에 있었으므로 핵연료봉 샘플 채취가 실제 불가능했고 또 사찰도 거부했다. 그리고는 '94.5.14 북한은 핵연료 교환기를 두 대나 증설하여 5MWe 원자로의 핵연료봉을 IAEA 사

---

127) 軍事硏究 1994.9. p.114

찰팀의 입회없이 인출하기 시작하여 약 1개월이라는 기간의 놀라운 속도로 8,000개의 핵연료봉을 모두 인출하고 말았다. 인출한 핵연료봉은 모두 순서없이 섞어 버림으로써 원자로 내에서 어느 위치에 있었는지를 알 수 없게 만들어 버렸다.128)

만일 북한이 이 핵연료봉을 섞어 버리지 않고 그 위치를 알 수 있었더라면 '89년도에 인출한 핵연료봉의 양과 그동안 핵연료봉을 몇 번이나 교환했는지도 알 수 있었을 것이다. 왜냐하면 원자로 내의 핵연료봉은 모두 균일하게 연소하는 것이 아니고 원자로 내의 위치에 따라 규칙적인 연소분포를 남기게 되며, 또 오래된 연료봉과 새로 장입한 핵연료봉의 연소도가 다르므로 이것을 분석하면 그동안 이 5MWe 원자로에서 인출된 핵연료봉과 생산된 플루토늄의 양도 알 수 있기 때문이다.

즉 이번의 핵연료봉 임의인출과 무작위 혼합은 북한의 핵연료봉 인출과 플루토늄 생산에 대한 결정적인 자료를 은폐하기 위한 것으로 보여지므로 북한의 핵무기 의혹은 더욱 증폭된다.

(4) 플루토늄을 90g밖에는 추출하지 않았다는 북한이 '00년부터 70회 이상의 기폭실험과 '93년의 기폭장치 완제품 실험을 실시했다는 것은 핵무기 제조의 완성단계에 와 있다는 것을 의미하는데도 북한은 90g의 플루토늄만을 가지고 핵무기를 제조하는지 의혹을 불러일으키고 있다.

---

128) 第2次朝鮮戰爭, p.63

1992년 5월부터 '94년도까지 IAEA 사찰팀이 북한 핵시설을 사찰한 결과 밝혀진 주요내용을 종합해 보면 다음과 같다.

구　분	북한 주장	IAEA 확인
플루토늄의 추출량	90g	kg단위
플루토늄의 추출시기	1번('90년)	4번('89.'90.'91.'92)
플루토늄의 추출출처	손상된 핵연료봉	사용후 핵연료봉
미신고시설(2개소)	군사기지	소형 재처리시설 또는 핵폐기물 저장소
방사화학실험실	종합실험실	핵재처리공장

즉 IAEA가 확인한 바로는 북한은 5MWe 원자로에서 사용후핵연료를 여러번 인출하여 핵재처리공장에서 적어도 킬로그램(kg) 단위의 핵무기급 플루토늄을 추출하였으며, 이를 은폐하기 위하여 미신고시설에 대한 특별사찰의 거부와, 최초 보고한 핵관련 시설에 대한 샘플채취의 거부, 그리고 5MWe 원자로의 핵연료봉의 임의인출과 무작위 혼합 등 IAEA의 사찰활동에 대한 갖가지 방해로 핵무기 개발을 은폐하고 NPT 탈퇴를 해서라도 IAEA의 사찰을 피하겠다는 일련의 행위와 IAEA 사찰팀의 사찰결과 등을 분석해 보면, 북한의 핵개발 의지와 핵개발 진행 정도를 충분히 판단했다고 할 수 있다.

그리고 IAEA가 사찰결과 내린 결론처럼 "북한은 핵무기 제조원료인 플루토늄을 획득하고는 이를 은폐하고 있다"는 사실을 다시 한번 확인하게 된다.

3. IAEA와 미·북 제네바 핵합의

IAEA가 1992년 북한에 대한 핵사찰을 시작할 때부터 과거 이라크에서 IAEA의 핵사찰은 아주 한정적이었고 당사국이 핵시설을 은폐하면 찾을 수 없었다는 쓸쓸한 경험으로 미루어 볼 때 핵전문가들은 IAEA의 북한 핵사찰에 크게 기대하지 않고 있었다.

실제 IAEA가 6차례의 임시사찰, 그리고 '94년도의 재사찰이 있었으나 북한의 핵의혹 은폐에 밀려 사찰은 제대로 이루어지지 못했고, 미신고시설에 대한 특별사찰 문제로 급기야 북한이 NPT 탈퇴선언과 UN안보리의 제재조치 문제 등으로 한반도에 긴장을 초래하였다.

결국 미국과 북한과의 제네바 핵협상이 시작되어 난항을 거듭한 끝에 1994.10 미·북 제네바 핵합의에 이르게 되었다.

북한은 5MWe 원자로의 동결과 50 및 200MWe 원자로의 건설 중단(동결), 방사화학실험실의 동결 그리고 '94년도에 인출한 사용후핵연료봉을 북한 내에서 재처리하지 않을 것이며, 장차 핵무기 개발을 하지 않는다는 조건하에 1,000MWe 경수로형 원자로 2기 건실과 이중 1기 건실 완료시까지 매년 중유 50만 톤을 공급하고 미국은 북한에 대한 핵위협 및 핵사용을 하지 않는다는 보장을 하게 되었다.(별지 #11 미·북 제네바 핵기본합의문 참조)

그런데 이 미·북 제네바 핵합의로 북한의 미래핵에 대해서는 동결되었다고 할 수 있으나 과거핵에 대해서는 흐지부지한 가운데, 원자로의 주요 품목이 도착할 때쯤(건설시작 5년

후경) 특별사찰을 함으로써 과거핵을 확인하겠다는 내용이다.

당시 William Perry 전 미 국방장관은 북한과의 핵협상에서는 두 가지의 목표를 가지고 있었는데,

그 첫째는 과거핵에 대해서는 '폐기'하는 것이고,

둘째 미래핵에 대해서는 '동결'하는 것이라고 밝혔다.[129]

그런데 '94년 6월 '카터' 전 미 대통령이 방북하여 김일성과 회담 후에 선후가 바뀌어 미래핵을 먼저 동결하고 과거핵 폐기에 대해서는 5년 정도 후 특별사찰시에 확인하는 것으로 미루게 되었다. 핵개발 은폐를 위해 NPT 탈퇴 불사까지 주장했던 북한이 앞으로 5년이라는 긴 기간 동안에 아무런 조치(은폐)없이 순순히 과거핵을 내놓고 폐기하리라는 기대는 북한을 너무 모르는 처사인 것으로 보여진다.

그리고 핵개발을 하지 않는다는 조건으로 46억\$이 소요되는 1,000MWe 원자로 2기를 건설하는데 한국이 약 35억\$, 일본이 10억\$, 유럽연합이 8,500만\$, 미국이 중유비용 등을 부담하고[130] KEDO(한반도에너지개발기구)[131]는 북한 신포지역에 부지 건설공사가 진행중인데, 북한은 평북 금창리 지역에 핵시설로 의혹을 받는 대규모 지하시설 공사를 실시하고 있음이 확인되고 있다. 이 문제와 관련하여 미·북 금창리 지하 핵시설 의혹 해소를 위한 회담은 이미 시작되었으나 북한은 이 시설 현장접근에 3억\$을 요구하고 미국은 핵개발 중지조건으로 46억\$이나 소요되는 경수로 2기를 지원하고 있는데 무슨 억지냐는 주장이 맞서 1,2,3차 미·북회담은 결렬

---

129) 1994.4.3 NBC TV 인터뷰 (軍事硏究 1994.6, p.183)
130) 한국일보 1998.8.31
131) KEDO는 Korea Energy Development Organization의 약자

이 되고 4차회담에서 현장접근에 합의하는 대가로 식량 60만 톤을 제공하기로 하고, 1개월 반 이후에 최초의 사찰을 하기로 되었다.

그러나 금창리 지하시설에 대한 핵의혹이 해소된다 하더라도 '92년 1월에 전 미 국방차관(제임스 릴리)이 "북한에는 11,000개의 지하시설이 있는데 여기에 플루토늄의 저장과 핵무기 제조시설을 설치할 수 있다"[132]고 주장했듯이 이들 지하시설에서 비밀리에 핵개발을 한다면 북한의 핵의혹 해소 문제는 IAEA나 미·북협상으로 해결해 나가는데는 한계가 있을 것으로 예상된다.

---

132) 조선일보 1992.5.19

第6節 북한의 핵무기 제조 의혹

앞 절에서 북한의 핵무기 제조능력과 IAEA의 사찰결과를 검토해 본 결과 북한은 5MWe 원자로에서 핵무기의 원료인 플루토늄을 포함하고 있는 사용후핵연료를 생산하고 방사화학실험실에서 사용후핵연료를 재처리하여 플루토늄을 추출하는 기술과 시설을 보유하고 있고 또 핵무기를 제조할 수 있는 핵폭발장치를 제작할 기술이 충분하고, 기폭장치 완제품 실험까지 한 바 있다. 그러나 아직 핵실험은 하지 않고 있다.

그렇다면 북한은 핵무기를 제조할 수 있는 원료와 기술과 시설을 보유하고 있다는 결론이다. 다만, 얼마만한 양의 플루토늄을 추출해냈으며, 또 몇 발의 핵무기를 만들었는가 아니면 아직 핵무기를 만들지는 못했는가에 대해서 검토해 볼 차례다.

1. 북한의 플루토늄 생산량

북한은 1986년에 가동한 5MWe 원자로에서 1989년 일부의 핵연료봉을 교환해서 90g의 플루토늄만을 실험용으로 추출한 적이 있다고 1992년 IAEA에 보고한 것을 보면 북한이 플루토늄을 추출했음을 시인하고 있으며 동시에 플루토늄을 추출할 수 있는 능력을 보유하고 있음을 시사하는 것이다.

그리고 북한은 과연 그들의 말대로 90g만을 추출했는지 아니면 IAEA의 주장대로 킬로그램(kg) 단위를 추출했는지 또는 더 많은 양의 플루토늄을 추출했는지 하는 것은 대단히 중요하다.

1945년 일본 '나가사키'시에 투하한 핵무기 정도의 위력을 가진 핵무기 1개를 제조하는데는 약 4~8kg(통상 6kg)의 플루토늄이 소요되므로 만일 북한이 이보다 더 많은 양의 플루토늄을 추출했다면 최소 한 개 이상의 핵무기를 제조할 수 있는 양이 되기 때문에 북한이 얼마만한 양의 플루토늄을 추출했느냐 하는 것은 우리(한국)에게는 국가안보와 직결되는 중요한 문제가 아닐 수 없다. 그래서 각 출처에서 발표한 플루토늄의 양에 대해서 먼저 검토해 보고자 한다.

가. IAEA와 각국의 판단

우선 북한이 핵무기를 제조할 만큼의 플루토늄을 추출했느냐 하는 것은 고도한 정보가 필요하다. 북한의 핵문제에 관해 가장 많은 정보를 가지고 있다고 믿어지는 IAEA와 미국, 일본, 그리고 한국의 관계자들은 어떤 판단을 하고 있는지부터 알아보고자 한다.

(1) IAEA의 경우

1992년 IAEA 핵사찰단은 '북한이 추출한 플루토늄의 양은 그램(g) 단위가 아닌 킬로그램(kg) 단위가 틀림없다.'고 주장했다. 그리고 '한스 브릭스' IAEA 사무총장은 1992년 5월 북한을 방문한 후 "북한이 핵재처리 능력(플루토늄 추출능

력)을 보유하고 있음을 확인했다."고 밝혔다.133)

그런가 하면 독일의 주간지 '슈피겔'지는 '93.3.22자 기사로 "북한은 원자로를 특수한 방법으로 가동시켜서 보통의 실험로에서 생산하는 것보다는 월등히 많은 플루토늄을 생산하고 있다. 더 구체적으로 말하면 고농축우라늄의 연료체 사이에 천연우라늄판(板)을 끼워서 가동하면 고농축우라늄의 핵분열에 의해서 중성자 방출이 크게 늘어나서 플루토늄-239가 대량으로 획득되는 방법이다."라고 보도하면서 이 내용은 IAEA 요원으로 북한을 직접 사찰한 바 있는 구 소련 기술자와 인터뷰한 내용으로 그 신뢰성이 높다고 보도했다.134) 그리고 전 UN 이라크 핵사찰팀장을 역임했던 '데이비드 케이' 박사도 "1989년 북한은 연구용 원자로에서 핵연료를 꺼내 플루토늄을 재처리했음을 알고 있다"고 했다.135)

(2) 미국의 경우

(가) '제임스 울시' 미 CIA국장은 1993.2.24 미 상원 행정위원회에서 "북한은 적어도 핵무기 한 개를 만들 수 있는 충분한 양의 핵물질을 추출해 은닉하고 있는 것 같다"고 했고 또 '93.7.28 미 하원 외무위원회에서 "북한은 하나 이상의 핵무기를 제조할 수 있는 플루토늄을 생산했을 가능성이 있다"고 136)했다.

(나) 미국의 워싱턴 포스트지는 1993.4.27 "북한은 현재

---

133) 중앙일보 1992.5.16
134) 독일 슈피겔紙, 1993.3.22
135) 월간조선 1995.5
136) 자유신문 1997.7.31

4개의 핵폭탄을 제조할 수 있는 플루토늄을 보유하고 있다"고 했다.[137]

(다) 'William Perry' 전 미 국방장관은 1994.4.21 호텔 신라에서 "북한이 현재 가동중인 5MWe급 원자로에서 핵무기 1~2개를 만들 수 있는 양의 플루토늄을 추출한 것으로 알고 있다"고 했다.[138]

(라) 미국의 '걱정하는 과학자연맹'은 '94.6.27 "북한은 5MWe 원자로에서 추출한 플루토늄은 핵폭탄 1~2개를 제조하는데 충분한 양이다."라고 했다.[139]

(마) 'Bob Dole' 전 미 공화당 대통령후보는 1996. 10.6 "북한은 핵무기 6개를 제조할 만한 플루토늄을 보유하고 있다 (They have enough plutonium to built 6 nuclear bombs)"고 했다.[140]

(3) 영국의 경우

영국에서 발행되는 Jane's Intelligence Review지의 특별보고서 제9호(North Korea's Nuclear Arsenal)에서 'Joseph S. Bermudez Jr'박사는 "북한은 5MWe원자로에서 플루토늄 10~15kg을 추출했으며, 1994년에 인출한 핵연료봉에서는 18~22kg의 플루토늄 추출이 가능할 것이다."라고 했다.

---

137) 자유신문 1993.7.31
138) 동아일보 1994.4.22
139) 第2次朝鮮戰爭, p.63
140) The Korea Herald, 1996.10.8

(4) 일본의 경우

일본의 주요 신문들은 1993.3.10자로 "일본 정부가 북한에서 추출한 플루토늄 양을 독자적으로 분석해 본 결과 핵폭탄 2~3개를 제조할 수 있는 16~25kg에 이른다는 자체 결론에 도달했다."고 보도했다.[141]

(5) 한국의 경우

(가) '92.5.30 한국 국방일보(구.전우신문)는 "북한의 5MWe 원자로는 1987년부터 가동되어 지금까지 약 130~180ton의 사용후핵연료를 생산했는데 이것을 재처리하면 15kg의 플루토늄 추출이 가능하다"고 보도했다.

(나) 한국의 안기부장은 1993.3.17 국회 국방위원회에서 "북한은 1~3개의 원자탄을 만들 수 있는 플루토늄을 비축하고 있다"고 했으며,[142] '94.6.13(국회 국방위원회)에는 "북한이 핵무기 개발의 가장 중요한 요소인 플루토늄을 7~20kg 확보했을 가능성은 거의 확실하다"고 했다.[143]

(다) 한국의 과기처장관은 '93.7.25 "북한은 7~22kg의 플루토늄을 추출한 것으로 정부는 분석하고 있다"고 했다.[144]

(라) 한국의 대통령은 1994.4.28 "북한은 핵무기 1~3개 정도를 제조할 수 있는 플루토늄을 확보하고 있는 듯하다"고 했다.[145]

(마) 한국 외무부장관은 1995.7.10 제176회 임시국회에

---

141) 자유신문 1993.7.31
142) 자유신문 1993.7.31
143) 경향신문 1994.6.14
144) 중앙일보 1993.7.25
145) 朝日新聞 1994.4.28, 第2次朝鮮戰爭, p.56

서 "현재 한·미간의 분석 결과는 북한이 핵탄두 1~2개 정도의 원료가 되는 플루토늄을 보유하고 있을 가능성은 있다"고 했다

(바) 한국의 '이시영' 전 오스트리아대사(IAEA 담당)는 "현재까지 핵폭탄 4개 분량에 상당하는 30kg의 플루토늄을 추출하여 분산 은닉하고 있을 가능성이 있다."고 했다.

(6) 북한에서 탈출한 귀순자의 증언

(가) 북한 원자력공업부 산하 남천화학기업소(우라늄정련공장)에 근무하던 귀순자 '김대호(金大虎)'씨는 1995. 5.31 "김일성 부자가 1989년 3월 영변에 있는 5기계총국에 와서 새로운 '핵개발에 큰 성과'를 거둔 데 대하여 크게 칭찬하고 칼라TV를 관계 기술자와 과학자들에게 선물하였는데, 새로운 핵개발의 큰 성과란 플루토늄의 추출이며, 1988년 여름 핵폭탄 2개를 제조할 수 있는 양인 12kg의 플루토늄 추출에 성공했다."고 말했다.146)

(나) 전 북한군 상좌(한국군 중령과 대령 사이 계급)였던 최주활(崔主活)씨와 전 콩고대사관 1등 서기관이였던 고영환(高英煥)씨는 '97.7.26 워싱턴 내셔널 프레스클럽 초청강연에서 "북한은 위력적인 2~3개의 핵폭탄을 보유하고 있는 것으로 믿고 있다"고 했다.147)

지금까지 IAEA와 미국, 영국, 일본, 한국 등 여러 출처에서 나름대로 분석한 자료를 토대로 북한이 플루토늄을 추출한

---

146) 조선일보 1994.5.21
147) 동아일보 1997.9.28

양에 대해 각각 상이한 내용을 발표하고 있으나 이를 종합해
보면 다음(도표 #2)과 같다.

〈도표 #2〉

북한의 플루토늄 추출에 대한 판단량

국명	출　처	연　도	추출된 플루토늄으로 핵무기 제조시	플루토늄량(kg)
미국	울시 CIA국장	'93. 2.24	1개 이상	(6kg이상)
	워싱턴포스트(WP)	'93. 4.27	4개	(24kg)
	Perry 미국방장관	'94. 4.21	1~2개	(6~12kg)
	걱정하는과학자연맹	'94. 6.27	1~2개	(6~12kg)
	Bob Dole 대통령후보	'96.10. 6	6개	(36kg)
영국	Jane's, I. R	'96.12		10~15kg
일본	일본 정부	'93. 3.10	(2~4)	16~25kg
한국	국방일보	'92. 5.30	(2)	15kg
	안기부장	'93. 3.17	1~3개	(6~18kg)
	과기처장관	'93. 7.25	(1~3)	7~22kg
	김영삼대통령	'94. 4.28	1~3개	(6~18kg)
	안기부장	'94. 6.13	(1~3)	7~20kg
	외무부장관	'95. 7.10	1~2개	(6~12kg)
귀순자	金大虎 氏	'94. 5.21	(2)	12kg
	崔主活 氏	'97. 9.26	2~3개	(12~18kg)
	高英煥 氏	'97. 9.26	2~3개	(12~18kg)

( )내 수치는 핵무기 1개를 제조하는데 플루토늄 6kg이
소요되는 것으로 계산하여 저자가 추정한 플루토늄의 양

〈도표 #2〉에서 보면 미국 정부의 판단을 대변하는 미 국방
장관과 미 중앙정보국장은 1~2(6~12kg)개 정도, 한국 정
부는 1~3(6~18kg)개 정도, 일본 정부는 16~25kg의 핵무
기를 만들 수 있는 플루토늄의 양을 추출했을 것으로 판단했
음을 밝히고 있고 그 외에 미국의 워싱턴 포스트지나 Bob

Dole 전 미 대통령후보는 4~6(24~36kg)개까지 만들 수 있는 양의 플루토늄을 추출했을 것으로 판단하고 있다.

각국 정부의 플루토늄 추출량 판단

> 미국 정부 : 6~12kg
> 한국 정부 : 6~18kg
> 일본 정부 : 12~25kg
> W.P.와 Bob Dole : 24~36kg

나. 핵 과학자(Dietrich Schroeer 박사)의 판단

핵물리학을 전공하는 과학자들은 북한이 추출한 플루토늄의 양을 어느 정도로 판단하고 있는지 살펴보자.

사실 북한이 추출했을 플루토늄의 양을 판단하는 데는 핵연료의 장입량, 원자로의 가동기간, 원자로 열출력의 크기 등 원자로의 운전기록에 관한 상세한 자료가 있어야 한다.

미국의 노스캐롤라이나대학 물리학 교수인 '슈뢰어(Dietrich Schroeer)' 박사가 '북한의 플루토늄 추출량'에 대해서 기고한 그의 논문 내용 중 플루토늄의 추출량을 판단하는 근거를 제시한 내용을 소개하면 다음과 같다.[148]

플루토늄 추출량 판단자료

> 1. 흑연감속 가스냉각형의 30MW(t)원자로의 플루토늄 생산율은 1일 1메가와트당(MW(t)·day) 0.9그램이다.
> 2. 북한의 5MW원자로의 전기출력은 5MW(e)이나 열출력은 30MW(t)이다.

---

148) 전략연구(1997.3) p.265.267

3. 북한이 '89년에 원자로 가동을 중단하여 90그램(g)의 플루토늄을 추출했다고 IAEA에 보고한 내용을 근거로 원자로의 가동기간을 2년 6개월로 판단했다.

4. 이 원자로에 장입하는 핵연료의 양은 1회 50ton이다.

5. 이 원자로의 평균가동률은 60%로 추정한다.

6. 30MWt 원자로에서 생산되는 플루토늄의 양은

$$0.9/MWt \cdot day \times 가동기간(day) \times 열출력(MWt)$$

$$\times 가동률(\%) \quad 의 \ 공식으로 \ 계산할 \ 수 \ 있다.$$

이를 기준하여 계산하였는 바,

플루토늄 추출량 계산

1. 1년간 생산가능한 최대 플루토늄 양의 계산공식에 대입하면

$$[0.9g/MW(t) \times day] \times [(365days/year) \times (1year)$$

$$\times (30MW(t))] = 10kg$$

2. 1986~1989 사이 2.5년간에 생산가능한 최대플루토늄의 양은 $(0.9g) \times (365days) \times (2.5years) \times (30MW) = 25kg$

3. 2년반 동안 원자로의 60% 가동률을 고려하여 생산된 플루토늄의 양은 $25kg \times 0.6 = 15kg$이 된다.

4. 50MWe원자로는 매년 60% 가동시 생산가능한 플루토늄은 $(10kg \times 0.6 = 6kg)$. 연간 6kg이 된다.

즉 '슈뢰어' 박사는 북한의 5MW원자로에서는 연간 평균가동률 60%로 추정할 때 매년 6kg의 플루토늄을 생산해 낼 수 있다. 그리고 1986~1989년 사이 2년6개월 동안 60%의 가동률로 15kg의 플루토늄을 추출했다고 주장하고 있다.[149] 이 양은 핵무기 2개를 만들 수 있는 분량이며, 한국과 미국

---

149) 전략연구 1997.3, p.265

정부가 주장하는 양과 거의 일치하고 있다.

〈참고〉 '슈뢰어'박사는 북한의 5MWe 원자로의 열출력을 30MWt로 판단하고 있으나 한국 국방부는 25MWt로 판단하고 있다. 앞으로 저자는 30MWt로 계산하고자 한다.

다. 저자의 판단

슈뢰어 박사는 북한이 '86년부터 '89년 사이 2년 6개월 동안 원자로를 가동 후 '89년에 한 번만 사용후핵연료를 전부 인출하여 약 15kg의 플루토늄을 추출한 것으로 계산하였다.

이것은 북한이 '89년도에 일부 핵연료봉의 파손으로 이를 교체하기 위해서 가동을 중단했을 뿐이고 그 이후에는 연료봉을 단 한 번도 교체하지 않았다는 북한의 주장을 수용하고, 다만 일부 연료봉이 아니고 전체 연료봉을 교체했을 것으로 판단 계산한 것으로 보여진다.

그러나 본 저자의 판단은 북한의 5MWe 원자로 건설의 목적이 핵무기급 플루토늄 생산에 있다는 것은 이미 밝혀진 사실이다. 그러함에도 핵무기급 플루토늄 생산을 위해서 매년 핵연료봉을 인출할 수 있음에도 인출하지 않고 더욱 안전상의 위험 문제를 무릅쓰고 또 발전도 하지 않는 원자로를 '89년에 단 한 번만 가동을 중단하고 그 이후 5년간('89~'94)이나 한 번도 가동을 중단하지 않았다는 북한의 주장을 저자는 믿을 수가 없다.

그런데 그동안 인공위성이 북한의 영변 핵단지를 촬영한 내용을 분석한 결과 5MWe 원자로에서 연기와 수증기가 나지 않은 기간, 즉 가동을 중단한 경우가 '94년 이전에 3차례

나 있었다는 사실이 밝혀졌다.(92.5.30 국방일보)

(1) 5MWe 원자로 가동 중단기간

가동 중단 기간
1차 : ′89년 3월~ 6월 (90여일간)
2차 : ′91년 4월~ 6월 (50여일간)
3차 : ′93년 8월~ 10월 (60여일간)

· 1차 가동 중단은 ′89년 3월~6월(90여 일간)로 이 기간
은 북한이 IAEA에 보고한 내용과 동일하다.

· 2차 가동 중단기간은 ′91년 4월~6월(50여 일간)

· 3차 가동 중단기간은 ′93년 8월~10월(60여 일간)이다.

그러나 원자로의 가동을 중단한 기간 50~60여일간은 원
자로에서 사용후핵연료를 제거하고 새로운 핵연료를 장입하
는데 필요한 기간으로 적당하다. 실제 북한은 ′94년도에
5MWe 원자로의 사용후핵연료를 1개월 만에 인출한 실적도
있다.[150]

여기서 본 저자가 지적하고자 하는 것은 '슈뢰어' 박사는 1
차 가동 중단 전까지의 가동기간(2.5년)에 생성된 플루토늄
만을 계산했으나 그 이후 2차, 3차의 가동기간에 생성된 플
루토늄은 계산하지 않았다는 것이다.

그래서 2차, 3차 가동기간에 플루토늄의 추출량을 계산해
보고자 한다.

---

150) 第2次朝鮮戰爭, p.63

(2) 5MWe 원자로 2차 및 3차 가동기간

2차 및 3차 가동기간

2차 : ′89년 6월~′91년 4월 (1년 10개월)
3차 : ′91년 6월~′93년 8월 (2년 2개월)

• 2차 가동기간은 1차 가동 중단(′89.3~6) 후에 가동을 다시 시작하여 2차 가동 중단 시까지인 ′89년 6월~′91년 4월까지의 약 1년 10개월 기간이 된다. 이 기간은 북한이 IAEA 안전협정에 서명하기 전이기 때문에 IAEA의 임시사찰 이전에 사용후핵연료를 인출했을 것으로 추정할 수 있다.

• 3차 가동기간은 2차 가동 중단(′91.4~6) 후에 가동을 다시 시작하여 3차 가동 중단 시까지인 ′91년 6월부터 ′93년 8월까지의 약 2년 2개월 기간이다. 이 3차 가동기간 중에는 IAEA의 임시사찰(′92.5.25~′93.2.6) 기간이 포함된 시기였으므로 핵연료봉의 샘플채취가 불가능한 상태였으며, 가동을 중단한 시기는 IAEA의 임시사찰이 끝난 6개월 후에 시작함으로써 사용후핵연료의 인출시기를 IAEA의 사찰을 교묘히 피해서 선택한 것이 아닌가 추측된다.

(3) 5MWe 원자로 2차 및 3차 가동기간에 생성된 플루토늄의 양 판단

2차 및 3차 가동기간에 생성된 플루토늄의 양 판단을 위해서 ′슈뢰어′ 박사의 계산방식으로 계산해 보면,

(가) 2차 가동기간에 생성된 플루토늄의 양 판단

- 2차 가동기간: 1년 10개월(´89년6월~´91년4월)
- 평균가동률: 60%
- 열출력　　: 30MWt
- 흑연감속로의 플루토늄 생성률: 1일 1MWt당 0.9g
- 플루토늄 생성량 계산공식:

  $0.9g/MWt \cdot day \times 가동기간(day) \times 열출력(MWt) \times 가동률(\%)$
- 계산

  $0.9g/MWt \times [365 + (30 \times 10)] \times 30MWt \times 0.6 = 10.77kg$
- 2차 기간에 약 10.8kg의 플루토늄이 생성된다.

※ 25MWt로 계산하면,

  $0.9g/MWt \times [365 + (30 \times 10)] \times 25MWt \times 0.6 = 8.98kg$

(나) 3차 기간에 생성된 플루토늄의 양 판단

- 3차 가동기간: 2년 2개월
- 평균가동률: 60%
- 열출력　　: 30MWt
- 흑연감속로의 플루토늄 생성률: 1일 1MWt당 0.9g
- 계산

  $0.9g/MWt \times [(365 \times 2) + (30 \times 2)] \times 30MWt \times 0.6 = 12.79kg$
- 3차 기간에 약 12.8kg의 플루토늄이 생성된다.

※ 25MWt로 계산하면,

  $0.9g/MWt \times [(365 \times 2) + (30 \times 2)] \times 25MWt \times 0.6 = 10.67kg$

(4) 1,2,3차 가동기간에 생성된 플루토늄의 양

가 동 시 기	플루토늄생성량	판단자
1차 가동시('86~'89)	15kg	슈뢰어박사
2차 가동시('89~'91)	10.8kg	저자
3차 가동시('91~'93)	12.8kg	저자
1,2차 합계	25.8kg	
1,2,3차 합계	38.6kg	

ㅇ1차 가동시 '슈뢰어'박사가 계산한 플루토늄의 양 15kg은 한국 정부의 6~18kg, 미국 정부의 6~12kg의 양과 거의 유사한다.

ㅇ2차 가동시 10.8kg과 1차 가동시 15kg을 합한 25.8kg의 플루토늄의 양은 북한으로서는 IAEA의 사찰이 시작되기 전(IAEA의 안전협정 서명전)이었으므로 특별한 제한없이 핵연료봉 인출과 플루토늄 추출이 가능했으리라 추정되며, 이 시기에 추출한 플루토늄 25.8kg은 일본이 판단한 16~25kg과 한국 안기부의 7~22kg과 거의 유사하다.

ㅇ그리고 3차 가동기간('91.6~'93.8)의 중반부터는 IAEA의 임시사찰('92.5.25~'93.2.6) 기간이었으며 이 기간 중에 원자로의 가동을 중단시키지 못했을 것이고, 오히려 가동함으로써 핵연료봉의 샘플을 제공할 수 없는 구실이 되었으리라 믿어지고 임시사찰이 끝나자 IAEA는 특별사찰을 요구하게 되고 북한은 이에 NPT 탈퇴선언('93.3.12)으로 맞서는 등 험악한 분위기 연출과 IAEA 사찰요원의 입북을 거부하는 한편 미·북 고위급 회담을 진행하고 있는 시기였으므로 북한으로서는 플루토늄을 추출할 수 있는 절호의 기회로 알고

'93년 8월부터 음밀하게 추출했을 것으로 추정할 수 있다.

이때(3차) 인출한 사용후핵연료에서 추출 가능한 플루토늄이 12.8kg이며, 지금까지 3차에 걸쳐 추출한 플루토늄의 총량은 38.6kg(1차 15kg + 2차 10.8kg + 3차 12.8kg =38.6kg)로 이 양은 미국의 Bob Dole 전 공화당 대통령 후보의 주장인 핵탄 6개 제조량(6개×6kg=36kg)과 유사함을 알 수 있다.

라. 흑연감속로의 플루토늄 생성비율로 판단(저자)

북한의 30MWt 흑연감속로(=5MWe 원자로)의 사용후핵연료 속에는 0.023%의 핵무기급 플루토늄이 포함되어 있다는 이론151)에 근거하여 계산해 보자.

북한의 30MWt 흑연감속로는 동일한 열출력의 경수로형 원자로보다 핵연료 장입량이 많다는 특징을 가지고 있다. 이것은 단위체적당 열출력이 낮으므로 순도 높은 플루토늄의 획득이 가능하게 되므로 핵무기용 플루토늄 생산에 적합한 원자로이다. 이 원자로에서 핵연료봉을 1~3개월 이내로 단축 연소시킨 후 꺼낸 사용후핵연료 속에는 "93% 이상의 순도를 가진 플루토늄-239가 0.023% 포함되어 있다"는 것이다.

원자로에서 인출한 사용후핵연료는 2~3개월간 냉각시킨 후 재처리시설로 옮겨지게 된다. 그러므로 30MWt 원자로에 최초 장입시킨 연료봉을 연소시키는데 1~3개월간 소요되고, 연료봉의 인출과 재장입에 2~3개월간 소요되므로 총6개월이 소요된다. 다량의 군사용 플루토늄을 신속하게 생산하려면 1

---

151) 軍事硏究 1994.9, p.109

년에 2회에 걸친 사용후핵연료 획득이 가능하게 된다. 이렇게 볼 때 북한의 30MWt 원자로에서 원자로의 가동을 중단하고 사용후핵연료를 몇 번이나 인출했느냐 하는 것이 플루토늄의 생산량과 직접 연관이 있다.

북한의 30MWt 원자로는 3번의 가동 중단이 있었다고 한 사실을 받아들여 계산해 보면,

---

(1) 북한의 30MWt 원자로는 1회 핵연료봉 장입량이 50ton 이고, 사용후핵연료도 50ton이 된다.

(2) 이 원자로는 1986년부터 1993년 사이에 세 번의 가동 중단이 있었으므로 세 번 핵연료봉을 인출했다.

(3) 30MWt 원자로에서 인출한 사용후핵연료 속에는 0.023%의 Pu-239가 포함되어 있다.

(4) 계산공식

사용후핵연료(kg)×0.023%×핵연료봉 인출 횟수

(5) 계산 : $50.000 \text{kg} \times \dfrac{0.023}{100} \times 3 = 34.5 \text{kg}$

즉, 북한의 30MWt(5MWe)원자로는 세 번의 가동 중단으로 인출한 사용후핵연료 속에서 34.5kg의 핵무기급 플루토늄이 포함되어 있다는 것이다.

이것을 북한의 방사화학실험실에 설치된 제1생산라인(연간 50ton 처리능력) 또는 비밀 핵 재처리시설에서 사용후핵연료 150ton을 여러번에 걸쳐 재처리했을 것이고 이때 추출된 플루토늄의 양은 34.5kg으로써 이는 핵무기 약 6개를 만들 수 있는 분량이다.

이 양은 Bob Dole 전 미 대통령후보의 주장(6개, 36kg)

과 본 저자의 추정계산(38.6㎏)과도 거의 일치한다.

지금까지 저자가 판단한 플루토늄의 양은 추정계산한 양임에는 틀림없으나 일본 정부의 판단량과 미국의 공화당 대통령 후보 Bob Dole의 판단량과 그리고 흑연감속로에서 생성된 사용후핵연료 속에 0.023%의 플루토늄이 함유되어 있다는 이론과 공교롭게도 일치하고 있다는 점이다. 외국의 이와같은 판단량은 그 명확한 근거를 제시하지 않고는 있으나 아마도 상당한 정보와 근거를 가지고 분석했을 것으로 판단되므로 이를 간과해서는 안 될 것으로 믿는다.

마. 북한의 플루토늄 추출에 대한 결론

지금까지 각 출처에서 분석한 북한의 플루토늄 추출량을 요약해 보면 다음 표와 같다.

판단자	추출량	핵연료봉 인출횟수	비 고
미국 정부	6~12㎏		
한국 정부	6~18㎏		
"슈뢰어"박사	15㎏	1회	미국,한국 주장과 일치
일본	16~25㎏		저자의 2회 인출량과 일치
저자	25㎏	2회	일본의 주장과 일치
	38㎏	3회	Bob Dole후보와 일치
Bob Dole후보	36㎏		저자의 3회 인출량과 일치
0.023% 이론	34.5㎏	3회	저자의 3회 인출량, Bob Dole 후보의 양과 일치

여기서 우리가 내릴 수 있는 결론은 북한은 미미한 90g의 플루토늄만을 추출했다고 주장하고 있으나, 그동안 IAEA 요원의 재사찰 요구에 비협조적이었을 뿐만 아니라 특별사찰에는 전적으로 거부해 오고 있고, 인공위성의 촬영, 더욱 구체

적인 것은 '94년 4월에 인출한 약 8,000개의 핵연료봉을 IAEA 요원의 입회함이 없이 임의로 추출하여 그 위치마저 뒤섞어 버렸기 때문에 그동안 얼마만한 플루토늄을 추출해 냈는가를 판단하지 못하게끔 한 행위 등을 고려해 볼 때, 북한이 90g의 플루토늄만을 추출했다는 것은 명백하게 거짓으로 드러났고, IAEA나 미국, 일본, 한국 등 여러 출처에서 분석 판단한 양을 종합해서 결론을 내려보면 이러하다.

> 북한이 추출했을 플루토늄의 양은 핵무기 1~3발을 만들 수 있는 양인 6~18kg 정도라는 것이 많은 출처에서의 판단이며, 일부 출처는 4~6발을 만들 수 있는 25~36kg까지 추출했을 가능성이 있다고 판단하고 있다.

그리고 독일의 '슈데른'지는 "'93년 2월 이래 56kg의 플루토늄이 구 소련 지역으로부터 밀수되었다"[152]고 전하고 있으며, 또 Jane's I. R('96.10)지에서도 "북한은 자체에서 플루토늄 생산 외에 구 소련으로부터 여러 가지 수단(무역,구매,절취 등)으로 핵물질이나 완성된 핵무기를 획득했으리라는 것이 우려되는 결정적인 증거는 없으나 추측할만한 예비증거는 있다"고 한 사실도 간과해서는 안 될 것이다.

만일 북한이 외국에서 추가적인 플루토늄을 암암리에 수입했다면 위의 결론에서 내린 플루토늄의 양보다는 훨씬 많아질 것이다.

---

152) 軍事研究 1994.1, p.39, 讀賣新聞 1993.3.5

2. 북한의 핵무기 보유량

앞에서 북한이 핵무기 제조의 원료인 플루토늄을 일반적으로 6~18kg, 많을 경우는 25~36kg까지 추출했을 것으로 판단되고 있다.

그렇다면 플루토늄을 보유하고 있는 북한이 '98년 현재까지 핵무기를 완성하지 못했는지? 아니면 완성했는지? 완성했다면 몇 개나 완성했는지? 실로 궁금할 뿐만 아니라 우리로서는 덮어두고 어물쩍 그냥 넘어갈 문제가 아니다. 이 문제는 북한이 핵실험을 공개적으로 실시하지 않는 한 알아내기는 지극히 곤란한 문제인 것만은 사실이다. 그러나 파키스탄이나 이스라엘은 핵실험은 하지 않았어도 핵보유국으로 세계가 인정하고 있는 점을 감안하면 북한이 핵실험을 실시하지 않았다고 해서 아직 핵무기를 완성하지 않았다고 누구도 단언할 수 없다.(파키스탄은 '98.5.28/30 핵실험 실시) 특히 북한은 세계의 어느 나라와도 비교할 수 없는 강력한 핵보유 의지를 가진 집단임을 고려할 때 북한이 핵실험을 할 때까지는 핵무기가 없다고 단정하고 가만히 앉아 기다릴 수는 없으므로 우리가 알 수 있는 가용한 자료를 토대로 검토해 보는 것이 안보를 걱정하는 이의 자세일 것이다.

가. 핵무기 제조능력

우리는 제4절에서 핵무기를 제조하는 필수요건 중 가장 어려운 것이 핵분열성 물질의 획득과 핵폭발장치였는데, 이 두 문제는 이미 핵무기급 플루토늄을 적어도 핵무기 1~3발을 만들 수 있는 양(6~18kg)은 확보된 상태이고 핵기폭장치실험도 이미 수십회 실시하였고 기폭장치 완제품실험(package 실험)도 실시한 것이 밝혀진 이상 핵무기를 제조하는 원료, 시설, 기술면에서 핵개발 능력은 모두 갖추었다고 판단하였다. 다만, 아직 핵실험을 하지 않고 또 핵개발과 관련된 사항을 모두 은폐하고 위장하고 있기 때문에 북한의 핵무기 제조 능력에 대해서 세계 여러 나라들은 인정은 하면서도 완성에 대해서는 확언을 하지 않고 있을 뿐이다. 그 대표적인 발언을 한국과 미국의 견해를 소개하면,

  (1) 미국의 'Willam Perry' 전 국방장관은 1994.4.21 한국 기자들과의 기자회견에서 "북한은 5MWe 원자로에서 핵무기 1~2개를 만들 수 있는 양의 플루토늄을 추출한 것은 물론 이 플루토늄을 이용해서 핵무기를 제조할 수 있는 능력과 충분한 시간을 가져왔었다고 판단한다."라고 밝혔다.153)

  (2) 한국의 외무부장관은 1995.7.10 제176회 임시국회에서 "북한이 핵탄두 1~2개 정도의 원료가 되는 플루토늄을 보유하고 있을 가능성은 있으나 현재 핵무기를 보유하고 있다고까지는 볼 수 없다는 것이 한·미 정부 당국의 견해다"라고 했다.

  이상의 한·미 양국의 판단을 보면 북한이 플루토늄을 획득한 것은 기정 사실화하고 있음을 알 수 있다.

  다음 문제는 기폭장치 개발인데 이 기폭장치 완성에 대한 중요한 외국의 대표적인 견해를 살펴보면,

---

153) 동아일보 1994.4.22

(1) 북한이 영변 핵단지 내에서 기폭실험을 한 흔적을 1991년 6월 미국의 첩보위성이 확인했고[154] 또 1992년에 IAEA 사찰요원들이 핵기폭실험을 한 흔적이 있는 현장을 직접 확인한 바 있다.

(2) 구 소련의 KGB '구류치코프'의장은 1990년 2월 당 중앙위원회 극비보고서에서 "북한의 핵무기 개발문제에 관해서 KBG가 신뢰할 만한 정보원(源)으로부터 얻은 정보에 의하면 평북 영변 핵단지 내에 있는 원자력연구소에서 핵 기폭장치의 개발을 완성했다"고 보고했다.[155]

(3) 미국의 의회조사연구소(CRS)가 1993.2.19 워싱턴타임스지와의 회견에서 "북한은 지난 70년대 인도가 보유했던 것과 같은 핵 기폭장치를 개발하는데 성공했을 가능성이 크다"고 했다.[156]

(4) 한국의 국방장관은 1993년 3월 국회 국방위원회에서 "북한은 1980년대에 핵 기폭장치의 개발을 완료했으며 IAEA의 사찰에 앞서 실험장의 흔적을 매워 증거인멸을 실시한 것이 확인되었다"[157]고 했다.

이처럼 북한의 핵 기폭실험의 흔적들을 인공위성으로 탐지함으로써 그 증거를 확인한 것을 보면 북한은 핵 기폭장치도 완성된 것으로 판명되고 있다.

---

154) SAPIO 1993.3.14, p.25
155) SAPIO 1993.10.14, p.25
156) 자유신문 1993.7.31
157) SAPIO 1993.10.14, p.25,26

　이제 남은 문제는 북한이 제작했으리라고 믿어지는 핵무기는 언제, 어떤 형태로, 얼마나 보유하고 있느냐 하는데 관심이 모아진다.

나. 핵무기의 형태와 보유시기 및 보유량

(1) 핵무기의 형태와 중량

　북한이 제조하고자 하는 핵무기의 형태는 포신형(Gun Type)과 폭축형(Implosion Type) 중 폭축형 기폭장치를 선택했을 것이라는 것은 쉽게 판단할 수 있다. 왜냐하면 일반적으로 플루토늄을 원료로 하는 핵무기의 형태는 폭축형이며, 또 이 폭축형은 포신형에 비해서 소형이고 미사일에 탑재할 핵탄두 제작에 적합하다는 특징이 있기 때문이다.

　핵무기의 형태가 어떤 형이든 최초로 만들어지는 핵무기의 크기와 무게는 상당할 것으로 예상된다. 미국이 최초로 만든 핵무기는 길이가 3m가 넘고 무게가 4~4.5ton에 이르는 대형폭탄으로 당시 미국의 최대 전략폭격기인 B-29만이 이 폭탄을 운반할 수 있는 정도의 대형무기였다.

미국의 최초 핵무기158)

구　분	직경 및 길이	무　게
Little Boy (포신형 우라늄탄)	직경　71㎝ 길이 305㎝	4.077ton
Fat Man (폭축형 플루토늄탄)	직경 152㎝ 길이 325㎝	4.530ton

---

158) 핵문제 100문100답 p.51, 原子爆彈, p.33

히로시마에 투하한 Little Boy

그러나 핵무기를 보유한 선진국들은 그동안 가볍고 소형의 핵무기 개발에 진력하여 지금은 수 100㎏ 수준의 소형 핵무기도 개발하고 있으며, '96년도에 생산한 미국의 신형 핵폭탄(B61-11)은 무게가 0.54ton이나 위력은 300KT~500KT에 이른다.159) 그리고 ADM(핵배낭)의 경우는 30㎏ 정도의 소형도 있다.160)

사실 핵무기의 중량은 대부분이 기폭장치의 무게임으로 이 기폭장치의 무게를 경량화해야 한다. 북한에서 만든 핵무기의 중량에 대해서는 세계 여러나라들이 상당한 관심을 나타내고 있는데 이는 탄도미사일에 핵무기를 탑재하는 문제와 관련되어 있기 때문이다.

북한의 핵무기 중량에 대해 언급한 내용을 보면,

(가) 1996년 10월초 Jane's지에 언급한 것을 보면 미 국방성은 「북한은 1991년도에 군 수송기로 운반할 수 있는 조

---

159) 중앙일보 1997.6.3
160) 조선일보 1997.9.6

나가사키에 투하한 Fat Man

잡한(crude) 플루토늄형 핵무기를 생산했을 것으로 판단했
다」161)고 했다.

(나) 1993년 미국의 대량파괴무기 분석기술 평가관리가
언급하기를 "북한이 만든 최초의 핵무기는 아마도 미국의 최
초 핵무기(4~4.5ton)보다 상당히 소형이고 더 가벼워진 핵
무기를 제작했을 것이다."162)

(다) 한국 국방부는 "북한이 비록 핵폭발장치를 개발했다고
가정하더라도 핵탄의 중량은 2~3ton 이상될 것으로 추정된
다"163)고 했다.

이상의 언급한 바와 같이 북한에서 최초로 만들어진 핵무
기는 플루토늄을 핵원료로 하는 폭축형 기폭장치를 사용하는
형태로서, 그 중량은 단정지을 수는 없지만 만들어졌다면 50

---

161) Jane's I. R.(SR No9), p.11
162) Jane's I.R.(SR NO9) p.14
163) 핵문제 100문100답, p.77

여 년 전에 만들어진 미국의 최초의 핵무기가 4~4.5톤이었음을 고려하고, 그동안 핵관련 기술의 발전으로 핵 선진국들은 수 100kg 수준까지 경량화한 점, 그리고 북한은 80년대 초부터 90년대초까지 10여 년간이나 기폭실험을 실시해 온 점을 고려하면, 기폭장치가 상당히 가벼워졌으리라는 추정은 가능하다.

북한이 탄도미사일에 핵무기를 탑재하기 위해서는 1톤 미만의 무게로 감소시켜야 하는데 이 수준까지는 아직 미치지 못한 것으로 추정되나 북한의 대포동 미사일의 완성과 시간을 맞추기 위해서 경량화에 총력을 다하고 있을 것은 의심의 여지가 없을 것이다.

(2) 핵무기 완성시기와 보유량

핵 전문가들은 핵폭발장치의 개발완성은 기본적으로 핵무기를 완성했다고 단정할 수 있다고 말한다. 북한은 이미 핵폭발장치 개발이 완성되었다는 것이 여러 정보통으로 확인되었다면 북한은 핵무기를 이미 보유했다고 할 수 있다는 추정이 가능하다.

그렇다면 북한은 과연 몇 개의 핵무기를 보유했느냐 하는 문제에 초점이 맞추어진다.

북한이 추출했을 플루토늄의 한정된 양을 가지고 만들 수 있는 핵무기는 그 위력의 크기에 따라 만들어지는 수량은 달라진다. 1945년 일본에 투하된 핵무기는 약 20KT인데, 이 20KT 핵무기를 제조하는데 소요되는 플루토늄의 양은 약 6~8kg으로(통상 6kg 기준) 알려지고 있다. 그러나 오늘날 기술이 발전된 국가에서는 이보다 훨씬 적은 4kg 정도로도 20KT의 위력 발휘가 가능하다고 한다.[164]

북한이 추출했을 것으로 추정된 플루토늄의 양은 앞 항에서 최소 6~18kg, 최대 25~36kg로 판단했으므로 이 양으로 20KT 핵무기를 만드는 경우 통상 6kg 기준으로 할 때 적게는 1~3발, 많을 경우는 4~6발을 만들 수 있을 것이다.

20KT 핵무기 제조가능량 판단

구 분	최소	최대
북한의 보유 플루토늄량	6~18kg	25~36kg
20KT위력 제조가능량	1~3발	4~6발

이것은 각 출처에서 보도된 내용과 핵 과학자들의 분석내용을 종합한 플루토늄의 양으로 판단한 20KT 핵무기의 양이나 더 많은 고급정보를 가지고 있는 국가나 핵 전문가들은 북한의 핵무기 제조 완성시기와 그 보유량에 대해서 어떻게 판단하고 있는가를 알아보자.

(가) 1993.3.17 한국 안기부장은 국회 국방위에서 "지금 북한은 1~3개의 원자탄을 만들 수 있는 플루토늄을 비축하 고 있으나 기술적 문제나 제작기간 등을 감안할 때 오는 '95년게나 핵무기를 완성하게 될 것이다. 그러나 외국 정보기관에서는 이미 북한이 핵무기를 제조 완료했다는 시각도 없지 않다"고 했으며,[165] '94.6.13에는 "북한은 연내에 조잡한 수준의 핵무기를 조립했거나 조립이 임박하고 있다"고 했다.[166]

---

164) Jane's I. R.(SR No9), p.10
165) 자유신문 1993.7.31

(나) 1993.3.14 독일의 주간지 '슈데른'지는 구 소련 KGB의 보고문을 인용해서 "1990년 2월 북한은 핵탄두 제1호를 생산했다"고 보도했는데 핵무기 생산을 단정한 것은 이 문서가 최초다.[167]

(다) 1993.7.14 미 공화당의 비정규전 대책특별위원회의 보고서는 "북한이 지난 90년초 원폭개발에 성공했으나 그 사실을 감추기 위해 핵폭발 실험을 하지 않았다"고 지적했다.[168]

(라) Joseph S Bermudez Jr 박사는 "북한의 최초의 핵무기는 90~91년 사이에 만들어졌으며 현재 1~2개의 핵무기를 보유하고 있다"고 했다.[169]

(마) '울시' 전 미 CIA 국장은 '94년 2월 "북한은 트럭으로 운반할 수 있는 정도의 무척 큰 핵폭탄을 개발했을 것이다"[170]라고 했다.

(바) 1994.4 'Perry' 전 미 국방부장관은 "북한은 아마도 핵폭탄을 하나 아니면 두 개를 가지고 있을 것이다. (They may have one possibly two bombs at this time)"라고 했다.[171]

(사) 1994.7.29 '리스카시' 전 주한미군 사령관은 미 의회 증언에서 "북한은 '92년말까지 핵물질 생산, '93년말까지 핵장치 개발, '94년말까지 핵운반체제를 개발할 것이고 '94년

---

166) 경향신문 1994.7.29
167) 恨의 核戰略, p.44 軍事硏究 1994.1, p.39
168) 자유신문 1993.7.31
169) Jane,s I. R(1996.10) SR.No9, p.11
170) 第2次朝鮮戰爭, p.54
171) Jane's I. R.(1996.10) SR.No9, p.14

말까지는 최소한 1개의 핵무기를 생산할 것"이라고 증언했다.

(아) 1994.7.27 귀순자 '강명도' 씨는 기자회견에서 "북한은 이미 5개의 핵을 보유하고 있다는 것을 북한 국가보위부 핵시설 담당 책임자로부터 들었다"고 진술했다.172)

(자) 한국 정부의 한 관계자는 '94.8.21 "한·미 정보당국은 북한이 이미 사용가능한 2개의 핵무기를 보유중인 것으로 최종 결론을 내렸다"173)고 했다.

(차) '97.6.5 워싱턴 타임지 보도에 의하면 '97년 5월에 작성된 미 CIA 비밀보고서는 "북한은 이미 핵무기를 보유하고 있으며 지하 핵실험도 계획한 바 있으나 실험하지는 않았으며, 미 정보당국은 북한의 핵실험기지 확인작업을 진행중에 있다"고 했다. 이는 미국 정부의 최초 공식평가라는 점에 주목받고 있다.174)

(카) 1997.5.8 망명한 전 북한 노동당 비서 '황장엽'씨는 "'94년 10월 이전에 핵무기 개발이 완료되었다"는 사실을 북한의 차관급 핵개발 책임자로부터 들은 바 있다고 진술했다.175)

(타) 1993년 3월 북한이 NPT 탈퇴후 김정일은 인민군 총참모부에서 "북한은 전쟁을 원하지 않지만 전쟁을 두려워하지도 않는다. 미국과 국제사회가 공격을 해 와서 한반도에 전쟁이 발발하는 경우 우리는 지금까지 감추어 둔 핵무기를 사용해서라도 지구를 파괴하겠다"라고 했다.176)

---

172) 第2次朝鮮戰爭, p.65 金正日の 核ミサイル, p.233
173) 세계일보 1994.8.22
174) 조선일보 1997.6.6
175) 중앙일보 1997.5.9
176) 金正日の 核ミサイル, p.227

이처럼 한국 정부는 북한이 핵무기를 2~3개를 만들 수 있는 플루토늄을 추출한 것은 시인하면서도 핵무기 완성에 대해서는 공식적으로 언급하지 않고 있다.

미국 정부 또한 북한의 핵무기의 보유사실을 내부적(비밀보고서 등)으로는 시인하면서도 대외적으로는 보유 가능성만 시사하고 공식적인 견해는 밝히지 않고 있다.

그러나 공식 비공식적으로 밝혀진 내용들과 핵전문가들의 견해를 종합해 보면 다음과 같이 정리할 수 있다.

> 북한의 최초 핵무기는 '90~'91년도에 제작되었고, '94년도까지는 모두 완성했을 것으로 판단되며, 완성된 핵무기는 적게는 1~3발, 많게는 4~6발까지 핵무기를 보유하고 있을 것으로 추정되고 있다.

3. 북한의 핵무기 제조에 대한 종합 판단

북한은 1979년도에 플루토늄을 추출함으로써 핵개발 계획의 가장 어려운 문제인 핵분열성 물질 획득에 성공하였고, 다음 어려운 문제인 핵폭발장치도 폭축형 기폭장치 개발을 플루토늄 추출과 병행 개발하여 기폭장치 완제품 실험을 실시함으로써 사실상 핵개발을 완성하여 북한의 최초 핵무기는 '90~ '91년도에 조잡한 핵폭탄을 제조했을 것이며, 늦어도 '94년도까지는 추가적인 핵무기를 완성했을 것으로 추정된다.

이렇게 제작된 핵무기는 20KT 핵무기 기준으로 1~3발 최대 4~6발까지 보유했을 것으로 추정하고 있으며, 최초 핵무기 개발 이후는 보다 경량화된 핵무기 개량에 박차를 가하고 있을 것으로 판단된다. 이와같은 결론에 도달할 수 있는 것은 앞에서 언급한 각종 자료와 관련 국가의 공식 비공식 판단을 근거로 하였으며, 또 북한이 플루토늄을 추출한 것이 1989년으로, 이로부터 지금('99)까지 10년이 경과했다. 미국은 핵무기 개발을 시작한 지 4년 만에 완성했으며, 다른 핵 보유국들은 핵분열성 물질을 획득한 후 6년 이전에 핵무기를 완성했다.

파키스탄은 핵분열성 물질 획득(1993) 이래 5년 만인 1998년에 완성했던 자료들을 고려하면 플루토늄 획득 이후 10년이 경과한 지금(1999)에 핵무기를 완성했다고 해서 이상스러울 것이 없고 오히려 훨씬 이전에 완성되었을지 모른다.

추정되는 북한의 핵무기 제조

제작년도 : '90~'94
제 작 량 : (1~3발)~(4~6발)
기폭장치 형태 : 폭축형 기폭장치
중   량 : 2~3ton('94년 기준)
경 량 화 : 추진중

이제 남은 문제는 이 핵무기를 요망하는 목표지점까지 어떤 수단으로 운반하느냐 하는 것이다. 핵무기는 운반체계를 갖추었을 때 무기로서의 기능을 발휘할 수 있는 것이다.

第7節 북한의 핵무기 운용

앞 절에서 북한은 이미 핵무기를 1~3발, 많게는 4~6발을 완성한 것으로 추정 결론을 내린 바 있다.

본 절에서는 북한이 보유하고 있는 핵무기를 전술 전략적으로 어떻게 운용할 것인가를 검토해 보고자 한다.

1. 북한 통치자의 핵개발 사상

핵무기를 운용할 북한 통치자들이 핵무기 개발에 어떤 사상을 가지고 있었는가에 대해 먼저 분석해 보는 것이 장차 핵무기 운용을 검토하는데 중요하다.

북한의 통치자들은 6.25 한국전쟁 당시 북한이 핵을 보유하고 있었더라면 미국은 결코 한국전쟁에 개입하지 않았을 것이라고 믿고 있으며, 또 월맹 공산군에 의해 월남이 패망하는 것을 보고 고무된 북한이 또 한번 남침의 야욕을 저울질할 때 미국의 핵위협으로 무산되었음을 한(恨)으로 여기고 있다. 미국의 핵위협으로 인해서 한반도 통일의 기회를 여러 차례 놓쳤다고 믿고 있으며, 이런 한을 되풀이하지 않기 위해서 즉, 미국의 핵위협으로부터 벗어나기 위한 수단으로서, 그리고 무력통일을 달성하는 수단으로서 핵무기를 보유해야겠다는 것이 북한 통치자의 의지요, 핵무기 개발 사상이라 할 수 있다.

또 북한이 강성대국이 되는 길은 핵을 보유하는 것이고 핵을 보유하면 한반도에 또다른 전쟁이 발발하더라도 미국은 결코 개입하지 않을 것이며 또 남한에 제한된 군사도발을 하더라도 남한은 감히 북한에 대해 군사적 보복행위를 할 수 없을 것으로 믿고 있다.

아울러 세계 최대강국이며 2만 발 이상의 핵무기를 보유한 미국177)이지만 소수의 핵과 화학무기 그리고 장거리 미사일로 무장된 북한과의 전쟁을 원하지는 않을 것으로 자만하고 있다.

이처럼 북한은 핵무기에 관한 한 한에 사무친 피해의식에서 핵무기를 개발한 이상 이 핵무기를 최대한 활용할 것은 자명한 것이고 이 핵무기를 운용하지 않은 채 흡수통일을 당하거나 체제가 붕괴되어 자멸하는 일이 생길 것이라고는 꿈에도 생각하지 않고 있을 것이다.

그리고 지역적으로 협소한 한반도에 핵무기를 사용하는 전쟁이 일어나면 우리 민족의 전면적 괴멸은 물론 국토의 전체적 황폐화가 될 것을 우려하여 북한이 핵 사용을 억제할 것이라고 생각한다면 너무나 순진하다 할 것이다.

왜 이런 시각으로 북한을 보느냐고 반문할지 모르나 북한 정권이 수립한 이래 한국은 줄곧 북한의 속임수에 당해 왔었다.

북한은 '89년도에 이미 플루토늄을 추출했고 '90~'91년도에 최초의 핵무기를 완성했을 것으로 판단된 그 이후인 1991년말에 노태우 전대통령은 이것도 모르고 한반도비핵화선언과 핵부재선언을 했고, 그 2개월 후인 1992.2.20 제6차

---

177) 핵문제 100문100답, p.151

남북고위급회담에서 김일성은 "우리는 핵을 만들 능력도 없고, 핵을 만들 의사도 없을 뿐만 아니라 동족을 말살시킬 핵무기를 개발한다는 것은 상상도 할 수 없다"[178]고(고딕체는: 저자) 한 것을 보면 동족을 앞세워 얼마나 우리를 우롱하는 가증스러운 속임수를 쓰는가를 알 수 있기 때문이다.

한국의 통치자들이 "북한은 평화통일을 위한 동반자다", "어떤 동맹도 민족보다 나을 수 없다"[179]라는 화해의 제스처를 쓸 때 북한 통치자들은 핵무기를 개발했고 그들이 필요하다고 판단되면 언제라도 동족에게 핵무기를 사용할 수 있는 사상을 가진 집단임을 간과해서는 안 될 것이다.

2. 핵무기 운용 시나리오

북한 통치자들의 심저에 있는 한의 핵사상으로 만들어진 핵무기를 어떻게 운용할 것인가를 검토하기 위해서 핵무기를 사용하는 몇 가지 전쟁 시나리오를 상정해 보자.

시나리오 1 : 소위 북한이 말하는 결정적 시기가 도래하면 북한은 한국군의 전력을 초전에 재기 불능의 상태로 괴멸시키고 미군의 증원을 원천적으로 차단하기 위해서 핵무기 사용과 동시에 남침을 개시하여 조기에 전쟁을 종결시키려는 시나리오를 상정할 수 있다.

시나리오 2 : 북한이 핵실험을 통해서 핵보유를 선언한 이후, 결정적 시기가 도래하면, 북한은 재래식 무기만으로 기습 남침을 개시하고, 핵사용의 위협으로 오히려 미군의 증원 차

---

178) 조선일보 1992.2.21
179) 韓半島의 戰爭威脅分析과 對應策, p.6

단과 일본의 미군기지 사용을 거부하도록 시도할 것이나 미군의 증원으로 한·미연합군이 반격을 개시하여 휴전선 이북으로 진격하게 되면, 북한은 전세를 역전시키기 위하여 핵무기를 사용하면서 반격하는 시나리오를 상정할 수 있다.

시나리오 3 : 북한은 미·북 제네바핵합의를 이행하지 않고 핵개발을 강행함에 따라 UN과 미국은 북한의 핵관련 시설에 군사적 응징을 가하게 되자 북한은 한국의 주요시설에 핵미사일 공격으로 대응하는 시나리오를 상정할 수 있다.

북한은 이들 시나리오의 어느 경우이든 미군기지에 대한 핵무기 사용은 최초단계에서는 자재하고 핵사용 위협만으로 미군의 전쟁개입을 차단하고, 또 일본으로 하여금 일본내 미군기지 사용을 거부하도록 일본에 핵위협으로 압력을 가할 것이다. 아울러 미국과 일본 국민에게는 핵위협으로 전쟁 불개입 및 반전(反戰) 여론을 야기시킬 것으로 전망된다.

북한의 한 관리가 "북한은 미국과 핵전쟁으로 승리할 수 없다는 것을 잘 알고 있다. 그러나 북한은 미국과 끝까지 싸울 의지가 있다"[180]라고 말했듯이, 북한은 미국과의 전쟁을 원하지 않기 때문에 최초에는 미국의 전쟁개입을 차단하는 목적으로 핵무기를 운용하려 할 것이나, 미군의 전쟁개입이 기정사실화되면 북한은 핵무기 사용을 포기한 채 자멸하는 것보다 핵무기 사용을 선택하게 될 것은 자명하다.

3. 핵무기 소요량 판단

북한이 적어도 핵전쟁을 고려한다면 한두 발의 핵무기로

---

180) Jane's I. R.(SR No9), p.19

핵위협은 가할 수 있으나 핵전쟁을 일으키기에는 부족할 것이다. 그러므로 핵전쟁을 준비하는 북한 군부측에서는 핵무기 소요량을 판단하여 상부에 제기하리라는 것은 상식적이다.

북한에서 귀순한 '강명도' 씨는 영변 핵단지의 국가보위부 책임자로부터 득문한 바에 의하면 "북한은 지금(1992년) 핵폭탄 4~5발을 완성했고 목표는 20발이다"[181]라고 했는데 북한이 목표로 하는 핵무기 20발이 북한 군부의 핵무기 소요 제기량인지 또 몇 KT 위력의 핵무기인지 정확히 알 수는 없으나, 검토해 볼 필요는 있다.

앞 항의 "시나리오 1"의 경우를 상정해서 핵무기의 표적을 선정하고 소요량을 판단해 보면

① 북한이 남침시 3개 축선으로 돌파한다고 가정하고[182] 조기에 한국군의 전방 방위력을 완전 파괴하기 위해서 휴전선 일대의 3개 주요 축선에 각각 1개의 핵표적을 선정하고 여기에 전술 핵무기(20KT 정도) 1발씩 도합 3발을 최초부터 사용하는데 할당할 것이다.

② 전방에 있는 주요 군사시설 2개 표적에 2발 할당

③ 후방에 있는 주요 군사시설 6개 표적에 6발 할당

④ 국민의 심리적 정치적인 파괴를 달성하기 위한 주요도시 6개 표적에 6발 할당

⑤ 예비표적 5발 할당(예비량)

> 도합 23개 표적에 각각 20KT 핵무기 1발씩 총 23발의 핵무기가 소요될 것으로 비군사적인 수준에서 판단해 보았다.

---

181) 평양은 망명을 원한다, p.278
182) 북한이 6.25 한국전쟁시는 3개 축선에 공격집단을 운용했다. (북한인민군대사, p.233)

이 판단된 23발의 핵무기 숫자는 강명도 씨가 증언한 북한의 생산목표량 20발과 숫자적으로 거의 유사하다.

그리고 영국의 '제인스 인텔리젠스 리뷰'지('96년12월)에서는 "한국 내의 주요시설 표적에 30KT~60KT 핵탄두 7~10발이 소요될 것이며, 동아시아에 있는 미군기지 표적에는 3~7발이 소요될 것이다. 그래서 북한은 2000년까지 10~20발의 핵탄두를 소요제기 할 것으로 생각된다"[183]라고 분석하고 있음을 감안해 보면, 북한이 한반도에서 전면 핵전쟁을 시도하거나 아니면 핵위협을 가하려면 최소한 20KT 규모의 전술 핵무기 10발 이상을 준비할 것이라는 판단이 가능해진다

앞 절(제6절)에서 현재 북한이 보유했으리라고 추정 판단한 "적게는 1~3발, 많게는 4~6발의 핵무기"는 강명도 씨의 증언이나, 제인스 인텔리젠스 리뷰지나 저자가 판단한 소요량에 미치지 못하고 있음을 알 수 있다.

지금 핵의혹을 받고 있는 북한의 지하시설에서 생산목표량 20발에 미달된 핵무기 제조에 광분하고 있을지도 모른다.

또 이 판단과는 달리 북한에 준비된 3개의 흑연감속로(5MWe, 50MWe, 200MWe)를 1년만 가동하면 약 270kg의 플루토늄 생산이 가능한데 이 양이면 20KT 핵무기 45개 정도를 만들 수 있다. 북한은 이 많은 핵무기를 왜 생산하려 했는지 전연 해석이 안 된다.

---

183) Jane's I. R.(SR No9), p.3, p.8~22

第8節   북한 핵무기의 실체(결론)

북한에는 풍부한 우라늄광이 있고, 플루토늄을 생산할 수 있는 흑연감속로(5MWe 원자로)가 있고, 그리고 플루토늄을 추출할 재처리시설(방사화학실험실)을 보유하고 있으므로 핵무기 원료인 플루토늄 획득문제는 원료, 시설, 기술면에서 아무런 문제도 없다.

다음 문제는 핵무기를 폭발시킬 핵폭발장치의 개발인데 북한은 이미 부분별 핵폭발장치의 실험을 80년대부터 70여 회나 실시했으며 '93년도에는 핵폭발장치 완제품(package) 실험을 실시한 바 있다. 그러므로 핵무기를 제조할 수 있는 기술은 모두 갖추었다 할 수 있다.

그리고 남은 것은 국제사회의 압력 속에서도 핵무기를 개발할 북한 통치자의 "의지"가 있었느냐 하는 것이다.

북한은 1950.6.25 한국전쟁으로부터 오늘에 이르기까지 핵무기를 보유하지 못함으로 해서 무력통일의 좋은 기회를 몇 번이나 놓쳤고 또 미국으로부터 핵위협을 당하는 수모를 수많이 당해왔다고 믿고 있어 김일성의 핵개발에 대한 의지는 한에 사무친 최대의 숙원사업이라 할 수 있을 만큼 적극적이었다.

김일성의 대를 이은 김정일 역시 김일성의 숙원사업인 핵개발은 어떤 일이 있어도 완성하겠다는 확고한 의지를 가지고 "김일성 대(代)에 핵개발을 완료하라"고 직접 독려하면서 영변 핵단지를 두 번 이상이나 방문하는 의지를 보였다.

이런 의지가 핵무기의 원료가 되는 우라늄 채광으로부터 핵연료 가공과 흑연감속원자로, 핵 재처리시설, 기폭장치, 탄도미사일의 완성 이 모든 것을 외국에 의존하지 않고 독자적으로 완성해 왔다는 데에서도 알 수 있다.

또 인도와 파키스탄이 핵 선진국들로부터 강력한 압력에도 굴하지 않고 핵을 개발하자 미국과 일본이 경제제재 조치를 취했으나 영국, 프랑스, 러시아는 이에 협조하지 않음으로써 핵개발을 해도 세계적인 제재에 직면하는 일이 없고 군사적 제재도 받은 일이 없다는 것이 확인되고, 또 세계적으로 핵보유국가로 인정받고 자국민의 자긍심을 재고시키는 것을 본 북한은 여기에 상당히 고무되었을지 모른다.

그리고 이제 남은 것은 핵폭발실험인데, 오늘날 핵폭발실험은 하지 않고도 핵폭발장치 완제품 실험만으로도 충분하다고 핵전문가들은 말하고 있으며, 또 북한은 핵정책상 핵폭발을 유보하고 있을지도 모른다. 만일 북한이 핵실험을 한다면 한국과 일본도 핵개발을 하려 할 것은 명약관화하고 세계적 핵확산금지(NPT)를 주장하는 미국은 한국과 일본이 핵개발 대신 미국의 핵을 한반도에 다시 배치하는 결과를 가져올 수도 있기 때문이다.

이렇게 보면 이미 제6절에서 추정 결론을 내린 것처럼 북한은 핵무기를 수개 보유하고 있고 또 추가적인 핵보유를 위해 지하 시설에서 은밀하게 핵개발을 하고 있을 것으로 추정되고 다만 NCND(모호)의 핵정책을 쓰면서 북한의 탄도미사일에 탑재할 핵탄두를 경량화하는 그때를 기다리고 있을지 모른다. 그러나 이 기간도 그리 오래지 않을 것만은 확실하다.

최근 평북 금창리 남동 10여㎞ 일대에서 기폭실험을 또 시작했다는 보도184)에 접하면서 본 저자는 핵폭탄의 기폭실험은 이미 완료되었으므로 이번 실험은 아마도 탄도미사일에 탑재할 핵탄두의 경량화 기폭실험일 가능성을 배제할 수 없다는 생각이 지배한다.

우리가 북한의 핵은 핵실험을 하지 않은 이상 핵은 아직 미완성 상태이고, 탄도미사일에 탑재할 핵탄두 완성은 상당한 시간이 걸릴 것이라고 안이하게 판단하고 있을 때, 또 북한의 지하 핵의혹 시설 등으로 벼랑 끝 전술에 끌려다닐 때, 북한의 현실적 핵위협은 우리에게 한 발 한 발 다가오고 있거나 아니면 이미 다가와 있는지 모른다.

천하가 태평하다 하여 안보를 태만히 하면 반드시 위기에 처하게 된다(天下雖安 忘戰必危)는 중국 고대병서 사마법(司馬法) 첫장에 나오는 말이 새삼스러워진다.

늦기 전에 대책이 강구되어야 한다.

---

184) 조선일보 1998.11.23

第 3 章

第3章 북한의 핵운반 미사일(MSL)

제2장에서는 북한의 핵무기 개발에 대해서 검토해 본 결과, 북한은 조잡하긴 하나 이미 수 발의 핵무기를 보유하고 있는 것으로 잠정 결론지었다. 그러나 이 핵무기를 요망하는 목표지점까지 운반할 수 있는 투발수단이 준비되지 않으면 정치적 가치는 있을 수 있어도 군사무기체계로서는 큰 의미가 없다. 그래서 북한은 1975년경 IRT-2000 연구용 원자로에서 핵무기의 원료인 플루토늄을 그램(g) 단위이긴 하나 최초로 추출해 내는데 성공함으로써 핵무기 제조 가능성이 보이자 이때부터 북한은 핵무기 개발과 동시에 미사일 개발도 함께 추진하여 1991년도에는 핵무기 개발과 단거리 미사일(SCUD-C 개량형 미사일) 개발이 같이 완성되었고, ′93년도에는 사정거리 1,300㎞의 노동1호 미사일, 그리고 지난 1998.8.31 사정거리 1,600㎞에 달하는 대포동1호 미사일의 시험발사에 성공함으로써, 여기에 핵무기만 탑재시킬 수 있다면 정치적 군사적 가치를 갖게 되므로 일본과 미국을 위시한 다수 국가들은 우려의 시선을 보내고 있다.

오늘날 핵무기를 운반할 수 있는 투발수단에는 항공기, 포, 로켓, 미사일, 핵지뢰(ADM 또는 전치)의 방법이 가용하다. 1945년 미국이 최초의 핵무기를 만들었을 당시 그 중량이

4.5ton이나 되어 B-29전략폭격기만이 겨우 운반할 수가 있었으나 오늘날에는 155mm 포나 핵지뢰로도 사용할 수 있을 만큼 경량화, 소형화되어 미국과 같은 핵 선진국들은 이 5가지 방법의 투발수단 모두에 핵운반이 가능하다.

그래서 포와 로켓, 단거리 미사일은 사거리가 짧아 전술용 핵투발수단으로 사용되며 전략용 핵투발수단으로는 항공기와 미사일이 가용하다. 항공기에 의한 핵운반은 오늘날 대공미사일의 비약적인 발전으로 인해서 목표지점까지 안전하게 핵을 운반할 수 있다는 보장이 없는 위험부담 때문에, 전략용 핵투발수단으로는 항공기보다는 탄도미사일이 가장 이상적인 수단으로 각광받고 있다. 왜냐하면 탄도미사일은 일단 발사가 되면 목표지점까지 아무런 외부간섭(전자방해 등) 없이 가장 빠른 속도로 장거리 비행이 가능할 뿐만 아니라 이 탄도미사일을 격추시키는 반대 방책에 대해서도 안전하기 때문이다.

현재로서 북한이 제조한 핵무기의 중량이 수 톤(2~3톤)이나 될 것으로 추정한다면 포와 로켓, 그리고 미사일로 핵탄두를 운반하기에는 불가능할 것이나 북한이 보유하고 있는 IL-28폭격기[1]와 MIG-29전폭기[2]로는 운반이 가능하다. 그러나 앞에서 지적한 바와 같이 장거리 비행의 제한과 안전성 문제 등으로 핵무기의 전략적 운반수단으로서는 부적절하다.

북한은 어렵게 만들어진 핵무기의 정치적·군사전략적 가치를 재고시키고, 체제유지의 위기를 극복하기 위해서라도 핵

---

1) 현대항공무기총람, p.211~212, 항속거리: 1,094㎞, 최대속도: 900㎞/hr, 무장탑재능력: 3,000㎏
2) 현대항공무기총람, p.42 항속거리: 1,290㎞, 최대속도: MACH 2.3, 무장탑재능력: 4,000㎏

을 탑재할 수 있는 탄도미사일의 개발은 시급한 과제라 할 수 있을 것이다.

이러한 북한의 탄도미사일 개발에 대해서 미국과 일본은 지대한 관심을 보이고 대책을 강구하고 있는데 반해서 우리는 오히려 냉담한 편이다.

그래서 본 장에서는 북한의 미사일 개발과정과, 미사일의 특성과 성능에 대한 분석과 대량살상무기를 탑재할 수 있는 미사일 개발이 우리에게 주는 위협을 분석해 봄으로써 제1장에서 언급한 최악의 핵전쟁 시나리오를 가능케 할 수 있을 것인지 확인해 보고자 한다.

〈참고〉
ㅇ 미사일(Missile)은 일반적으로 유도탄(Guided Missile)을 말하는데, 발사에서 목표에 도달할 때까지 내부 또는 외부에서의 유도지령에 의해 비행하는 비행체를 말한다.
ㅇ 로켓(Rocket)은 로켓연료를 연소시킬 때 생기는 가스를 고속으로 분출시켜 그 반작용으로 추진되는 비행체를 말한다. 이 로켓에 일반탄두를 장착하면 로켓탄이 된다.
ㅇ ADM은 Atomic Demolition Munition(핵폭발물)의 약자로, 전치(前置) 무기 또는 핵지뢰라 하며, 이 무기는 사람이 직접 필요한 장소에 운반 설치하여 폭발시키는 소형 핵무기를 말한다.

第1節 북한 미사일 개발 기술의 토대

북한의 미사일 개발 기술이 단숨에 이루어진 것은 결코 아니다. 한국전쟁 이후부터 북한은 무기의 자급자족을 위해 많은 군수공장을 건설해 왔으나 1950년대 중반까지만 해도 소구경 소화기 정도의 무기 생산에 불과했다.

1961년 한국에 5.16 군사혁명정부가 들어서자 북한은 이것을 구실로 하여 1961년 7월에 소련 및 중국과 상호원조조약3)을 각각 체결하고, 1962년 12월에는 "경제개발에 투자를 일시 유보하고 군사력 강화에 총력을 기울이겠다"는 정책으로 전환함과 동시에 4대군사노선4)을 표방하고 특히 군 현대화에 박차를 가하여 1962년부터 1975년까지 북한은 구소련으로부터 지대공미사일(SA-2) 1개 대대분을 비롯하여 함대함미사일(STYX)과 지대지로켓(FROG-5/7) 등을, 그리고 중국으로부터는 지대공미사일(HQ-2)과 휴대용 대공미사일(HN-5) 등 당시로서는 신무기인 미사일계통을 도표-1과 같이 지원받아 전방에 배치하여 전력을 증강시켰다.

---

3) 북한개요 p.237 (1961.7.6 조·소 우호협력 및 상호원조조약, 1961. 7.11 조·중 우호협력 및 상호원조조약)

4) 4대군사노선 : 1962.12 제4기 5차 전원회의에서 채택한 전쟁준비를 위한 군사력 증강 정책으로 전인민의 무장화, 전국토의 요새화, 전군의 간부화, 전군의 현대화이다. 北韓要論, p.298

〈도표-1〉　북한이 인수한 미사일 및 로켓

년 도	인도국명	미사일종류	미사일명	사거리(km)	비고
1962년말	소련	지대공	SA-2	30	
1967	〃	함대함	STYX	45	
1967~68	〃	지대함	SAMLET	95	
		지대함	SILKWORM	95	
1968~70	〃	지대지	FROG-5 로켓	50	
		지대지	FROG-7 로켓	70	
1960년대말	중국	지대공	HQ-2	30?	
		함대함	HY-1	45?	
1970년대중반	중국	대전차	HJ-73		휴대용
		지대공	HN-5A		

　북한은 인수받은 유도탄을 정비 수리하는 기술을 소련과 중국으로부터 전수받았으며 1970년대 초기부터 북한은 도표 -2와 같은 미사일과 로켓 등을 북한이 직접 조립하거나 생산 하는 기술까지 지원받기에 이르렀다.

〈도표-2〉　북한이 조립 또는 생산한 미사일

년도	미사일종류	미 사 일 명	사거리(km)
1960년대후반	지대지	132, 140미리 방사포(로켓)	
197?년	함대함	STYX	45
	지대공	SA-2	30
1975년	대전차	AT-1	
1970년대후반	지대지	FROG-5/7 로켓	50~70

　이처럼 북한이 70년대 후반까지 미사일의 조립 및 생산과 정에서 얻은 미사일 개발 기술능력은 북한의 독자적인 미사일 을 개발하는 기술적 밑바탕이 된 것만은 틀림없다.

　그러나 구 소련이나 중국은 정치적인 이유로 도표-1과 도표-2에서 보는 바와 같이 한국을 직접 공격할 수 있는 지대지(地對地)미사일만은 제공하지 않았다. 그럼으로 해서 북한은 남한 전체를 사정권 내에 두는 탄도미사일을 개발하고자 하는 의지만큼 그 기술수준은 따라가지 못했다.

1975년 4월 17일부터 김일성은 모택동의 초청으로 중국을 방문하였으며 이때 수행한 당시 인민무력부장 오진우는 단거리 탄도미사일을 북한에 지원해 줄 것을 중국에 요청했다. 당시 중국은 중거리 탄도미사일을 보유하고 있었으나 1,000㎞ 미만의 실전용 단거리 탄도미사일을 보유하지 않고 있었으므로 중국에도 단거리 탄도미사일이 필요하다는 견해가 일치되어 이 기회에 북한과 공동으로 단거리 탄도미사일을 개발할 것에 합의하였다.[5] 그리고 중·조 단거리 미사일 공동 연구 책임자로는 중국의 첸 실란(Chen Xilan) 장군이 임명되어 'DF-61'이라는 단거리 '탄도미사일' 개발을 검토하기 시작하였다.[6]

'DF-61' 탄도미사일의 개략적인 제원은 사거리 600㎞, 탄두중량 1,000㎏, 액체연료를 사용하는 1단 로켓으로 관성유도장치(System)로 개발하기로 구상하였다.[7] 이 DF-61 미사일 개발계획에는 북한의 기술자들도 참여하여 약 1년간 공동으로 개발이 진행되었으나 중국의 국내 사정으로 처음에는 보류되었다가 나중에 첸 실란 장군이 정치적으로 축출되는 바람에 이 미사일 개발계획은 1978년에 취소되어 북한의 미사

---

5) 軍事研究 1994.6. p.100. 북한군의 특수무기. p.49
6) 북한군의 특수무기. p.50
7) 軍事研究 1994.6. p.34. 북한군의 특수무기. p.50.
   北朝鮮 人民軍의 全貌. p.130

DF-6 미사일의 제원

사정거리 : 600㎞

탄두중량 : 1,000㎏

전장 : 9m

직경 : 1m

유도장치 : 관성유도

연료 : 액체연료

로켓 : 1단 로켓

일 관련 기술자들도 돌아옴으로써, 북한은 남한 전체를 사정권 내에 두는 탄도미사일 개발의 꿈은 깨어지고 말았다.

〈참고〉 : 탄도미사일이란?

일반적으로 말하는 '유도탄'이란 발사에서 목표에 도달할 때까지 내부 또는 외부에서의 유도지령에 의해 비행하는 비행체를 말하지만, '탄도미사일'은 발사 후에 로켓 엔진이 가동하는 기간(가속단계)까지만 내장된 유도장치에 의해 목표까지의 비행각도와 비행속도를 조절한 후 엔진의 가동을 중지시킨다. 이후는 포탄이 날아가듯 탄도에 따라 비행하여 목표에 도달하는 비행체를 말한다.

이 DF-61 계획의 좌절은 북한으로 하여금 독자적으로 미사일 개발의 의지를 더 높이는 결과가 되어 소련으로부터 탄도미사일 기술을 제공받으려고 노력하였으나 소련 역시 정치적 이유로 탄도미사일 기술제공을 거부하기에 이르렀다. 이렇게 되자 북한은 1979년부터 부득이 독자적으로 DF-61 수준의 전술 탄도미사일을 개발해야겠다는 야심찬 계획을 수립하고 핵무기 개발과 동시에 국가적 핵심사업으로 추진하게 되었다.

이러한 차제에 북한은 1980년 이집트와 '탄도미사일 공동개발협정'을 체결하고, 1981년에 소련제 SCUD-B 미사일과 이동발사대 차량(MAZ-543)을 이집트로부터 은밀히 입수함으로써 북한은 독자적인 탄도미사일 개발의 실마리를 잡게 되

어 한층 활기를 띠고 연구에 박차를 가하게 되었다.8)

　뿐만 아니라 이란-이라크 전쟁 후 이란으로부터 소련제 SCUD-B 미사일의 잔해와 이라크제 AL-Hussein 미사일의 잔해를 인수받은 것9)과 1990년대 초부터 중국의 동풍(東風)3호, 4호 미사일에 관련된 기술지원을 받은 것 등은10) 북한의 미사일 개발에 큰 도움을 주었는 바 이들 관련 미사일에 대해서 먼저 살펴보자.

---

8) 第2次 朝鮮戰爭, p.124, 북한군의 특수무기, p.51
9) 북한군의 특수무기, p.55
10) 軍事硏究 1994.6, p.100, 동풍3호는 "DF-3"으로 표기하기도 한다.

第2節 북한의 미사일 개발과 관련된 외국의 미사일

1. 소련의 SCUD(스커드) 미사일

북한의 탄도미사일 개발은 소련제 SCUD-B 미사일을 1981년 이집트로부터 몰래 도입하여 이를 분해, 연구, 역추적 설계(Reverse-Engineering)[11]로 SCUD-B 미사일을 복제하는 과정에서부터 기술이 급진전되어 북한의 탄도미사일 개발이 시작되었다고 할 수 있을만큼 북한 탄도미사일 개발의 원조는 소련제 SCUD-B 미사일이라고 해도 과언이 아니다. 그래서 소련의 SCUD 미사일 발전과정을 먼저 살펴보고자 한다.

가. 독일의 V-2 로켓 (일명 A-4 미사일)

소련의 SCUD-B 미사일의 계보를 알려면 독일의 V-2 로켓까지 거슬러 올라간다.

V-2 로켓의 제원

사정거리	: 300km
탄두중량	: 1,000kg
CEP	: 12~15km
연료	: 액체산소
전장	: 14m
유도장치	: 없음

---

11) Jane's I. R.(1992.12), p.561에는 1980년초에 소련제 SCUD-B을 역추적 설계를 시작했다고 기술하고 있다.

독일이 개발한 V-2 로켓

세계제2차대전 말기인 1944년 9월부터 1945년 종전시까지 독일은 V-2 로켓[12] 1,359발을 영국 런던에 발사하여 9,200여 명의 시민을 살상케함으로써 공포의 도가니로 몰아넣었던 당시의 신무기였다.

사실 이 V-2 로켓은 유도장치(System)가 없는 액체 산소를 연료로 사용하는 전장 14m에 이르는 단순한 대형 로켓추진체로서 탄두에는 항공기용 대형폭탄 정도의 고폭탄(1,000kg)을 실은데 불과하고 명중률도 형편 없었지만 당시로서는 독일 영토에서 영국 해협을 건널 수 있는 300km의 장사정 신형 로켓이라는 점에서, 그리고 전선으로부

---

12) 최첨단 무기 시리즈, p.20, 軍事硏究 1994.6, p.97,98

터 포 사정권 외에 있
었던 영국의 도시들이
이제는 언제 어느 곳
에 독일의 신형 로켓
탄이 떨어질지 모르는
불안감에서 영국 시민
에게 주는 심리적 효
과는 실로 공포의 대
상이 아닐 수 없었
다.13)

2차대전 중 독일을
점령한 소련은 독일의
'V-2' 로켓 설계도와
로켓 기술자 그리고
과학자들을 소련으로
대거 데리고 가서 미
사일 개발에 참여시켜
2차대전 후에 독일의
'V-2' 로켓을 복제한
소련제 'R-1' 미사일
을 최초로 제작하였

스커드 A 미사일

다. 이후 'R-1' 미사일의 개량을 거듭하여 'R-2' 미사일 그리고
1955년경에 사정거리 180km의 유도장치(System)를 갖춘 '탄
도미사일'인 'R-11' 미사일을 개발하는데 성공하였다.

---

13) 자유공론 1994.4, p.48

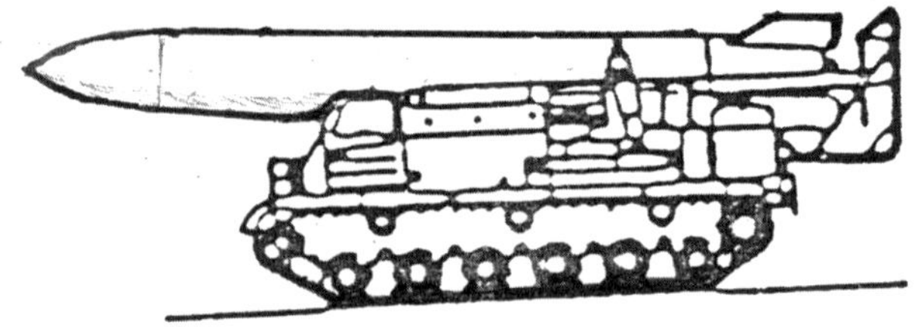

SCUD-A 미사일을 탑재한 JS-3 장갑차

이 미사일은 중량이 5.5ton이나 되는 대형 미사일로 장갑 궤도차량 차체에 실려서 운반되며 사격시는 정차하여 탑재된 미사일을 수직으로 세워서 발사하는 기동형 지대지미사일로 재래식 탄두와 핵탄두도 장착할 수 있었다. 이 'R-11' 미사일을 NATO측에서는 'SCUD-A' 미사일이라 불렀다.14) 이때부터 SCUD(소나기라는 뜻) 미사일이라는 명칭이 대두되고 SCUD 미사일 시리즈가 개발되기 시작한다. 이렇게 소련의 SCUD 미사일의 시발은 독일의 V-2 로켓에서 찾을 수 있다.

나. 소련의 SCUD-B/C 미사일

소련은 'SCUD-A'(R-11 미사일) 미사일을 1955년도에 개발한 이래 이 미사일을 계속 개량하여 1962년에는 'R-17E' 미사일까지 개량하여 실전 배치하였는데 이를 NATO측에서는 'SCUD-B' 미사일이라 호칭하게 되었다. 이 SCUD-B 미사일의 제원을 보면 간단한 '관성유도방식'으로 사거리 180㎞～300㎞, 탄두중량 825㎏～985㎏, CEP(원공산오차)15)가

---

14) 軍事研究 1994.6, p.97, 軍事研究 1994.8, p.49
15) CEP : 육군군사술어사전, p.355, CEP는 Circular Error Probable
　　의 약자로 발사된 유도탄이나 포탄의 50%가 낙하할 곳으로 예상되는 목

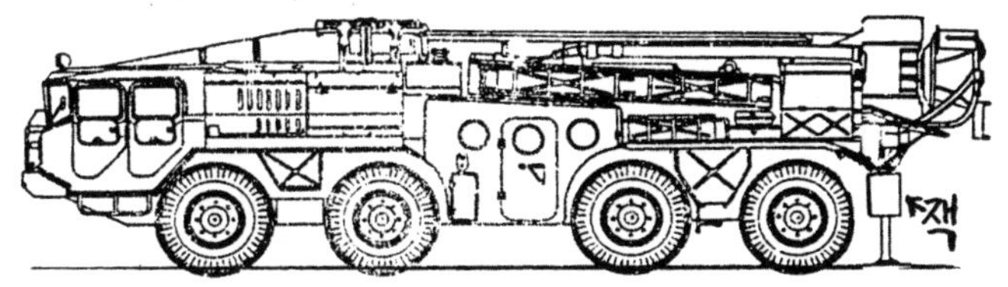

MAZ 543P와 JACK

500m~1,000m로 탄두는 핵탄두(5KT~70KT) 및 비핵탄을 탑재할 수 있도록 제작되었으며 미사일 전체 중량은 6톤이 넘는 대형 미사일이었다. 이 대형 미사일과 발사대를 별도로 운반하여 발사하는 데는 많은 시간이 소요되고 또 불편을 없애기 위해서 TEL이라는 System이 개발되었다.

그래서 SCUD-A 미사일은 장갑궤도차량(JS-3)에 탑재하여 이동과 발사를 용이하게 해 왔으며, SCUD-B 미사일 역시 '65년까지는 JS-3장갑차를 그대로 사용하다가 '65년 이후에는 8륜식 대형트럭(MAZ-543P)에 탑재하여 기동성을 높인 전술 미사일로 발전되었다.16)

TEL System이라는 것은 미사일의 이동발사대차량을 말하며 TEL은 미사일을 수송하고(Transporter) 수직으로 세우고(Erector) 그리고는 발사시킨다(Launcher)는 첫 글자를 모은 것이다.

이동발사대차량은 특수장갑차나 또는 8륜식 대형트럭 위에 미사일을 탑재하여 이동하게 되며, 발사시에는 먼저 차량을 수평으로 유지하기 위해서 차량 후미에 부착된 잭(JACK, 잭

표지점으로부터의 원의 반경이다.
16) SAPIO 1993.10.14, 軍事硏究 1994.8, p.50

기라고도 함)을 내려서 사용한다. 다음에는 미사일을 수직으로 세워야 하는데 이때는 내장된 3개의 자이로콤파스가 원위치에서 이탈되지 않도록 조심스럽게 세우게 된다.[17]

그리고는 주유차(산화제차량과 연료차량)가 와서 약 4ton(SCUD-B의 경우)의 연료와 산화제를 주입하게 된다.

이처럼 이동발사대차량(TEL)이 진지에 도착해서 발사준비를 완료하는 데까지 약 1시간이 소요되어 정찰위성으로부터 탐지되기 쉬운 단점이 있으나 발사 후 이동준비는 약 5분여밖에 소요되지 않으므로 발사 후에 탐지되면 적으로부터 포착 파괴당할 위험이 적은 장점이 있다.[18]

SCUD-B 미사일의 성능제원[19]

○ 사정: 180㎞~300㎞	○ 발사중량: 6.37ton
○ 전장: 11.25m	○ 탄두중량: 825kg~985kg
○ 직경: 0.88m	○ CEP: 500m~1,000m

SCUD-B 미사일을 탑재한 MAZ-543P 차량

---

17) SAPIO 1993.10.14, p.27, 軍事硏究 1994.8, p.50
18) 防空誘導武器体系의 能力評價, p.7
19) 軍事硏究 1994.8, p.50,51

  소련은 SCUD-B 미사일을 1970년대 후반에 이집트를 비롯한 폴란드, 헝가리, 리비아 등 주로 제3세계에 대량 수출하였는데, 1981년 이집트는 소련에서 수입한 SCUD-B 미사일 2기(基)와 이동발사대차량을 비밀리에 북한에 인도하여 북한의 미사일 개발에 결정적 실물자료를 제공하게 되었다.[20]

  소련은 SCUD-B 미사일 개발 후 7~8년이 경과한 1967년에 SCUD-B 미사일의 탄체를 연장하여 연료탱크를 확대하고, 탄두중량을 600kg로 감소시켜 사정거리를 SCUD-B 미사일의 거의 배에 가까운 550㎞까지 연장한 SCUD-C 미사일을 개발하게 되었다. 종전의 SCUD-A/B 미사일은 탄체와 탄두가 분리하지 않고 목표지점까지 비행하였으나, SCUD-C 미사일은 이들 미사일과는 달리 로켓 모터의 연소가 끝나면 탄두부분이 탄체와 분리되어 탄두만 비행하게 되므로 대기권에 재돌입시 불안정성이 감소되어 명중률이 향상된 미사일이다.[21]

  소련제 SCUD-A/B/C의 주요 성능을 비교해 보면 아래와 같다.

구 분	사거리 (㎞)	탄두중량 (㎏)	CEP (m)	전 장 (길이m)	직 경 (m)	비고 (미국의 호칭)
SCUD-A (R-11)	180	-	-	-	-	SS-1B
SCUD-B (R-17E)	180~ 300	825~ 985	500~ 1,000	11.25	0.88	SS-1C
SCUD-C	550	600	B보다 훨씬 향상	-	-	SS-1D

---

20) 軍事研究 1994.6, p.34,100, 第2次 朝鮮戰爭, p.124, 金日成の 核 ミサイル, p.20
21) 軍事研究 1994.8, p.52,53

다. 소련의 SCUD-B 미사일의 구조와 기능

소련의 SCUD-B 미사일의 구조를 보면 추진기관부, 유도장치부, 탄두부의 3개 주요부분으로 구성되어 있으며 이들의 기능에 대해서 간단히 살펴보자

① 추진기관부 : 추진기관에는 연료탱크, 산화제탱크, 연소실로 구분되어 있다. 연료와 산화제를 혼합하여 연소실에서 점화 연소시킴으로써 생기는 가스를 로켓 엔진이 고속으로 뒤로 분사(배출)함에 따라 그 반작용으로 미사일은 추력을 얻어 공중으로 상승비행하게 하는 기능기관이 추진기관이다.

SCUD-B 미사일에 사용되는 연료는 액체연료를 사용한다. 이 액체연료는 UDMH(비대칭 디메칠 히드라진)라는 연료를 사용하며 이는 부식성이 강하기 때문에 사전에 주입하지 못하고 발사직전에 약 4톤의 연료를 연료탱크에 주입하게 된다.[22]

산화제탱크에는 산소를 발생시키는 산화제(IRFNA:不活性赤色發煙硝酸)를 주입하는데, 이것은 미사일이 공중으로 상승함에 따라 산소량이 희박해지고 대기권 밖으로 나가면 산소가 없어지므로 액체 연료 자체만으로는 연소가 되지 않는다. 그러므로 산소를 발생시키는 산화제가 필수적이다. 그래서 이 산화제와 연료를 혼합시켜 연소실에 보내면 연소실에서 점화가 되고 연소되어 가스 발생으로 추력을 얻게 된다.

② 유도장치부 : 추진기관부에서 발생시킨 추력으로 미사일이 일단 공중으로 비행하게 되면 내장된 유도장치가 스스로 기능을 발휘하여 목표까지 도달할 비행각도와 비행속도를 먼저 결정하는 것과 여기에 맞추어 추진기관의 분사를 중지시키

---

22) UDMH: Unsymmetric Demethylhydrazine, 軍事研究 1994.8, p.50

는 역할을 하는 것이 유도장치부의 기능이다. 그 이후 미사일은 탄도에 따라 목표에 도달하게 된다.(그래서 탄도미사일이라고 한다.)

SCUD 미사일에 사용되는 유도장치는 '관성항법장치'인데 이 장치(System)는 미사일을 발사하기 직전에 발사지점과 목표지점의 좌표를 유도장치에 입력시킨 후 발사시키면, 유도장치부 내에는 3개의 자이로콤파스와 가속도게, 그리고 컴퓨터

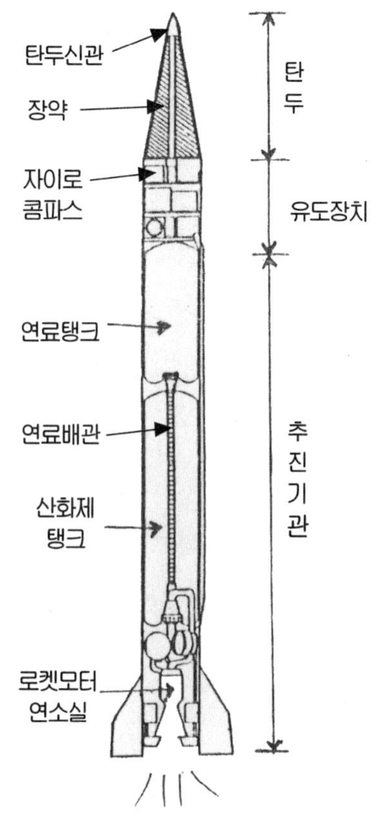

SCUD-B 미사일의 구조

가 각각 내장되어 있다. 3개의 자이로콤파스는 비행하는 미사일의 자세를 컴퓨터에 입력시켜 주게 되고, 가속도계는 미사일의 가속도를 측정하여 컴퓨터에 입력시켜 준다. 컴퓨터는 이 두 가지 자료를 계산하여 미사일을 목표까지 도달시키는데 필요한 비행각도와 비행속도를 산출하여 여기에 맞도록 미사일의 제어 날개에 신호를 보내 비행경로(각도와 속도)를 조정한 후 추진기관의 추력(분사)을 중단시키게 된다. 여기까지

소요되는 시간은 발사 후 약 90초 이내이며 거리상으로는 전체 비행거리의 1/9에 불과하다. 여기서 유도장치의 작동은 중단되고 이후는 탄도에 따라 외부의 아무런 간섭없이 목표까지 도달하게 된다.[23]

이 관성항법장치 중에는 '단순(또는 간이) 관성항법장치'와 '정밀관성항법장치'가 있는데 단순항법장치는 말 그대로 정밀하지는 못하나 간이하게 만든 항법장치로 가속도계와 3개의 자이로콤파스가 유도장치부에 고착되어 있는데 이는 내부진동으로 정밀도가 떨어지고 또 내장된 컴퓨터는 그 처리능력이 빠르지 못한 단점이 있다. 그러나 이 항법장치는 정밀성이 떨어지는데 비해서 제작이 용이하고 가격이 저렴한 장점으로 단거리 미사일에 사용되고 있다.

정밀항법장치는 자이로콤파스가 유도장치부에 고착되지 않고 플랫폼(Platform) 형태로 되어 있어, 내부진동에 영향을 받지 않으므로 더욱 정밀한 미사일의 자세를 입력시킬 수가 있고, 또 컴퓨터는 처리능력이 대단히 빠른 고성능 컴퓨터를 사용하므로 정밀도가 향상되어 목표지점에 낙하할 명중률이 더욱 높아지나 고가인 단점이 있다. 그러나 장거리 유도탄의 오차를 감소시키고 더욱 정밀성이 요구되는 미사일에는 이 정밀항법장치를 사용한다.

북한에서 제작한 SCUD-B 미사일의 항법장치는 단순항법장치를 사용하고 있다.

③ 탄두부 : 탄두부는 목표지점에 떨어져 폭발하는 부분으로 탄두부 내에 일반 폭약을 넣으면 재래식 탄두가 되고, 핵

---

23) 軍事硏究 1994.8, p.50

을 넣으면 핵탄두가 될 것이고 화학제를 넣으면 화학탄두가 될 것이나, 탄두부에는 폭발시킬 고도가 장입되는 근접신관장치와 화학탄인 경우 분무하는 특별장치 등이 포함된다.

지금까지 SCUD-B 미사일의 구성부분과 그 기능에 대해서 간단히 언급하였는데, 북한이 제작한 SCUD-B/C 미사일과 노동1호 미사일의 구성부분은 거의 동일하며 모두 간이 관성항법장치와 액체연료 및 산화제를 사용하고, 또 탄체와 탄두가 분리되지 않고 그대로 목표지점까지 도달시키는 장치(System)로 되어 있어 여러 가지의 오차를 가중시켜 명중도와 신뢰도가 저하되는 원인이 되고 있다.24)

2. AL-Hussein/AL-Abbas 미사일

이란-이라크 전쟁시 이라크는 이란의 수도 테헤란에 약 190발의 AL-Hussein 미사일을 발사하여 명중률은 불량함에도 사망 2,000명, 부상 6,000명의 인명피해를 주어 테헤란 시민들에게 극도의 공포와 혼란을 초래하여 도시를 마비상태에 빠지게 한 바 있다.25) 그리고 1990년의 걸프전(Desert Storm) 때도 이라크는 이스라엘과 사우디아라비아의 수요도시에 AL-Hussein 미사일 86발을 반사하여 양국 국민에게 공포와 혼란을 야기시킨 미사일이다.26)

이 AL-Hussein 미사일은 소련에서 수입한 SCUD-B 미사일을 이라크가 개량한 것으로 1987년에 완성하여 시험발사에 성공했다. 개량된 내용은 SCUD-B 미사일의 탄체의 중

---

24) 第2次 朝鮮戰爭, p.125
25) 방공유도무기의 체계와 능력, p.5
26) 第2次 朝鮮戰爭, p.125, 방공유도무기의 체계와 능력, p.23

AL-Hussein 미사일

앙부분을 1m 연장하여, 추진제(산화제탱크 및 연료탱크) 용량을 확대하고 탄두 중량을 400kg까지 감소시켜 사거리를 650km까지 연장한 미사일이다.27)

1988년 이란-이라크 전쟁 후 이란은 이 AL-Hussein미사일의 잔해를 수거하여 북한에 인도함으로써 북한의 SCUD 미사일의 사거리 연장 등 미사일의 연구 개발에 큰 도움을 주었다. 이 AL-Hussein 미사일의 개발개념이 북한의 SCUD-C 개량형미사일 개발에 적용되었을 가능성이 높다.28)

이란-이라크 전쟁 후 이라크는 사거리를 AL-Hussein 미사일보다 더욱 연장하기 위해서 SCUD-B 미사일의 탄체의 중앙부분을 2m50cm 더 연장하여 연료와 산화제탱크 용량을 더욱 확대함과 동시에 SCUD-B의 로켓 엔진(모-터) 2개를 집속시켜서 추력을 증가시키는 개량을 하여 사거리를 900km까지 연장시키는데 성공하였는데 이 미사일을 ‘AL-Abbas’

---

27) 軍事研究 1994.6, p.100, 金日成の 核ミサィル, p.26에는 580km로 기록되어 있음
28) 북한군의 특수무기, p.55, 軍事研究 1994.8, p.52

미사일이라 하였고 1990년에 실전 배치하였다. 이 AL-Abbas 미사일의 개발개념이 북한의 노동1호 개발에 적용되었다는 설도 있다.[29]

이들 AL-Hussein 미사일이나 AL-Abbas 미사일은 SCUD-B 미사일과 같이 탄두와 탄체가 분리되지 않고 목표지점에 낙하함으로써 공기저항으로 속도가 떨어지고 탄도가 흐트러져 명중도가 떨어진다.[30]

AL-Hussein 미사일과 AL-Abbas 미사일의 제원

	SCUD-B	AL-Hussein	AL-Abbas
사거리	300km	650km	900km
탄 두	825~985kg	400kg	-
전 장	11.25m	12.25m	13.75m
직 경	0.88m	0.88m	0.88m
로켓-모터	1개	1개	2개 집속
추진연료	액체	액체	액체

3. 중국의 동풍4호 미사일(CSS-3)

북한의 대포동2호 미사일의 제원은 중국의 동풍4호(東風4號) 미사일과 대등하다. 그래서 동풍4호 미사일을 모델로 개발했을 것이라고 추정하는 견해도 있다.

동풍4호 미사일(DF-4로 표시하기도 한다)은 중국이 개발한 최초의 대륙간탄도미사일(ICBM)[31]로 사정거리는 7,000

---

29) 軍事硏究 1994.6. p.102. 軍事硏究 1994.8. p.54. 세계유도무기. p.45
30) 軍事硏究 1994.6. p.99
31) ICBM(Intercontinental Ballistic Missile)는 사정거리 6,000km 이상의 대륙간 탄도 유도탄을 말함

km[32])에 이르며 액체연료를 사용하는 2단 로켓 미사일이다. 1단 로켓은 4개의 로켓 모터를 집속시켜서 사용하며 2단 로켓은 1개의 로켓 모터를 사용하고 있다. 미사일의 전체길이는 31m[33])이고 1단 로켓 직경은 2.25m 탄두중량은 2,200kg이다. 유도방식은 관성항법장치로 정확도(CEP)는 1,000m로 알려져 있다.

이 동풍4호 미사일은 외형과 사거리 및 유도체계면에서 북한의 대포동2호 미사일과 유사한 점이 많다. 특히 대포동2호 미사일의 1단 로켓의 추진체에 대해서는 미상인데, 아마도 동풍4호 미사일의 1단 로켓을 모방한 것이 아닌가 추정하는 견해가 있는가 하면 동풍3호 미사일의 1단 로켓을 모방했을 것이라는 견해도 있다.[34] 참고로 동풍3호와 동풍4호의 제원은 다음 도표와 같다.

동풍3호 및 동풍4호 미사일의 제원[35]

미사일	사거리	전장	직경	탄두중량	추진체	유도체계	추진방식
동풍3호 (CSS-2)	2,700km	19m	2.25m	-	액체연료	관성항법	86년에 2단 로켓 으로 개량
동풍4호 (CSS-3)	7,000km	31m	2.25m	2,200kg	액체연료	관성항법	2단 로켓

지금까지 북한이 미사일 개발 기술을 습득하는 배경에 대해서 살펴보았다.

---

32) 軍事研究 1994.6, p.104에는 사거리 4,750m로 기록되어 있다.
33) 軍事研究 1994.6, p.104에는 전체길이를 28m로 기록되어 있다.
34) 軍事研究 1996.1, p.176, 金日成の 核 ミサイル, p.23, 전략연구 1997.3, p.272
35) 세계유도무기, p.20,21 軍事研究 1994.6, p.104

第3節 북한의 SCUD 미사일과 전략 미사일의 개발

북한이 미사일 개발을 시작할 당시의 목적은 두 가지였으나 차츰 미사일 개발기술의 발전에 따라 하나가 더 추가되었다고 보아진다. 즉 먼저 두 가지 목적은,

① 남한 전체를 사정권 내에 둘 수 있는 미사일의 개발이었고,

② 둘째는 핵개발과 병행하여 핵탄두를 탑재할 수 있는 미사일의 개발이었다. 그리고 기술이 발전함에 따라 추가된 목적은,

③ 한반도 주변국과 미 본토까지 도달할 수 있는 중거리 미사일과 대륙간탄도미사일(ICBM)의 개발이라 할 수 있다.

그래서 본 절에서는 북한이 개발한 SCUD 미사일과 노동1호 및 대포동1,2호 미사일에 대해서 검토해 보고자 한다.

1. SCUD-A 개량형 미사일(SCUD-B 복제 미사일)

북한이 남한 전체를 사정권에 둘 사정거리를 가진 탄도미사일을 개발하겠다는 의도로 시작된 중·조(中·朝)공동 미사일 개발의 꿈 'DF-61'이 1978년에 무산되자, 1979년도에 독자적인 탄도미사일 개발계획에 착수하게 된다.

그러나 제1절에서 언급한 바와 같이 당시 구 소련과 중국은 정치적인 이유로 지대지미사일을 제공하지 않음으로써 북한으로서는 관성유도방식의 탄도미사일을 개발할 만한 인력이나 기술을 그때까지는 보유하지 못하고 있었다.

이러한 여건하에서 탄도미사일을 북한이 독자적으로 개발한다는 것은 당시(1979년)로서는 어려운 문제였지만 더이상 지체할 수가 없었다. 왜냐하면 핵무기 개발과 화학무기 개발은 이미 시작되었는데, 그 운반수단인 미사일 개발만이 DF-61의 개발중단으로 지체되고 있었기 때문이다.

그래서 초조해진 북한은 1980년에 이집트와 '탄도미사일 공동개발협정'을 체결하게 되었다.[36]

체결된 미사일 공동개발협정의 요점은,

① 이집트는 북한에 소련제 SCUD-B 미사일 수 기(基)를 제공한다.

② 이동발사대차량(MAZ-543)도 북한에 제공한다는 내용이였다.

이 협약에 따라 북한은 평양 부근에 위치하고 있는 미사일 연구 개발시설을 더 확충하고 함경북도 화대군에 미사일 시험시설 등을 설치하였다.[37] 그리고 1981년 북한은 이집트로부터 소련제 SCUD-B 미사일 2기와 이동발사대 차량 MAZ-543P(8륜대형트럭 및 발사대)을 비밀리에 인수받아 이를 분해하여 역추적 공법으로 설계도를 작성하였다.[38] 이

---

36) 第2次朝鮮戰爭, p.124
37) 북한군의 특수무기, p.52
38) Jane's Intelligence Review(1996.12), p.56, 북한군의 특수무기,
　　p.51 第2次朝鮮戰爭, p.124, 한국 통일원 관계자는 이집트로부터
　　SCUD-B 미사일 2기를 도입 역설계했다고 밝혔다.(세계일보 1993.7.9)

설계도에 따라 SCUD-B 미사일을 복사 제작하는데 3년이 소요되어 1984년 4월과 9월에 화대군 미사일 시험장에서 3번 이상의 시험발사를 실시하여 동해 해상에 낙하시킴으로써 미사일 복제 시제품 생산에 성공하였다.39)

이 복제된 미사일은 그 성능이 소련제 SCUD-B 미사일과 거의 동일했으나 소련제가 아니므로 SCUD-B 미사일이라 할 수도 없고, 또 SCUD-B보다 성능이 개량된 것이 없어 SCUD-B 개량형이라 할 수도 없었다. 그러나 SCUD-A 미사일보다는 사정거리와 그 성능이 개량되었다 하여 북한이 복제한 이 미사일을 서방측에서는 'SCUD-A 개량형'(SCUD Mod-A) 미사일이라 하였다.

※ SCUD-A 개량형 미사일을 "SCUD-改A" 또는는 "SCUD-Mod A" 미사일이라 기술하기도 한다.

북한이 SCUD-B 미사일을 복제한 목적은 역추적 설계과정을 통해서 SCUD 미사일의 설계 내용을 파악하고 또 미사일 제작과정에서 미사일 제작기술을 습득하고 마지막 시험발사를 통해서 미사일 개발의 가능성을 확인하는데 있었다. 이번 복제 미사일의 제작 목적은 모두 달성되었으므로 시험용 시제품 몇 기를 제작하는데 그쳤다.

이때부터 북한은 미사일 개발에 자신을 얻어 더 나은 성능의 미사일 개발에 박차를 가하게 되었다.

---

39) 화대군의 미사일 시험장을 「북한군의 특수무기」 p.52에는 "김책시 북쪽 노동리"라고 기록하고 있다.

SCUD-B 개량형 미사일

2. SCUD-B 개량형 미사일(SCUD-Mod B)

1984년 소련제 SCUD-B 미사일 복제에 성공한 북한은 SCUD-B 원설계에 약간의 수정을 가해서 1985년에 새로운 미사일의 시제품을 생산하여 시험사격을 실시해 본 결과 사정거리가 SCUD-B 미사일보다 20~40㎞ 연장되는 성과를 거두었다.40) 이 새로운 미사일의 성능을 소련제 SCUD-B 미사일과 비교해 보면 탄두중량과 외형은 동일하나 사정거리가 증가된 개량형 미사일이라 하여 서방측에서는 이를 'SCUD Mod- B'미사일(SCUD-B 개량형 미사일) 이라 하였다.

※ SCUD-B 개량형 미사일을 'SCUD-改 B' 또는 'SCUD- Mod B'로 기술하기도 한다.

이 SCUD-B 개량형 미사일의 사정거리가 20~40㎞ 연장

---

40) 軍事硏究 1994.8, p.51, 북한군의 특수무기, p.53

된 것은 SCUD-B 미사일의 로켓 엔진(모터)을 개량한 것으로 보여진다.41)

SCUD-B와 SCUD-B 개량형 미사일의 비교

구 분	SCUD-B 미사일	SCUD-改B 미사일
사 거 리	300km	320~340km
탄두중량	825~985kg	좌측와 동일
C E P	500~1,000m	"
전 장	11.25m	"
직 경	0.88m	"

북한이 이렇게 SCUD-B 개량형 미사일 개발에 성공하자 여기에 가장 민감하게 접근한 나라가 이란이었다. 이란은 당시 이라크와 1980년부터 계속 전쟁중이었는데 상대국 도시를 직접 공격할 수 있는 탄도미사일이 요구되고 있었다. 이라크는 소련으로부터 SCUD-B 미사일을 직접 공급받을 수 있었으나 이란은 리비아와 시리아로부터 SCUD-B 미사일을 소량만을 역수입 할 수밖에 없는 처지였다.42)

이러한 시기에 북한이 SCUD-B 개량형 미사일을 생산하게 되자 이란은 1985년 후반에 북한과 '탄도미사일 개발협정'을 체결하고43) SCUD-B 개량형 미사일을 북한으로부터 대량 구매하기로 했다.

이때 체결된 북한-이란 미사일개발협정을 보면,

① 탄도미사일 기술을 상호 지원한다.

---

41) 軍事硏究 1994.6, p.100
42) 상게서, p.100
43) 상게서, p100, 북한군의 특수무기, p.53

② 이란은 북한의 미사일 개발계획에 자금을 지원한다.

③ 이란은 SCUD-B 개량형 미사일의 구매에 우선권을 갖는다는 내용이었다.

이 협정에 따라 이란으로부터 지원받은 미사일 개발자금은 북한의 미사일 개발에 큰 활력이 되어 1986년부터 양산에 들어가 월 4~5기 또는 8~12기까지 생산하기에 이르렀다.44)

1987년부터 생산된 미사일을 이란에 수출하기 시작하여 1988년 2월까지 약 100기를 수출하게 되었으며 1988년 이란은 소위 '도시들간의 폭격'이라는 이라크와의 미사일 공격전에 북한제 SCUD-B 개량형 미사일을 사용할 수 있었다.45)

북한은 이 미사일을 이란에 수출함과 동시에 SCUD-B 개량형 미사일의 조립 및 생산공장을 설립해 주고 기술지원까지 제공해 주었다.46)

그리고 북한은 1985년도에 SCUD-B 개량형 미사일을 생산하면서 이 미사일을 장비한 북한 최초의 미사일 부대를 함경북도 화대군 지역에 창설하였으며 1988년도에는 북한 제4군단 예하에 새로운 미사일대대를 창설하고, 이어 사리원 지역에 미사일연대를 창설 배치하였다.47) 이로써 북한은 우리의 수도권은 물론 대전-군산선까지 SCUD-B 개량형 미사일의 사정권 내에 들어가게 되었다.

---

44) 軍事硏究 1994.6, p.100, 북한군의 특수무기, p.53
45) 북한군의 특수무기, p.54
46) 상게서, p.54, 軍事硏究 1994.8, p.52
47) 軍事硏究 1994.6, p.34, 북한군의 특수무기, p.54

3. SCUD-C 개량형 미사일(SCUD-Mod C)

북한은 SCUD-B 개량형 미사일 개발로 남한이 보유하지 못한 사정거리 320㎞~340㎞의 탄도미사일을 보유함으로서 남한의 절반 이상을 사정권 내에 둘 수 있어, 군사적으로 큰 이점을 확보했음에도 이에 만족하지 않고 남한 전체를 사정권 내에 둘 수 있는 장사정의 탄도미사일을 개발해야겠다는 야욕은 SCUD-B 개량형 미사일 개발 성공 이래 더욱 활기를 띠고 1988년부터 본격적인 장사정 미사일 개발계획에 착수한 것으로 보여진다.

북한의 사정거리 연장 개발계획에는 두 가지 안이 검토되었는데 하나는 SCUD-B 미사일의 System에서 간단한 개량으로 사정거리를 연장하는 안이고, 둘째는 SCUD-B 개량형 미사일 개발에서 얻은 기술을 토대로 하여 새로운 미사일 System의 장사정 미사일을 개발하는 안이었다.[48] 이 두 가지 안은 별도로 각각 진행시켰는데 첫번째 안은 SCUD-C 개량형 미사일로 나타나고, 둘째 안은 노동1호 미사일로 나타나게 된다.

첫번째 안인 SCUD-B 미사일 System의 간단한 개량으로 사정거리를 연장시키는 개량개념은 이러하다. 즉 사정거리를 연장시키려면 미사일의 최종 발사속도를 증가시켜야 하는데, 이를 위해서는 SCUD-B 개량형 미사일의 연료탱크와 산화제 탱크를 확장시켜 그 용량을 증가시키는 것과 탄두의 중량을 감소시켜 사정거리를 연장시킨다는 개념이었다.

※참고: 탄도미사일의 최종 발사속도는 사정거리를 결정한다.

---

48) 북한군의 특수무기, p.54

탄도미사일이 발사되면 내장된 유도장치는 미사일의 속도와 목표까지 도달할 비행각도를 결정하고 로켓 엔진의 작동을 중지(제어)시키게 되는데, 이때의 로켓의 속도를 미사일의 최종속도라고 한다. 이 최종속도가 빠를수록 사정거리가 길어진다는 것이다. SCUD-B 미사일의 최종속도는 1.7㎞/s로 사정거리는 300㎞이고, 또 최종속도가 2.2㎞/s인 미사일의 사정거리는 600㎞에 달한다. 최종속도가 2.8㎞/s 정도인 미사일은 사정거리가 1,300㎞에 이르게 된다. 이처럼 미사일의 최종속도는 사거리를 결정하게 된다. 그래서 최종 발사속도(Vf)는 다음 공식으로 계산된다.

$$Vf = Ve \times In(mf/mo)$$

Vf : 최종발사속도

Ve: 엔진이 가스를 모두 분사시켰을 때의 속도

mf : 모든 연료가 연소되었을 때 로켓의 몸체와 탄두의 최종중량

mo: 발사직전의 미사일의 총중량

즉 최종속도는 연료의 용량이 커야만 빨라진다는 것을 알 수 있다.

〈전략연구('97.3.28) 참조〉

이 미사일의 개량개념은 간단한 것 같지만 실제로는 미사일의 전체 중량의 증가로 무게중심이 달라지므로 이 미사일 전체가 순조롭게 장거리 비행을 하기 위해서는 정밀한 개조작업이 요구되었다. 그래서 1988년부터 미사일 사정거리 연장 개량사업은 평양시 승호구 독골동에 위치한 미사일공장(1987년1월에 건설)에서 시작되었는데,[49] SCUD-B 개량형

미사일의 탄체 직경은 늘리지 않고 탄체의 중앙부분의 연료 및 산화제탱크 부분만을 1m 연장하여 연료와 산화제의 탱크 용량을 증가시키고, 탄두중량은 985kg에서 700kg으로 감소하고, 명중률을 높이기 위해서 관성유도방식을 약간 개선시킨 새로운 미사일의 시제품을 제작 완료한 것이 1989년 후반이었다.[50]

이 시제품에 대한 최초의 발사시험은 1990년 6월 함북 화대군 시험장에서 발사하여 동해에 낙하시킴으로써 성공을 거두었다.[51] 그러나 일본의 SAPIO('93.10.14)지에는 이때의 시험발사는 실패로 끝나고 '91년 7월의 두번째 발사시험에서 성공하였다고 하는 기록도 있는가 하면, '89년에 서해로 발사함으로써 신형 미사일이 개발되었음을 확인하게 되었다는 기록도 있다.[52]

그러나 '90년 가을에 이란과 북한이 새로운 미사일협정을 체결하여 SCUD-C 개량형 미사일 구매계약을 한 것을 보면 '90년 가을 이전에 이미 이 신형 미사일에 대한 시제품 발사시험은 성공한 것으로 판단된다.

이때 발사된 미사일의 성능은 사거리가 600km에 달하고 탄두중량은 700kg이고, 명중률은 다소 개량되었다고 하나 사거리의 연장에 따라 CEP는 1~2km 되는 것으로 분석하고 있다.[53] 이 새로운 미사일은 소련의 초기 SCUD-C 미사일의 사정거리(550km)보다 약간 증가되었고 또 소련의 SCUD-C

---

49) SAPIO 1993.10.14. p26
50) 북한군의 특수무기, p.55
51) 상게서, p.55
52) 軍事硏究 1994.8. p.52
53) 핵확산과 미사일방어체제, p.3

SCUD-C 개량형 미사일

미사일과 구분하기 위해서 'SCUD-C 개량형 미사일'로 명명하게 되었다.

한국 국방부의 국방백서('97~'98)에는 "북한의 SCUD-C 개량형은 700kg의 탄두를 탑재할 수 있고 사정거리는 500㎞에 이르고 있으며, 명중률을 높이기 위해 관성유도시스템을 개량하고 있는 것으로 보여진다."고 기술하고 있다.

이 SCUD-C 개량형 미사일과 SCUD-B 개량형 미사일을 비교해 보면 탄체의 직경은 동일하고 길이만 1m 길어진 것 외에 외형에 달라진 것은 없으나 사정거리가 거의 배로 연장되었다는 사실이다.

SCUD-B 개량형 및 SCUD-C 개량형 미사일의 비교[54]

구 분	사정거리	탄 두	C E P	전 장	직 경
SCUD-C개량형	600㎞	700kg	1~2㎞	12.25m	0.88m
SCUD-B개량형	340㎞	985kg	0.5~1㎞	11.25m	0.88m

사정거리 600㎞의 의미는 한국의 제주도를 포함한 한국 전역이 이 SCUD 미사일의 사정권 내에 들어감으로써 한국으로서는 북한의 미사일 위협에 완전히 노출되게 되었고, 북한으로서는 '75년 이래 사정거리 600㎞의 탄도미사일 개발의

---

54) 金日成の 核ミサイル, p.3

꿈(DF-6
1)이 15
년만에 실
되었다 할
수 있다.
   SCUD
-C 개량
형 미사일
의 개발은
이라크의
AL-Hus
sein의
개발개념(
연료용량
의 증가와
탄두중량
의 감소)

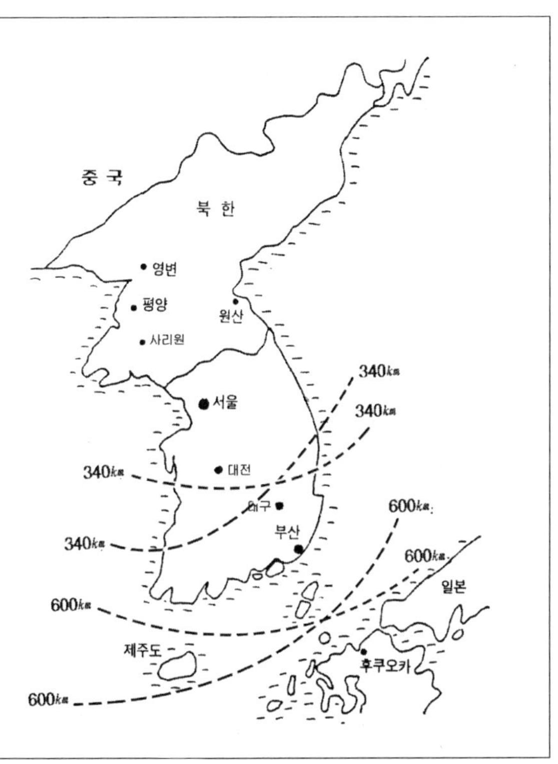

SCUD 개B 및 개C의 사정권

과 동일하고 이란으로부터 1988년에 AL-Hussein 미사일의
잔해를 입수한 적이 있고, 또 그 외형(전장과 직경)이 거의
동일하므로 이 미사일을 복제한 것이 아닌가 하는 의구심도
가지나 북한의 SCUD-C 개량형 미사일은 개선된 관성유도방
식을 채택함으로 해서 AL-Hussein 미사일보다는 명중률이
높은 북한의 독자적인 미사일 개발이라고 외국의 미사일 전문
가들은 평가하고 있다.55)

---

55) 북한군의 특수무기, p.55

SCUD-C 개량형 및 AL-Hussein 미사일의 비교

미사일	사정거리	탄 두	CEP	전 장	직 경	비 고
SCUD-改C	600km	700kg	1~2km	12.25m	0.88m	개선된 관성유도
AL-Hussein	650km	400kg	2km	12.25m	0.88m	미개선 관성유도

이란-이라크 전쟁시 이라크의 AL-Hussein 미사일이 400kg의 재래식 탄두를 장착하고 이란의 수도 테헤란에 떨어지자 이에 놀란 시민들은 장차 이 미사일에 화학탄두가 사용되리라는 유언비어에 100만 명이 넘는 시민이 피난을 가는 대혼란을 야기했었는데, 북한의 SCUD-C 개량형 미사일은 조잡한 AL-Hussein 미사일에 비해서 명중률도 높고 위력이 5배 이상[56]이나 되는 점을 감안하면 이 미사일로 인구가 밀집된 남한의 대도시에 무차별로 공격한다면 시민들에게 대혼란을 일으킬 심리적 효과는 크게 작용할 수도 있을 것이며, 더욱이 이 미사일의 탄두에 화학탄을 장착, 투발한다면 그 위력은 가공할 만한 위협이 될 것으로 판단된다.[57]

사정거리 600km에 달하는 SCUD-C 개량형 미사일의 개발이 알려지자 이란은 1990년 가을 북한과의 새로운 미사일협정을 체결했다. 그 주요내용은,[58]

① 이란은 SCUD-C 개량형 미사일을 구매한다.

② 북한은 이란 동부의 미사일 정비시설을 곧 SCUD-C 개량형 미사일 조립시설로 전환, 지원한다.

---

56) 방공유도무기의 체계와 능력, p.5,62
57) 상게서, p.56
58) 軍事硏究 1994.8, p.53, 북한군의 특수무기, p.55, 56

③ 그후 SCUD-C 개량형 미사일 생산시설로 전환할 것을 지원한다는 것이었다.

그 다음해인 1991년 4월에 북한은 시리아에도 SCUD-C 개량형 미사일을 공급하는 미사일 공급협정을 체결하였다.

이에따라 북한은 SCUD-C 개량형 미사일 생산을 '91년도부터 매월 4~8기를 생산하는 양산체제로 전환하였으며 이때부터 이 미사일을 이란에 수출하기 시작하여 약 100기를 수출한 것으로 추정되고 있다. 그리고 시리아에도 '91년 4월부터 약 60기의 미사일과 이동발사대차량(TEL) 12대를 인도한 것으로 알려지고 있다.[59]

그리고 북한군은 91년도부터 SCUD-C 개량형 미사일을 실전 배치하기 시작하여 미사일연대를 미사일여단으로 증편하였다.[60]

4. 노동1호 미사일

북한은 88년부터 장사정 탄도미사일 개발을 두 개 방향으로 시작하여 그 하나인 SCUD-C 개량형 미사일은 '90년에 완성되었으나 또 다른 하나는 SCUD-C 개량형 미사일보다는 장사정이며 SCUD 미사일 System과는 전혀 다른 새로운 System의 미사일 개발에 착수하였는데 이 개발에는 많은 시간이 소요되었다.

SCUD 미사일 System이란 1단 로켓으로 하나의 로켓 엔진(모-터)으로 추력을 얻어 탄두와 탄체가 분리되지 않고

---

59) 第2次朝鮮戰爭, p.126, 서울신문 1997.8.28
60) 軍事研究 1994.6, p.34, 北朝鮮 人民軍の 全貌, p.132

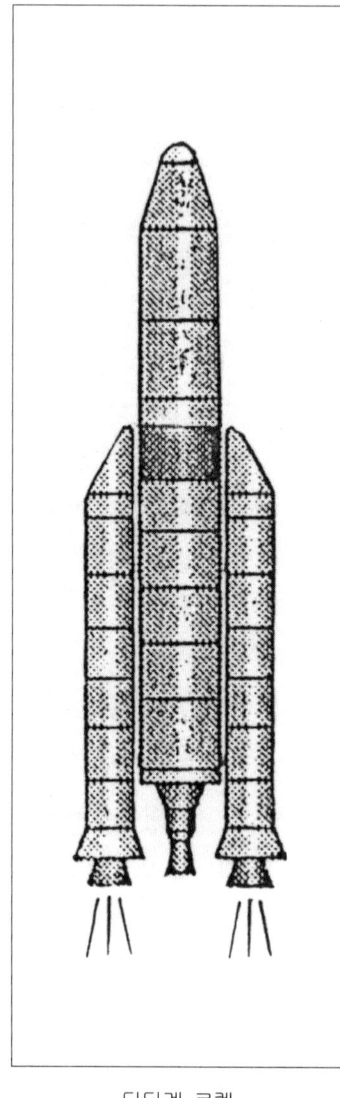

다단계 로켓

전체가 목표에 도달하는 System을 말하는데, 이 System으로는 연료탱크와 산화제탱크의 용량을 증가시켜 최종의 발사속도를 최대로 얻고 또 탄두중량을 감소시킨다 해도 최대사정거리는 1,000㎞에는 미치지 못하는 것이 SCUD 미사일 System의 한계라고 과학자들은 지적하고 있다.

그렇다면 1,000㎞ 이상의 사정거리를 얻으려면 SCUD 미사일 System의 기본적 추력에 추가적인 추력을 얻어야 가능하다.

이 추가적인 추력을 얻는 데는 '다단계(多段階) 로켓 방식'과 '집속(集束) 로켓 방식' 등이 가용하다.

○ **다단계 로켓 방식**은 제1단 로켓 위에 또 하나의 로켓(제2단 로켓)를 장착하여 제1단 로켓을 발사하면 제2단 로켓과 탄두가 함께 비행중 어느 시점에서 제2단 로켓을 다시 발사함으로써 또 한번 추력을 얻어 사정거리가 연장되는 방식

이다. 이 방식은 사정거리와 탄두중량에 따라 2단계 또는 3단계의 다단계 로켓 방식을 선택하게 되는데, 일반적으로 중거리 및 장거리 미사일에 이용되는 방식으로 대륙간 탄도탄이나 인공위성을 쏘아 올리는 로켓은 대개 다단계 로켓 방식을 사용한다.

○ **집속 로켓 방식**은 1단 로켓의 내부 또는 외부에 로켓 엔진 여러개를 집속시켜서 동시에 점화시킴으로써 최초부터 강력한 추력을 얻는 로켓 방식인데, 이 방식으로 1단 로켓을 개발하는 경우 다단계 로켓 방식에 비해 개발은 용이하나 사정이 짧다. 그래서 이 방식은 중거리탄도미사일에 많이 사용하는 방식이다. 그리고 다단계 로켓의 1단계는 대부분이 집속로켓을 사용하는 경우가 많다.

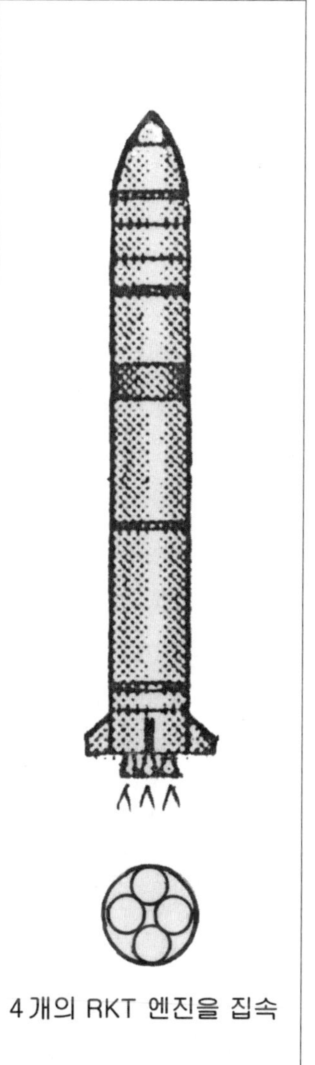

집속 로켓

북한이 SCUD-C 개량형보다 긴 장사정의 미사일 개발을 위해서 선택한 방식은 다단계 로켓 방식이 아닌 '1단 집속 로켓 방식'을 채택했다고 분석한 미

국의 '걱정하는 과학자 연맹(UCS)'61)의 보고서가 가장 설득
력이 있다.62)

집속 로켓 방식은 다단계 로켓 방식에 비해 쉬운 방법이라
고는 하나 집속시킨 수 개의 로켓 엔진을 동시에 점화시켜 모
두 동일한 추력을 배출해야 하는 등 고도한 기술이 요구되는
데, 북한은 이때까지만 해도 이러한 고도한 기술과 기술자를
갖지 못하고 있었다.

그러나 당시 1990년을 전후한 세계정세는 독일 베를린장
벽의 붕괴, 소련과 동구권의 붕괴, 중국 천안문사태의 발생,
소련으로부터 북한에 대한 경제원조의 중단 등 북한으로 하여
금 북한의 공산화체제 유지에 대한 극단의 위기를 느끼기에
충분했다. 이러한 시기에 북한 당국으로서는 SCUD-C 개량
형의 완성으로 남한 전체를 사정권 내에 두는 데는 성공했으
나 한반도 전쟁시 주한미군의 후방기지가 되는 일본에 있는
주일 미군기지 사용을 견제하거나 일본을 직접 위협하기에는
사정거리가 미치지 못하므로 1,000㎞가 넘는 장사정 미사일
의 개발이 조기에 완성되어야만 체제 위기를 극복할 수 있는
수단이 될 수 있다고 판단한 북한 수뇌부는 장사정 미사일의
조속한 개발을 독려하기에 이르렀다.

이 무렵 함경북도 화대군 미사일 시험장에서 새로운 미사
일에 관련된 시험이 실시되었음이 1990년 5월 정찰위성에
의해 확인되었다. 그러나 이 새로운 미사일의 시험은 실패한
것으로 분석되었다. 왜냐하면 인공위성이 촬영한 사진에 의하
면 최초의 발사대 위에 미사일이 설치되어 있었는데 발사장면

---

61) UCS : Union of Concerned Scientists의 약자로 과학자의 한 단체임
62) 世界週報 1994.3. p.54

은 촬영하지 못하고 그 후속사진에 보면 미사일은 없어지고 지상에 검게 탄 흔적만 식별되었기 때문이다.63) 그리고 1994년도에 귀순한 김대호 씨는 "1990년초에 처음으로 실시한 미사일 시험발사가 함경북도 화대에서 있었는데 실패하였다"고 증언한 바 있는데, 이는 '90년 5월의 정찰위성 첩보내용과 일치한다.64) 또 한국 국방부장관도 "'90년도에 노동1호 시험발사가 있었다"고 '96년11월 국회 국방위에서 답변한 바 있다.65)

이런 것들을 종합해 보면 1990년 5월에 함경북도 화대군 미사일 시험장에서 새로운 미사일의 시험이 있었던 것은 사실이나 이때의 시험은 아마도 완성품이 아닌 집속 로켓 엔진에 대한 지상시험이었을 것으로 판단하는 견해가 유력한 것은 북한의 새로운 미사일의 시제품이 '91년초에 와서야 겨우 완성되었기 때문이다. 완성된 시제품도 '92년까지 시험사격에 성공하지 못했다.66)

앞서 언급한 바와 같이 1990년의 세계정세는 김일성으로 하여금 조속한 장사정 미사일의 개발이 요구되었는데, 이 미사일의 조기 개발에 차질을 가져오자 조급해진 북한은 장사정 미사일의 기술을 획득하기 위해서 몇 가지 방안을 강구하였다.

그 첫째가 소련과 동구 공산권 국가의 붕괴로 곤경에 처한 이들 국가의 핵 및 미사일 과학자를 비밀리에 스카웃하는 방안이고,

---

63) 북한군의 특수무기, p.57
64) 영변의 약산 진달래 下卷, p.175
65) 한국일보 1996.11.12
66) 第2次朝鮮戰爭, p.126, 북한군의 특수무기, p.57

둘째는 김일성이 중국을 직접 방문하여 미사일 관련 기술 지원을 공식 요청하는 방안이였다.

첫번째 방안으로 북한은 소련 붕괴 후 경제적으로 곤경에 처한 소련의 미사일 관련 기술자들을 다수 스카웃하여 비밀리에 북한으로 입국시켰다. 이들 중에는 소련의 SCUD 미사일과 중거리 미사일을 전담하는 기관인 '마케예프' 설계국과, 로켓 엔진(모터)을 전담하는 기관인 '이사예프' 설계국 및 '고스베르크' 설계국 소속의 기술자들, 그리고 미사일 내열재료의 전문 기술자들이 포함되어 있었는데,67) 이들은 모두 북한의 집속 로켓 및 다단계 로켓 개발에 참여했을 것으로 보여진다.

'92.8.17 러시아 국방위원회 로켓 및 우주기술 총국장인 '바렌틴 스테파노프'가 프라우다지와의 인터뷰에서 "구 소련의 탄도학, 자이로스코프, 엔진 및 연료관계의 전문가들이 포함된 미사일 기술자들이 비밀리에 북한에 입국하였다"고 공개한 바 있다.68)

이후, '93년 10월에는 러시아의 로켓 전문가 집단이 북한으로 밀항하려다 모스크바 공항에서 모두 체포된 사건도 보도된 바 있다.69)

이처럼 북한은 장거리 미사일 분야의 부족한 기술을 보완하기 위해서 러시아의 관련 기술자들을 밀입국시켜 장사정 미사일 개발에 참여시켰다.

그리고 두번째 방안으로 김일성은 1991년 중국을 방문하여 미사일 기술지원을 정식으로 요청하였다.70)

---

67) 軍事硏究 1994.6. p.104. 북한군의 특수무기, p.56
68) 조선일보 1994.6.18
69) 軍事硏究 1994.6. p.104
70) 軍事硏究 1996.1. p.176

이 요청에 중국은 이례적으로 구체적인 미사일 관련 기술을 제공하였다. 즉 중국의 미사일 개발의 주무부서인 '항공우주부'와 '국가과학기술위원회'로부터 기술연수를 받았으며,71) 미사일 제작기관인 '보리과학유한공사'와 '국방항공총공사' 등으로부터 기술을 제공받았다. 또한 북한의 미사일 분야 과학기술자 50~200명이 이들 중국의 각 기관에서 지금도 연구 중에 있다.72)

이와같이 중국으로부터의 공식적인 기술지원과 러시아로부터의 밀입국 기술자들에 의해서 북한의 미사일 개발은 급진전되어 1993년 5월말 새로운 미사일이 완성되어 화대군 미사일 시험장에서 시험 발사하여 성공하게 되었다. 이 새로운 미사일이 바로 '노동1호 미사일'이다.

'노동1호 미사일'이란 명칭은 함경남도 함주군 주이면 '노동리'(咸南 咸州郡 朱伊面 蘆洞里)73)에 있는 미사일 제조공장에서 노동1호가 제작되고 있었는데 이것이 인공위성에 의해서 최초로 식별되자 서방측 정보기관들은 이 '노동리'의 지명을 따서 새로운 미사일에 붙여진 이름이라고 일본의 SAPIO 지는 그럴듯하게 설명하면서, '93년 5월말 노동1호 미사일의 시험사격 역시 이곳 '노동리'에서 있었다고 보도한 것을 보면, 최초로 노동1호 미사일을 발견한 지점과 나중에 시험사격을 한 사격장은 같은 위치임을 알 수 있다.

그리고 '93년 5월말에 노동1호 미사일 시험사격을 한 사격

---

71) 軍事研究 1996.10, p.176
72) 상게서, p.176, 조선일보 1996.10.21
73) 함남 함주군 주이면 노동리는 함북 화대군과는 200㎞ 이상 떨어진 곳으로, 화대군에 있는 '노동'이라는 지명과 함주군에 있는 '노동리'의 지명과 유사한 데서 오는 착오인 것으로 보여짐

장은 함경북도 화대군 미사일 사격장인 것이 확인되었으므로 노동1호 미사일이 최초로 발견된 지점 역시 화대군 미사일 사격장일 것이 확실하다. 그래서 이 사격장은 SCUD-B 미사일 사격시부터 서방측에서는 "화대군 미사일 사격장" 또는 "노동리 사격장"으로 불리어왔다. 화대군 미사일 사격장이 있는 위치는 북한의 행정구역상 함경북도 화대군 무수단리(花台郡 舞水端里)이고, 옛날 명칭은 함경북도 명천군 하고면 대포동(明川郡 下古面 大浦洞)이다.

오늘날 화대군 일대에는 미사일 사격장을 위시하여 미사일 관련 각종 연구시설이 집중되고 있어 이곳을 통상 "대포동 미사일 센터"라고 부른다. 이 대포동이란 명칭은 화대군 무수단리의 구 명칭 때문에 붙친 것이다.

이와같은 사실들을 종합해 보면 함북 화대군 내에 있는 미사일 사격장에는 "노동미사일 사격장"과 "대포동 미사일 사격장"이 인접해 있는 것으로 추정되고 지금은 이들 미사일 사격장을 합해서 "대포동 미사일 사격장"으로 불리고 있다.(부록 #13, 대포동 미사일 센터의 위성사진 참조) 이후 "화대군 미사일 사격장"을 "대포동 미사일 사격장"으로 통일 사용한다.

1993.5.29과 30일 양일간에 대포동 미사일 사격장에서 4발의 미사일 시험사격이 있었는데 이중 1발이 "노동1호" 미사일이였고 나머지 3발은 "SCUD-C개량형" 미사일이였다.[74)]

5월29일 오전에 대포동 미사일 사격장에서 발사된 노동1호 미사일은 동해안의 북위 39° 40′, 동경 135° 45′ 부근 해상에 낙하되었고, 이때 북한 해군의 프리게트함 1척과 소해정 1

---

74) 북한군의 군사연구, p.58

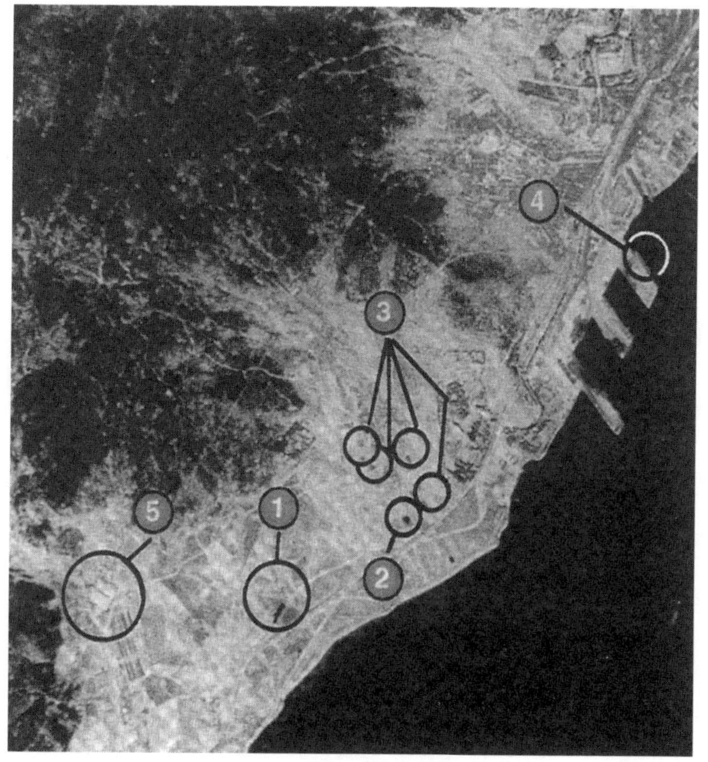

대포동 미사일 센터

척이 이곳에 대기하면서 관측하고 있었다. 미사일의 발사지점
으로부터 낙하 지점까지의 거리는 약 500㎞인데 미국 CIA는
최대 사정거리가 620miles(약 1,000㎞)라고 발표했다.75)
이것은 노동1호 미사일의 탄도(비행하는 궤적)를 보고 산출
계산해 낸 것이다. 미사일은 최대 사정거리로 사격할 때와 최
대 사정거리의 절반정도($\frac{1}{2}$)로 사격할 때는 그 탄도가 다르
다. 즉 최대 사정거리로 사격시는 탄착할 때까지 포물선을 그
리면서 비행하지만, 절반으로 사격시는 비행도중 속도가 떨어

---

75) 金日成の 核ミサイル, p.28

노동2호 시험사격시 배치된 북한 함정

져 낙하시는 거의 수직으로 떨어지기 때문에 미사일의 탄도를 계산하면 사정거리를 판단할 수 있는 것이다.

또 일부 외국 언론들은 사정거리 1,000㎞를 사격하지 않은 데 대해서 실제 사정거리가 500㎞ 정도밖에 안 되는 것 아니냐고 의구심을 표명한 바도 있으나, 실제 대포동 사격장으로부터 750㎞ 떨어진 곳에는 일본의 이시가와(石川)현 노도(能登) 반도가 위치하고 있고, 900㎞ 되는 곳에는 일본 본토가 있기 때문에 1,000㎞를 시험사격할 수 없었을 것임을 추측하기에는 어렵지 않다.

노동1호의 제원에 대해서는 분석하는 기관마다 다소의 차이는 있으나 ①'94년도 분석한 미국의 '걱정하는 과학자연맹(UCS)'의 내용은 SCUD-B 미사일의 로켓 모터 4개를 집속시킨 1단 로켓으로 길이 15~16m, 동체 직경1.2~1.3m로 연료 및 산화제 용량을 SCUD-B 미사일의 4배 가량 증가시켰으며 탄두중량은 1,000㎏으로서 사정거리는 최소 916㎞~965㎞에 달할 것이고, 명중률(CEP)은 2.1㎞~6.4㎞로 분석했다.[76] ②그리고 최근('97년 4월)에 미국의 국방정보국과 중앙정보국 등의 정보 당국이 합동으로 노동1호 미사일을 분석한 결과 "노동1호 미사일은 4개의 로켓 모터를 사용하는 1단 로켓으로서, 길이 15.2m, 동체 직경 1.2m, 탄두 770㎏이며 사정거리는 1,300㎞이고, 명중률(CEP)은 약 3~4㎞로 저조한 편이다"[77]라고 결론을 내렸다.

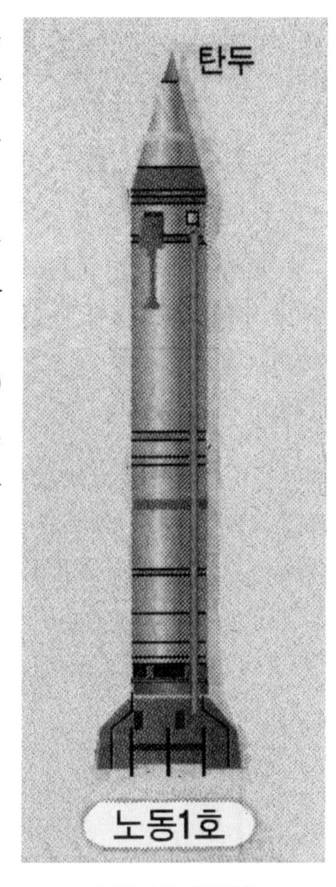

노동 1호 미사일

노농1호 미사일의 제원

분석기관	사정거리	탄 두 (kg)	전 장 (m)	직 경 (m)	CEP (km)	로켓 모터
미 국방부	1,300km	770	15.2	1.2	3~4	1단 로켓 (4개모터집속)
U C S	916~965km	1,000	15~16	2.1~6.4	2.1~6.4	1단 로켓 (4개모터집속)

---

76) 世界週報 1994.3.1. p.54
77) Jane's Defense Weekly 1997.5.28

이 노동1호 미사일의 개발개념은 이라크의 AL-Abbas 미사일과 유사하며 제원도 유사한 점이 있다.

노동1호 미사일과 AL-Abbas 미사일의 비교

미사일	사정거리	탄 두 (kg)	전 장 (m)	직 경 (m)	CEP (km)	로켓 모터
노동1호	1,300km	770	15.2	1.2	3~4	1단 로켓 (4개모터집속)
AL-Abbas	900km	-	13.75	0.88	-	1단 로켓 (2개모터집속)

그리고 노동1호 미사일 실전 배치를 위해서 북한은 이동발사대차량(TEL)을 새로이 제작하였는데 SCUD-B/C의 탑재차량 차체의 차축과 길이를 연장 개조 제작한 것으로 1994년8월부터 실전 배치 시험을 실시했고, '97년 3월부터 이동발사대 차량이 군사 인공위성에 의해서 관측되었고, 최근에는 평양 북방 100km 되는 지점에 이동발사대 차량에 탑재되어 있는 노동

노동1호 이동발사대차량(TEL)

1호 미사일 7기가 실전 배치되어 있음이 밝혀졌다.[78]

그리고 1996년 10월 4일까지 4개소에 노동1호 미사일 발사기지가 건설되었다. 이런 첩보들을 종합해 보면 노동1호 미사일 10여 기가 이미 실전 배치되어 있으며 앞으로 더 증가 배치될 것으로 전망된다.

한국 국방백서('97~'98)에도 "핵무기와 화학무기의 탑재가 가능하고 사거리가 1,000㎞ 이상인 노동1호 미사일의 시험발사에 성공하고 작전 배치 단계에 와 있다"고 밝히고 있다.

최근('98.7) 미 의회의 미사일 위협조사위원회가 작성한 보고서에 의하면 "북한은 미국이 파악했던 시점보다 훨씬 전에 이미 노동1호 미사일의 작전배치를 완료했다"고, 워싱턴타임지가('98.7.29) 보도한 바 있다.[79]

노동1호 미사일의 CEP가 3~4㎞나 되므로 1,300㎞ 떨어진 표적에 재래식 탄두를 탑재하여 사용하는 경우 명중시키기가 어려우므로 군사적 표적에 대한 위협은 그리 크지 않다고 판단할 수 있으나, 재래식 탄두라 하더라도 인구가 밀집된 대도시에 투하시에는 주민에게 미치는 심리적 효과는 대단히 컸었다는 것이 이라-이라크 전쟁과 걸프전에서 증명된 바 있다. 더욱이 핵이나 화학탄을 탑재하는 경우는 상황이 전연 달라진다. 핵이나 화학탄의 가공할 대량 파괴력과 살상력은 미사일의 명중률 오차를 훨씬 상회할 뿐만 아니라, 현대무기로도 탄도미사일에 대한 방어는 매우 어렵다는 사실을 감안하면 노동

---

78) 한국일보 1997.9.22, 중앙일보 1997.6.1(Jane's Defense Weekly지 인용), 軍事研究 1997.10, p.176
79) 한국일보 1998.7.30

1호 미사일의 실전배치는 우리에게 현실적으로 큰 위협이 되고 있다. 특히 사정거리가 1,300㎞에 이르면 한반도 전쟁시 한국방위를 지원하게 될 미군의 주요한 군사시설들이 위치하고 있는 일본 전 열도가 북한의 미사일 공격 사정권 내에 놓이게 된다는 것은 미국의 한반도 전략에도 큰 영향을 미칠 것으로 보여진다.

이 노동1호 미사일 시험발사로 가장 놀란 것은 일본이다. 이때까지만 해도 일본은 북한 미사일의 사정권 외에 있었으므로 위협으로 느끼지 않고 있었으나 1,300㎞에 달하는 노동1호 미사일의 사정거리는 일본의 '오끼나와'를 제외한 일본 본

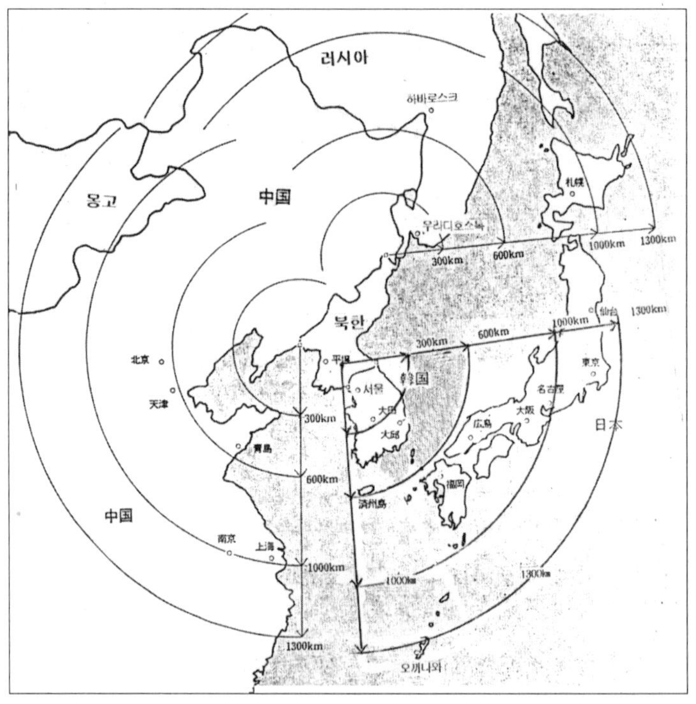

노동1호 미사일의 사정권

토 전체가 사정권 내에 들어가게 된다는 사실에 놀랐다. 또 이 당시(1993년) 북한이 2~3개의 핵무기를 완성했을 가능성이 높다는 서방측의 분석이 나오고 있었을 때인지라 일본은 북한의 핵미사일 공격 가능성이 현실화된다는 데에 신경을 곤두세우지 않을 수 없었을 것이다.

그리고 중동지역에서도 북한의 노동1호 미사일에 대한 관심이 높아지고 있다. 이란을 비롯한 리비아, 시리아 등이 그러하다. 특히 이란은 ′93년 5월 노동1호 미사일 시험발사 때 대표단을 파견하여 현장에 참관하는가 하면 북한에 재정적 지원을 하면서 노동1호 미사일 수입태세를 갖추고 있는 나라로 판단한 바 있는데, ′97.4.11 워싱턴 포스트지의 보도에 의하면 "이란은 노동1호 미사일 150기를 수입했다는 첩보가 있다"고 했다.

이 첩보의 가능성을 뒷받침할 수 있는 것은 지난 ′96년 9월에 '모하마드 포루잔데' 이란 국방장관이 북한을 방문하여 '북한·이란 군사협력의정서'에 서명한 것으로 알려졌으며, 그 내용은,

① 북한의 미사일 수출과 기술 제공

② 북한 미사일의 이란 영토 내에서 발사시험 등이며[80]

여기서 언급한 미사일은 '노동1호 미사일'을 지칭하는 것으로 분석되기 때문이다.

이란은 이란-이라크 전쟁 때 이라크의 AL-Hus-sien 미사일공격으로 '테헤란'에 큰 혼란을 야기했던 쓰라린 경험이 있는데다 전후에 이라크의 AL-Abbas 미사일(사정 900km)

---

80) 중앙일보 1996.9.3

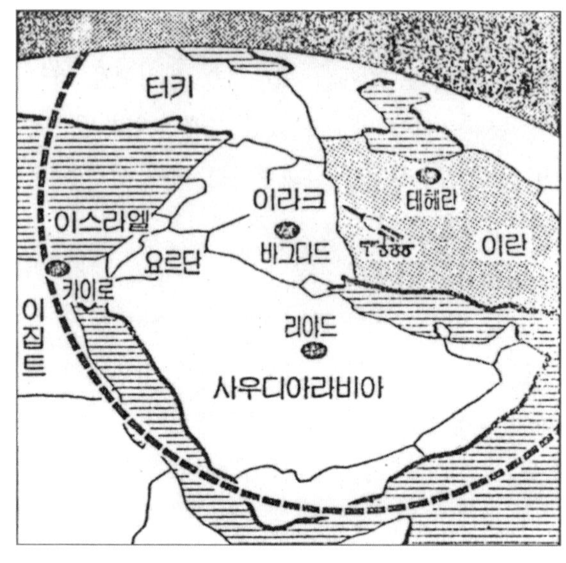

노동 1호가 이란에 배치시 노동1호 사정권

개발로 이란은 계속 사정거리가 이라크의 미사일에 미치지 못하고 있었으므로 이란의 입장에서는 노동1호 미사일(사정 1,300km) 만 확보하면 Out-Range[81]가 달성되는 가장 소망스러운 미사일로 생각하고 있을 것이다.

아직 노동1호 미사일이 중동에 수출되었다는 확인된 보도는 없으나, 경제적 파탄에 직면하고 있는 북한이 노동1호 미사일 1기에 700만$이나 되는 고소득 수출상품을 중동에 수출하지 않으리라는 보장은 없다.[82]

만일 중동에 이 미사일이 수출되는 경우 이스라엘을 포함한 미국 우방국가들에게 심대한 위협이 될 것이기 때문에 미국은 북한의 미사일 수출을 저지하기 위해서 '96년부터 미·북 미사일회담을 시작하고 있다.

---

81) Out-Range: 아측 미사일이나 포의 사정거리가 적측의 사정거리보다 길어지는 것을 말함.
82) 북한군의 특수무기, p.57 기당 약 700만$

5. 대포동1호 및 대포동2호 미사일

가. 대포동1호 미사일

1993년 5월 사정거리 1,300㎞의 노동1호 미사일 시험 성공 이후 미국과 한국 등이 북한의 장사정 미사일 개발에 신경을 곤두세우고 있을 때, 미국 하원의 외무위원회에 제출된 '93.9.14의 보고서에 의하면 "북한은 사정거리 1,500~2,000㎞의 노동2호[83] 미사일을 개발 중에 있으며 '95년 이후 생산이 시작되어 '98년까지는 본격적인 생산체제에 들어갈 것이다"라고 기록되어 있다.[84]

이 내용을 보면 북한은 '93년 이전부터 노동1호보다 더 긴 장사정의 미사일을 개발하고 있다는 첩보가 입수되고 있었음을 짐작할 수 있다.

그 다음해 1994년 2월 미국의 첩보위성이 탐지한 바에 의하면 북한의 대포동 미사일센타 내에 있는 '산음연구소'(山陰研究所)라는 미사일 연구시설에서 2단 로켓 형태의 새로운 미사일 2기가 제작중인 것이 확인됨으로써 북한이 노동1호 미사일보다 더 장사정의 미사일을 개발하고 있음이 입증되었다.

정보낭국이 새로이 발선된 2기의 미사일 중 된체기 꺽은 미사일을 '대포동1호 미사일', 큰 미사일을 '대포동2호 미사일'로 이 지역의 명칭을 따서 명명하게 되었다.[85]

이 대포동 명칭이 부여되기 전에 노동1호 미사일보다 장사정의 미사일이 개발되고 있다는 미확인 미사일을 '노동2호 미

---

83) 대포동1호 미사일을 뜻함.
84) 조선일보 1993.9.16, 북조선인민군의 전모, p.130
85) Air Space Daily紙 1994.10.1, 조선일보 1994.3.20

사일'로 불려지기도 하였다. 그러나 이 노동2호 미사일은 대포동1호 미사일로 통일하게 되었다.

사실상 북한은 노동1호 미사일 개발이 거의 완성단계에 접어들어 발사시험을 시작하던 1990년부터는 더 장사정의 미사일 개발을 위해 다단계 로켓 방식의 미사일 연구개발을 시작하고 있었던 것이다.

당시 북한으로서는 일본 본토에 있는 미군기지뿐만 아니라 동북아에 있는 미국의 주요 군사기지인 오키나와(평양에서 1,400㎞)와 필리핀, 괌도 이상까지도 미칠 수 있는 장사정 미사일을 보유해야만 한반도 유사시 미국의 군사적 지원을 차단할 수 있을 것이고, 특히 핵무기 개발과 병행해서 개발이 되면 이는 곧 북한의 체제위기를 극복할 수 있고 또 당면한 경제위기도 극복할 수 있을 뿐만 아니라 미국과 대등하게 협상을 벌일 수 있고 국제적 지위와 영향력도 확보할 수 있는 최상의 위협적인 전략무기가 될 것이라는 전망에서 대포동 미사일 개발에 착수하게 되었다고 보여진다.

대포동 미사일 개발에는 외국의 미사일 전문가들이 많이 참여한 증거들이 있다. 그 한 예가 1993년 10월 북한으로 출발하려던 러시아인 기술자 32명이 모스크바 공항에서 출국금지를 당한 사건이다.86) 이들 기술자 중에는 중거리 미사일의 전문가와 로켓 엔진 전문가 그리고 로켓 내열재료(耐熱材料) 전문가들이 포함되어 있었다. 대포동 미사일과 같은 수준의 장사정 미사일 개발에는 다단계 로켓이 요구되기 때문에 강력한 추력을 낼 수 있는 새로운 로켓 엔진 개발과 장사정에

---

86) 軍事硏究 1994.6, p.104

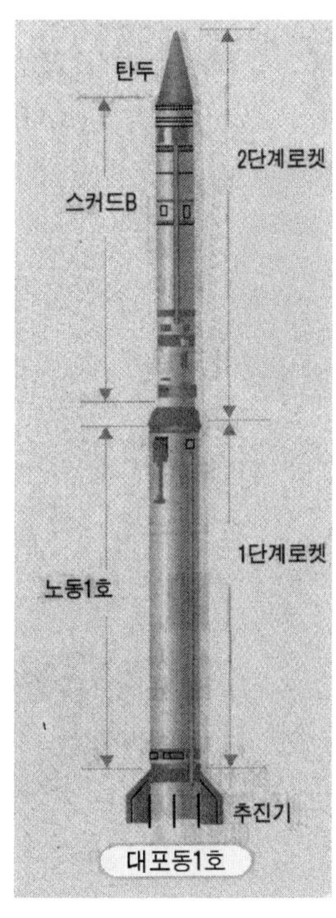

대포동 1호 미사일

서 오는 오차를 감소시키기 위해서 정밀한 관성유도장치의 개발 그리고 대기권으로 재진입시에 발생하는 고열에 견딜 수 있는 탄두의 내열문제가 해결되어야 하는데, 이러한 분야에 전문기술자인 러시아 및 구 동독인 기술자 30～50여 명을 ′90년부터 ′92년 사이에 비밀리에 입북시켜 대포동 미사일 개발에 참여시키고 있었다.[87]

북한은 지금까지 개발한 SCUD-B/C 개량형 미사일과 노동1호 미사일 개발과정에서 습득한 기술과 외국인 기술자의 참여로 대포동 미사일 개발이 상당히 진전되고 있을 것으로 보여진다.

′94년 2월 대포동 미사일이 첩보위성에 의해 처음 탐지된 4개월 후인 ′94년 6월 14일 대포동 미사일 센타의 산음동 미사일 연구시설에서 대포동 미사일의 추진체로 추정되는 로켓 수직분사시험을 실시하는 것이 첩보위성에 의해서 다시 식별되었고,[88] 이로부터 6개월 후인 ′94년 12월에도 역시 같은 장소에서 로켓 엔진을 시험하는

---

87) 金日成の 核ミサィル, p.2, 軍事研究 1994.8, p.57,
   軍事研究 1994.6, p.104
88) 조선일보 1994.7.1.

것이 러시아의 정보당국에 의해서도 확인된 바 있다.[89]

이런 일련의 시험들이 진행되는 과정을 추정해 보면 '94년 말 현재 대포동 미사일 개발연구가 상당히 진척되어 가는 것을 실감할 수 있다.

Jane's Intelligence Review지의 Joseph S. Bermudez Jr 박사는 대포동1호는 2000년 이전까지 작전배치를 못할 것으로 추정했으나, 현재 상황으로는 1996년에 실용화될 수 있는 것으로 추정한 바 있다.

또한 '97년 미 하원에 제출된 미국 정보기관의 보고서에 의하면 대포동1호 개발은 예상한 것보다는 훨씬 빨라서 2000년 전후에는 시제품이 완성될 것으로 전망했다.[90]

1996.9.10 러시아가 한국측에 전달한 러시아 정보당국 보고서의 자료에 의하면 대포동1호 미사일의 제원은 2단 로켓방식으로, 제1단계 로켓은 노동1호 미사일 로켓을 사용하고, 제2단계 로켓은 SCUD-B 개량형 미사일을 접속시켜서 사용하는 미사일로, 사정거리는 1,700㎞~2,100㎞, 탄두는 1,000㎏까지 탑재 가능하며 전체의 길이는 23.3m가 되고, 직경은 제1단이 1.2m, 제2단은 0.88m로 북한 최초의 2단 로켓미사일이다.[91]

이상과 같은 첩보들을 종합해 보면 1996년~2000년 사이에 사정거리 1,700~2,100㎞의 다단계 중거리탄도미사일인 대포동1호 미사일이 완성될 것으로 추정된다.

---

89) 서울신문 1995.9.11
90) SAPIO 1997.8.6, p.90
91) 러시아 당국이 한국에 제공한 제원임.(서울신문 1995.9.11)

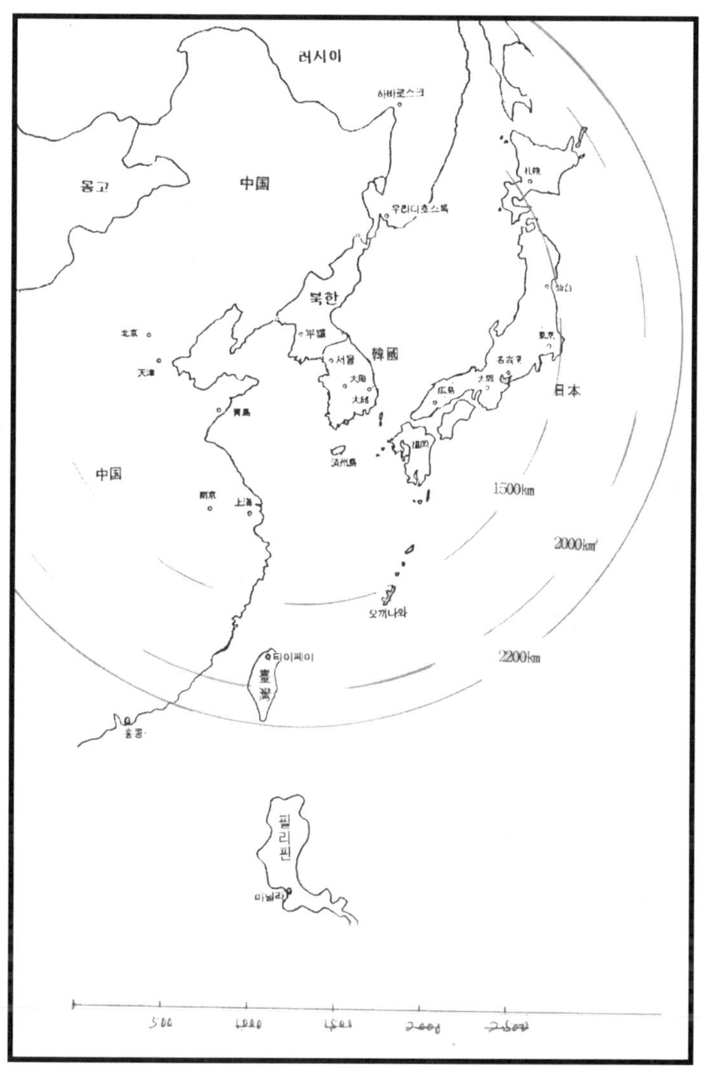

대포동 1호 미사일의 사정권

1998.8.31 12:07에 북한의 대포동 미사일 사격장에서 새
로운 다단계 미사일이 발사되어 대포동으로부터 13,000~
16,000㎞ 떨어진 일본 아오모리(靑森)현 미사와(三澤) 동북

방 580㎞ 지점의 북태평양상에 낙하함으로써 대포동1호 미사일임이 확인되었다.(상세한 것은 '다'항 광명성1호 참조)

대포동1호 미사일 제원[92]

출　처	사정거리 (km)	길이 (m)	직경 (m)	탄두 (kg)	추진 방식	추정생산 년도
러시아 정보당국	1,700~ 2,100	1단:12.0 2단:11.3	1단:1.2 2단:0.88	770~ 1,000	2단추진	
미 하원 외무위원회	1,500~ 2,000	-	-	-	-	'95~'98
시험발사	탄착 1,300~ 1,600	-	-	-	2단추진	'98.8.31 발사

　　대포동1호 미사일의 시험성공에 따라 일본 전역과 태평양상의 주요 미군기지들이 이 미사일의 사정권 내에 들어가게 되므로 동북아 지역은 또다른 안보 위협에 직면하게 된다.

나. 대포동2,3호 미사일

　　현재 대포동1호 미사일과 동시에 개발중에 있는 대포동2호 미사일에 대해서 언급한 '95.5.11 미 국가첩보분석(NIE) 보고서에는 "북한이 알래스카와 하와이 열도 일부를 충분히 공격할 수 있는 대포동2호 미사일을 개발중인 것으로 판단하고 있다"[93]고 했다.

　　미·북 미사일회담의 미국 수석대표인 '로버트 아인호른'도 '97. 9.19 "북한은 알래스카를 강타할 수 있는 사정거리

---

92) 러시아 당국이 한국에 제공한 제원임.(서울신문 1995.9.11)
93) 워싱턴 타임 1995.5.14, 국민일보 1996.5.15

4,500㎞의 대포동2호 미사일을 개발중에 있다"고 했다.94)

미국의 국방정보국(DIA)에서도 컴퓨터로 모의실험한 결과 역시 대포동2호의 사정거리는 4,300~6,000㎞로 추정했으며, 이는 태평양의 괌도와 알래스카 정도를 위협할 수 있을 것으로 평가했다.95)

최근('95.9) 러시아 정보 당국은 "대포동2호는 2단 로켓으로서 1단의 직경은 2.4m, 길이는 16.2m인 미확인 추진체 위에 2단 로켓인 직경 1.2m, 길이 16m의 노동1호를 얹고 1,000㎏의 탄두를 실을 수 있도록 제작되었으며 사정거리는 4,300~6,000㎞가 될 것으로 분석한 비교적 상세한 자료를 제시했다. 그리고 이 미사일에 관성항법장치의 안전성 확보와 탄두중량 조절, 연료분사장치 개발 등의 몇 가

대포동 2호 미사일

지 기술적인 보완작업을 마치면 미국 본토를 직접 공격할 수 있는 사정거리 9,600㎞에 이를 것으로 판단하고 있다고 했다.96)

---

94) 워싱턴 타임 1997.9.20
95) 서울신문 1995.9.11
96) 러시아 정보보고서(서울신문 1995.9.11)

미국의 정보를 인용한 Jane's Intelligence Review지는 "대포동2호 미사일은 전장 32m의 2단 로켓로 제1단 로켓의 직경은 2.4m, 길이는 18m이며, 제2단 로켓의 직경은 1.3m, 길이 14m로, 제2단 로켓은 노동1호 미사일과 대등하다. 탄두 중량은 1,000kg이고 사정거리는 4,000㎞에 달할 것이고, 대담한 추정으로는 9,600㎞에 이를 것이다"[97]라고 했다.

대포동 2호 제원

출 처	사정거리(km)	길이(m)	직경(m)	탄두(kg)	추진방식
러시아 정보보고서	4,300-6,000 최장 9,600	32.2 1단: 16.2 2단: 16.0	1단: 2.4 2단: 1.2	1,000	2단추진 1단: ? 2단:노동1호
Jane's. I. R	2,000-4,000 최장 9,600	32.0 1단: 18 2단: 14	1단: 2.4 2단: 1.3	1,000	2단추진 1단:? 2단:노동1호

그리고 대포동2호 미사일의 미확인 추진체(1단 로켓)는 중국의 대륙간탄도탄인 동풍4호 미사일(CSS-3)의 1단 로켓과 유사한 것으로 추정하는 견해도 있다.[98] 그 이유는 '90년 김일성이 중국을 방문하여 미사일 기술지원을 요청한 이래 북한은 중국으로부터 미사일과 관련한 구체적인 기술지원을 받아 왔다는 점과 또 인공위성에서 확인된 대포동2호 미사일의 외형으로 제원을 계산해 보면 중국의 동풍4호 미사일의 성능에 필적하고, 또 연료분사장치, 추진체 등 주요 구성품이 거의 유사하기 때문이다.[99]

---

97) 軍事研究 1994.6 p.103.104, 전략연구 1997.3 p.272
98) 金日成の 核ミサィル, p.23

미국의 Dietrich Schroeer 교수는 대포동2호 미사일의 1단 로켓을 중국의 동풍3호 미사일의 1단 로켓 엔진을 사용했을 것으로 보는 견해도 있으나[100) 동풍3호 미사일의 사정거리가 3,000㎞인 점을 감안하면 이 로켓 엔진으로 대포동2호 미사일의 사정거리를 약 10,000㎞를 충족하기는 어려울 것으로 판단된다.

대포동2호 미사일과 중국의 동풍3,4호 미사일의 비교[101)

미사일	사거리	전장	직경 (1단)	탄두중량	추진체	유도방식	추진방식
대포동2호	4,300~ 6,000㎞	32m	2.40m	1,000kg	액체연료	관성유도	2단로켓
동풍4호	7,000㎞	31m	2.25m	2,200kg	액체연료	관성유도	2단로켓
동풍3호	2,000~ 3,000㎞	19m	2.25m	-	액체연료	관성유도	2단로켓

그리고 대포동2호 미사일의 사정거리에 관해서 미국은 알라스카와 하와이까지 운반할 수 있는 약 6,000㎞에 이를 것으로 판단하고[102) 이 미사일의 시험사격이 임박하고 있는 것으로 보도되고 있다.[103)

그리고 추가적으로 개발 중인 미 본토까지 도달할 수 있는 9,600㎞ 이상의 대륙간 탄도 미사일은 "대포동3호" 미사일로 불리어 질 것으로 전망된다.

---

99) 軍事硏究 1996.1, p.176
100) 전략연구 1997.3, p.27
101) 세계유도무기, p.20.21 軍事硏究 1994.6, p.104
102) 한국일보 1999. 2. 4.
103) 조선일보, 동아일보 1999. 7. 14

또 대포동2호 미사일이 실용화되는 시기에 대한 분석이 다양하다.

미국 중앙정보국이 작성한 '95년 11월의 보고서에는 "미국 본토를 공격할 북한의 미사일은 적어도 향후 15년(2010년까지) 내에는 보유하지 못할 것으로 판단하였다."104)

이에 대해 미국의 탄두미사일 방위국장 '맬컴 오닐' 중장은 "미국의 정보관계자들이 예상하는 것보다 이른 시기에 북한은 미국 대륙을 공격권에 포함하는 미사일을 보유할 가능성이 있다"고 경고하고 나섰다.105)

'97년 미 하원에 제출된 미 정보기관의 비밀보고서에 의하면 "본격적인 ICBM의 보유국이 될 장거리 미사일 대포동2호의 개발도 예상보다 빨리 진척되어 2005년 전후에 첫번째 발사시험을 실시할 가능성이 크다"고 했다.106)

또 Jane's I.R.지의 상담역인 Burmudez Jr 박사도 대포동2호 미사일이 2000년까지는 작전배치하지 못할 것으로 판단했으나 최근에는 2000년에 실용화할 수 있을 것으로 판단된다고 했다.107)

1996년의 러시아 정보당국의 보고서도 대포동2호는 2000년경에 실전 배치할 것으로 분석했다.

이처럼 미사일 관련 전문가들은 대부분 북한의 대포동2호 미사일의 실용화 시기는 그 정확성과 신뢰성과는 별도로 2000년 초엽에는 개발이 완성되고 실용화할 수 있을 것으로 추정하고 있다.

---

104) 조선일보 1996.12.6
105) 동아일보 1996.6.16
106) SAPIO 1997.8.6, p.90
107) 북한군의 특수무기, p.29

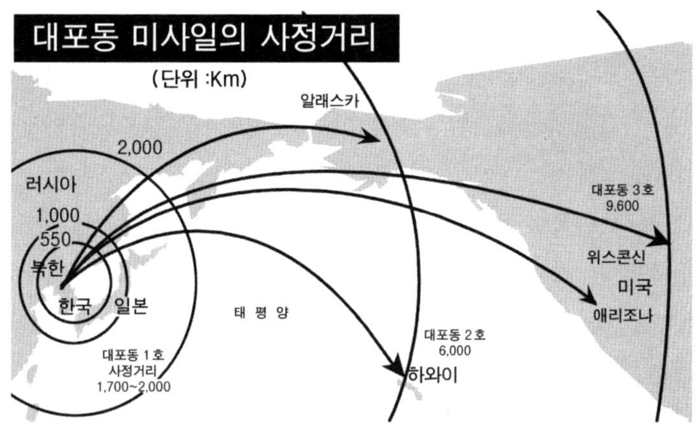

북한 미사일 종류 및 사정거리

가장 최근('98년 7월)에 미 의회의 미사일위협 조사위원회가 작성한 보고서에 의하면 "북한이 대포동2호 개발을 위해 전력을 다하고 있다는 증거가 있다. 지도부의 결심만 서면 6개월 이내에 미국 본토까지 공격할 수 있는 10,000km의 ICBM 시험발사 및 배치를 마무리할 수 있다"고 '98.7. 29 워싱턴 포스트지가 보도했다.[108] 이 보도는 대포동 2호 미사일은 이미 완성되었고 시험발사만 남겨두고 있으며 실용화되는 날이 다가오고 있다는 내용이다.

북한이 아직 대포동2호 미사일 시험발사를 결정하지 못하고 있는 것은 이 장사정 미사일은 미국을 타격할 전략무기임이 너무도 분명하기 때문에 미국의 저항에 대한 처리문제를 심사숙고하고 있을 것이고 또 한편으로는 이것을 카드로 미국과의 협상을 통해서 실리를 추구할 것을 고려하고 있을지도 모른다.

대포동1, 2호 미사일이 실용화되면 한반도는 물론 동북아,

---

108) 한국일보 1998.7.30

미 본토까지 위협요소가 될 것이며, 또 이들 미사일이 중동의 이란이나 리비아에 제공되면 중동은 물론 아프리카와 유럽까지도 위협이 확산되는 국제적 안보에 심각한 문제를 야기할 수 있을 것이다.

그래서 미국은 북한의 미사일 수출을 저지하기 위해서 '96년 4월에 제1차 미·북간 미사일의 개발, 수출규제 및 MTCR 가입에 관한 회담을 독일 베를린에서 실시하였고, '97년 6월에는 뉴욕에서 제2차회담을 실시하였으나 아직까지 시원스런 성과를 거두지 못하고 있으며 제3, 4차회담도 마찬가지였다.

사실 미국은 북한을 MTCR[109]에 가입시켜 수출을 중지시키려는 구상이지만 탄도미사일은 북한의 중요한 외화획득 수단으로 되어 있어 상당한 경제적, 정치적 보상이 없는 한 북한이 쉽게 미국의 요구를 수용하지 않을 것으로 보여지고 있는 차제에, 최근 미 하원 국제관계위원회 '피터 부룩스' 보좌관이 방북을 마치고 '98.8.20 귀국하면서 워싱턴 포스트지와의 회견에서 "북한은 미국이 연간 5억\$(북한 연간 수출액의 1/5에 해당)을 지원한다면 이란 등 중동국가들에 미사일 수출을 중단하겠다고 밝혔다"[110]는 보도를 보면 북한의 숨겨진 의도를 읽을 수 있으며 또 이 미사일 문제를 하나의 협상카드로 쟁점화할 것으로 전망된다. 앞으로 이 미사일 회담은 재개될 것이며 북한은 이 회담에서 무언가 큰 실리를 추구하려

---

109) MTCR : Missile Technology Control Regime의 약자로 "미사일 기술 통제체제"를 말하며, 그 내용은 핵탄두 운반수단의 최소한 수치인 사정거리 300㎞이상 탄두중량 500㎏이상의 성능을 가진 탄도미사일을 타국에 수출하거나 기술이전을 금지한 규정이다.(부록 #11. MTCR 참조)
110) 조선일보 1998.8.21

할 것임에 틀림없다.

다. 광명성(光明星) 1호

앞 항에서 언급한 바와 같이 대포동1호와 대포동2호 미사일이 개발중에 있음이 '94년도에 미국의 첩보위성에 탐지되었으며, 대포동1호 미사일은 '96년부터 2000년 사이에 완성될 것으로 전망되고 있었다.

그런데 '98.8.31 북한의 대포동 미사일 시험장에서 이때까지 1단 로켓 이외 발사한 적이 없는 새로운 다단계 추진 미사일이 발사되어 일본 열도의 영공을 통과하여 북태평양상에 낙하함으로써 한국과 일본, 미국의 정보 당국자들을 놀라게 했다.

그리고 북한은 '98.9.4 중앙통신으로 "다단식 운반 로켓에 의한 최초의 인공위성 '광명성1호'를 발사, 궤도 진입에 성공했다"고 발표하고, 이어서 "'광명성1호' 인공위성은 궤도에 진입하여 27메가 헤르츠(Hz)의 단파대역으로 김일성 노래를 방송하고 모스(Morse) 신호를 보내고 있다"고 주장했다.

다단계 로켓이 발사된 것은 확인되었으나 인공위성에서 송신하고 있다는 27메가 헤르츠의 노래나 모스 신호를 포착했다는 보고는 지금까지 세계 어느 곳에서도 확인되지 않고 또 궤도를 돌고 있다는 어떤 소속불명의 인공위성도 관측되지 않고 있다고 미국의 통합우주사령부에서 발표한 바 있다.111) 그래서 '98.9.15 미 국무성과 국방성은 "북한의 인공위성은 위성 궤도 진입에 실패한 것 같다"고 발표하였다.

---

111) 軍事研究 1998.11, p.38

　결과적으로 북한이 발사한 '광명성1호'라는 로켓은 인공위성 발사목적이 아닌 대포동1호 미사일 발사시험이며, 탄두에 인공위성을 장착 발사시킴으로써 미사일 발사 시험에 대한 세계의 비난을 피하고 대신 인공위성을 발사할 수 있는 미사일 능력을 세계에 과시하려는 것으로 분석되었다.

　인공위성 발사이든, 미사일 발사이든 모두 로켓 발사체를 이용하는 것이므로 본질은 같다. 로켓의 선단에 위성을 장착하면 위성발사 로켓이 되고, 탄두를 장착하면 미사일이 되는 것이다.

　이번 북한이 발사한 미사일은 대포동1호 미사일(2단 로켓)에 인공위성을 탑재한 3단 로켓이었으나 인공위성을 탑재한 제3단계 로켓이 발사에 실패함으로써 1단과 2단의 대포동1호 미사일의 발사는 성공한 것으로 보여진다. 발사시험 결과를 발표한 내용을 보면 다음과 같다.112)

- 발사일시: 1998. 8. 31 12:07
- 발사장소: 함북 화대군 무수단리 대포동 미사일 발사장
- 발사체낙하(1단): 발사지점으로부터 253㎞ 떨어진 북위 40° 51′ 동경 139° 40′ 의 동해상에 낙하.
- 탄두(위성포함)낙하: 발사지점으로부터 1,646㎞ 떨어진 미사와 (三澤)시 동북방 580㎞(북위 40° 11′ 동경 147° 50′) 북태평양 해상에 낙하(12:14~17)
- 탄두낙하시간 : 12:14~12:17

---

112) 상게서, p.30

즉 이번 발사과정에서 관심을 끄는 것은,

① 발사지점으로부터 탄두 낙하지점까지의 사정거리가 1,380㎞(한국 발표) 또는 1,646㎞(북한 발표)로 노동1호 미사일(1,300㎞)보다는 장사정이고,

② 로켓은 2단 로켓(북한은 3단이라고 발표했으나 3단 발사는 실패)으로 노동1호의 1단보다는 다단계 로켓이라는 점.

③ 탄체와 탄두가 분리하는 실험에 성공하였다는 점.

④ 발사과정의 영상을 보면 로켓의 분사배기가 여러 개가 아니고 단일 노즐을 가진 것으로 보였는데 이는 강력한 새로운 로켓 엔진을 개발한 것으로 판단할 수 있다.

이상의 여러 가지 상황을 종합해 보면 이번 다단계 미사일의 발사체는 대포동1호 미사일인 것으로 판단되며, 이미 앞 항에서 판단한 제원과 별 차이가 없다. 다만 강력한 새로운 로켓 엔진의 개발과 동시에 다단계 로켓을 발사할 수 있는 미사일 기술이 상당히 진전된 점이라 할 수 있다.

이번 발사과정을 지켜본 미 국방부는 "북한이 사정거리 2,000㎞에 달하는 다단계 추진 미사일 발사에 성공한 것은 처음이다"라고 공식 발표했다.[113]

그리고 이제 남은 대포동2호 미사일의 발사시험도 2000년 초엽에 있을 것이라는 예상보다 훨씬 빨리 다가올 것으로 군사전문가들은 내다보고 있다.

---

113) 한국일보 1998.9.1

第4節 북한의 미사일과 미사일 기술 수출

북한은 만성적인 식량난과 경제난 속에서도 군사력을 계속 증강하고 있다. 특히 핵과 미사일 분야에 중점 투자해 오고 있다.

사실 북한의 인민경제와 군대경제는 분리되어 있다. 군대경제는 정부예산 중 국방예산 외에 국방위원회 산하의 제2경제위원회에서 미사일을 비롯한 무기류를 외국에 판매한 자금과 또 군 자체의 무역상사에서 벌어들인 자금 그리고 주석궁에서 지원되는 특별자금 등을 군예산에 추가로 투입함으로써 당초 국방예산의 배나 되는 예산으로 군을 유지하고 전력을 증강하고 있는 것이다. 특히 제2경제위원회에서 외국에 무기를 수출하여 벌어들이는 자금의 대부분은 미사일 판매 대금이다.

중동에 수출하는 SCUD-B/C 미사일의 가격은 기당 200~250만$, 노동1호 미사일은 기당 700만$에 거래된다고 한다.114)

북한은 미사일 수출뿐만 아니라 미사일 기술도 수출하고 있다. 사실 이 미사일과 미사일 관련 기술은 MTCR 규정에 의해 판매가 금지되고 있으나 북한은 아직까지 이 MTCR에 가입하지 않고 있다.

---

114) 조선일보 1996.10.21. 北韓軍의 特殊武器能力과 開發展望. p.57

1. 북한의 미사일 수출

북한이 1985년도에 SCUD-B 개량형 미사일을 개발한 이래 '87년도부터 미사일 수출을 계속하고 있으며 '96년까지 수출한 물량은 SCUD-B/C 미사일만 약 370여 기에 이른다고 한국 통일원에서 밝혔다.115)

알려진 바에 의하면 최초의 수출은 1987년도부터 1년여 사이에 SCUD-B 개량형 미사일을 이란에 100여 기를 수출하였으며, SCUD-C 개량형 미사일이 개발되자 '91년도부터 이란에 다시 100여 기 그리고 시리아에도 약 60기를 수출하였다고 알려지고 있다. 그리고 이란과 시리아 이외 이라크, 리비아, 이집트 등 중동국가에도 수출한 것으로 알려졌으나 정확한 숫자는 알려지지 않고 있다.

북한은 미사일 완성품뿐만 아니라 미사일 부품과 이동발사대차량(TEL)도 이란과 시리아, 이집트에 수출한 것으로 알려지고 있다.116) 뿐만 아니라 북한과 이란과의 미사일협정(1985년도 SCUD-B 개량형 미사일에 대한 협정, 1990년도의 SCUD-C 개량형 미사일협정, 1996년도의 군사협정)에 따라 SCUD-B/C 개량형 미사일 정비 및 조립공장을 지원해 준 바 있으며 최근에는 이란에 노동1호 미사일과 관련된 컴퓨터 소프트웨어와 부품을 수출했으며 약 150대의 노동1호 미사일을 수출하도록 계약을 체결했다는 첩보도 전해지고 있다.117)

이집트도 T-미사일(사정거리 450km) 개발시 북한으로부터

---

115) 중앙일보 1996.11.4
116) 第2次朝鮮戰爭, p.126, 서울신문 1997.8.23, 조선일보 1996.6.26
117) 워싱턴 포스트 1997.4.11, 한국일보 1998.6.18

기술지원을 받았으며, '96년도에 SCUD-C 미사일 부품과 이
동발사대차량을 수입했다고 알려지고 있으며118) 파키스탄 역
시 노동1호 미사일 12기와 부품을 수입했다고 전해지고 있
다.119)

또 최근에는 베트남에 SCUD-C 개향형 미사일을 수출했다
는 사실이 보도120)됨으로써 북한은 8개국(이란, 이라크, 시
리아, 리비아, 이집트, 쿠바, 파키스탄, 베트남)에 미사일 및
미사일 기술을 수출하고 있음이 확인되고 있다.

이처럼 북한은 미사일과 미사일 관련부품, 이동발사대차량
그리고 미사일 기술을 중동국가에 수출하여 연간 5억$을 벌
어들인 것으로 추정된다121)고 보도되고 있으며, 최근에 와서
노동1호 미사일을 수출하고 있다는 첩보가 사실화되면 상당
한 외화를 획득할 수 있을 것이다.

북한은 '98.6.16 중앙통신을 통해 "우리의 미사일 수출은
당장 필요한 외화를 획득하기 위한 것이며 미국은 진정으로
우리의 미사일수출이 중단되기를 원한다면 하루 빨리 경제제
재를 해제하고 미사일 수출 중단으로 야기되는 우리측의 손해
를 보상해야 한다"122)고 했으며, 2개월 후인 '98.8.20 워싱
턴 포스트지는 "북한은 미국이 연간 5억$을 지원한다면 이란
등 중동국가들에 미사일 수출을 중단하겠다고 밝혔다"123)고
보도했다.

---

118) 한국일보 1998.6.18
119) 한국일보 1998.6.18
120) 한국일보 1999.4.16
121) 조선일보 1996.10.21
122) 한국일보 1998.6.18
123) 조선일보 1998.8.21

그리고 '98.10.1에 시작된 제3차 미·북 미사일협상시 북한은 미사일 수출 중단 대가로 최소 3년간 10억$씩 보상을 요구함으로써 협상이 결렬된 바 있다. 이상의 내용들을 감안하면 북한은 미사일 수출에서 상당한 외화를 획득하고 있음을 알 수 있으며, 미·북간의 미사일협상에서는 북한이 미사일 수출에서 얻는 것 이상의 경제적, 정치적 실리를 미국으로부터 받아내려 할 것은 확실하다.

2. 이란의 '샤하브-3(Shahab-3)' 미사일과 노동1호 미사일

1998.7.24 뉴욕 타임지는 "1998.7.22 아침 이란은 사정거리 1,300㎞의 '샤하브-3' 미사일을 시험발사한 결과 성공적이었음을 미국의 첩보위성이 포착했으며 이 미사일의 부품과 기술은 북한으로부터 들어온 것 같다"고 미 행정부 관리의 말을 인용 보도했다.124)

다음날 백악관 대변인 '마이크 메커리'도 "이란이 발사한 샤하브-3 미사일은 북한으로부터 노동 미사일 기술을 제공받아 개발한 것이라고" 밝혔고125) 이어서 이란 정부도 사정거리 1,300~1,500㎞, 탄두중량 745kg의 샤하브-3 미사일의 시험발사에 성공했다고 공식 발표(1998.7.25)했다.

사실 샤하브-3 미사일에 관해서는 이미 발사 7개월 전인 '97.9.10에 미 CIA와 이스라엘의 정보보고서는 노동1호를 모방한 샤하브-3 및 4 미사일이 개발중에 있다고 보도한 바

---

124) 한국일보 1998.7.24
125) 한국일보 1998.7.25

있다.126)

보도된 바와 같이 이번 이란의 샤하브-3 미사일은 북한의 노동1호 미사일을 모방했으리라는 가능성을 여러 면에서 엿볼 수 있다.

① 이란의 샤하브-3 미사일과 노동1호 미사일의 제원을 비교해 보면 상세한 것은 아직 알려지지 않았으나 발표된 사정거리와 탄두중량은 거의 유사함을 알 수 있다.

샤하브-3 미사일과 노동1호 미사일의 비교

미사일	사정거리	탄두중량	전장	직경	로켓
샤하브-3	1,300~1,500km	745kg	-	-	-
노동1호	1,300km	770kg	15.2m	1.2m	2단로켓

② 최근('98.6.18) 보도에 의하면 이란은 북한으로부터 노동1호와 관련된 컴퓨터 소프트웨어를 수입했으며, 또 '97년 4월에 노동1호 미사일을 수입했다는 첩보가 있었음을 상기하면 이를 모방했을 가능성은 충분하다.

③ 과거 북한과 이란은 미사일협정을 맺어 미사일과 미사일 기술을 상호지원한 우호관계를 보거나 '93년 5월 노동1호 미사일 시험발사시 이란의 대표단을 파견한 것, 그리고 '96년 9월에 미사일 수출과 관련한 군사협력을 다시 체결한 것 등을 고려하면 북한은 이란의 샤하브-3 개발에 미사일 부품과 기술지원을 했으리라는 것을 짐작하기에 어렵지 않다.

---

126) 워싱턴 포스트 1997.9.10 (동아일보 1997.9.1)

④ 또한 북한은 노동1호 미사일을 단 한 번 시험 사격을 실시한 데 대한 미사일의 신뢰성 문제를 이란을 통해서 노동1호 미사일의 신뢰성을 높이는 계기가 되고 또 시험사격 후 미사일 기술정보를 얻을 수 있는 기회가 되므로 이런 호기회(달러와 시험발사, 기술정보 획득)를 북한은 놓치지 않았을 것이다.

이런 점들을 분석해 보면 금번 이란의 샤하브-3 미사일의 개발은 미 백악관 대변인의 말처럼 북한의 노동1호 미사일의 기술을 제공받아 개발된 것이라 믿어진다.

3. 파키스탄의 '가우리(GHAURI)' 미사일과 북한의 대포동1호 미사일

파키스탄은 1980년대부터 'Hatf 미사일'을 개발해 왔으며 '97년 7월에는 사정거리 600㎞에 이르는 Hatf-3 미사일의 시험발사에 성공한 바 있다. 1998.4.6 사정거리 1,500㎞, 탄두중량 700㎏의 가우리 미사일(Hatf-5 미사일)을 시험발사하여 성공하자 각국의 반응은 하나같이 북한의 미사일 기술을 도입한 것이라고 보도했다.

미국의 뉴욕 타임시는 '98.4.11자 보도로 미국 정부 소식통을 인용하여 "가우리 미사일은 북한으로부터 밀수된 기술로 만들어진 것으로 확인되었다"라고 보도했다.

일본의 매일신문의 '98.4.12자 보도는 "미 국방부가 확인한 가우리 미사일의 형체와 비행 모습 등을 관찰한 결과 북한의 노동2호(=대포동1호) 미사일과 비슷하다"[127]고 했으며,

---

127) 매일신문 1998.4.12, 한국일보 1998.4.13

'가우리' 미사일

이틀 후('98.4.14)에는 "가우리 미사일은 북한의 노동2호 미사일을 수입한 것이다"라고 보도한 바 있다.

미국의 Defense News '98.6.15자 보도는 "미국의 국방 전문가들의 분석에 의하면, 파키스탄은 가우리 미사일 시험발사에 관한 자료를 북한에 넘겨 줘 북한은 개발중인 대포동1호 미사일의 발사시험을 생략하고 바로 실전에 배치할 수 있게 되었다"고 했다.[128]

그리고 파키스탄은 노동1호 미사일 12기와 부품을 북한으로부터 수입한 것으로 알려지고 있다.[129]

---

128) 한국일보 1998.6.18
129) 한국일보 1998.6.18

'가우리' 미사일과 대포동1호 미사일의 비교

미사일	사정거리	탄두중량	전장	직경	로켓
가우리	1,500㎞	700㎏	15m	-	-
대포동1호	1,700~2,000㎞	770~1,000㎏	22.3m	1.2m	2단로켓

이상의 보도처럼 북한은 파키스탄에 대포동1호 미사일(노동2호 미사일) 기술을 지원하여 파키스탄으로 하여금 '가우리 미사일'을 개발하여 시험사격에 성공하게 한 것은 바로 북한의 대포동1호 미사일의 개발 성공과 다름없기 때문에 미국의 군사전문가들은 북한의 대포동1호 미사일 시험사격은 하지 않고도 실전 배치할 수 있을 것이라고 전망하고 있다.

이상 언급한 바와 같이 북한은 미사일과 미사일 부품 그리고 미사일 기술을 중동지역에 수출하여 미사일 기술을 확산시킴으로써 중동지역의 평화를 위협하고 나아가서 유럽에까지 위협을 증대시키고 있으며, 오늘날 전세계적으로 미사일 기술의 확산을 저지하고자 하는 MTCR 규정에 위배하면서 철면피하게도 연간 10억$을 지원해 주면 중단하겠다고, 그렇지 않으면 계속 미사일과 기술을 수출하겠다고 위협까지 하는 행위를 보면 북한은 앞으로도 계속 미사일의 수출과 미사일 기술을 판매하고 이슈화하는데 주저하지 않을 것으로 전망된다.

第5節　북한의 미사일 운용

지금까지 북한의 미사일 개발에 대해서 언급하였다. 현재까지 개발이 완성되어 실전 배치된 미사일은 SCUD-B,C 개량형 미사일과 노동1호 미사일의 3종이고, 개발중에 있는 미사일은 대포동1, 2호 미사일 2종이 있다.

그리고 '98.8.31 12:07에 대포동 미사일 사격장에서 인공위성을 발사했는데, 이 인공위성의 탄체(1,2단)는 대포동1호 미사일로 알려지고 있다.

북한의 미사일 개발 현황

구분	미사일종류	사거리 (km)	탄두 (kg)	CEP (km)	길이 (m)	직경 (m)	운반	추진 로켓
개발 완료	SCUD-B 개량형	340	985	0.5~1	11.25	0.88	차량	1단
	SCUD-C 개량형	600 ※500	500 ※700	1~2.4	12.25	0.88	차량	1단
	노동1호	1,300 ※1,000이상	770	3~4	15.20	1.20	차량/ 고정	1단
	대포동1호	1,700~ 2,000	770~ 1,000	?	22.30	1.20	고정	2단
개발 중	대포동2호	4,300~ 6,000 최장9,600	1,000	?	32.20	2.40 1.20	고정	2단

※ 국방백서 ('97~'98)

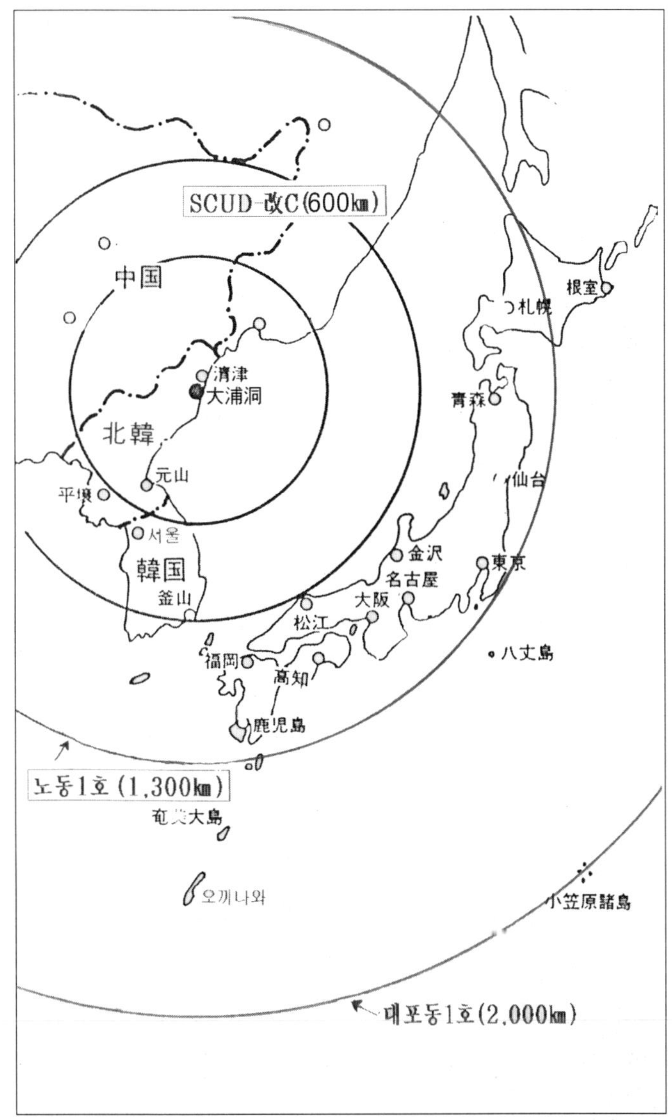

미사일의 전술 및 전략적운용(대포동에서 발사시)

SCUD-B/C 개량형 미사일은 그 사정거리가 340㎞와
600㎞로 단거리 미사일에 속하나 휴전선 북방 50~60㎞에서

발사시 대전과 제주도까지 도달할 수 있고, 노동1호 미사일은 평양 북방에서 사격시에도 제주도를 충분히 사정권 내에 둘 수 있어 이들 3개 미사일은 모두 한반도 전역을 사정권 내에 두게 되므로 전술 및 전략용으로 운용 가능하다.

노동1호와 대포동1호는 평양 북방에서 사격시 일본 본토 전체와 오키나와를 사정권 내에 둘 수 있는 중거리 미사일에 속하며, 또 대포동2호는 괌도, 알래스카, 하와이 그리고 장차는 미 본토까지 사정권 내에 두는 대륙간탄도미사일로 장거리 미사일에 속한다. 이들 중, 장거리 미사일은 모두 한반도보다는 한반도 외에 표적을 겨냥하는 전략용 미사일로 운용할 것이 예상된다.

북한은 미사일 개발, 생산과 연계하여 미사일부대를 창설하고 개편 확대해 가고 있다. 1985년도에 최초의 미사일부대를 창설하여 시험 및 평가를 거친 후 '86년도에 미사일대대로 정식 창설하였고 1988년도에 북한 제4군단 지역에 또 하나의 미사일대대를 창설함과 동시에 이들 대대를 관장하는 미사일연대를 창설하였다.

그리고 '91년도에 SCUD-C개량형 미사일이 생산되면서 추가적인 미사일대대를 창설하여 미사일연대를 미사일여단으로 증편하였다. 그리고 '93년 5월에 노동1호 미사일 시사에 성공한 후 '94년도부터 배치 시험과 이동발사대차량 제작에 들어가서 '96년부터 실전 배치되고 있는 것으로 알려지고 있다.130)

---

130) 軍事硏究 1994.6, p.54, 北韓人民軍の 全貌, p.132

북한 미사일 여단 편성(추정)

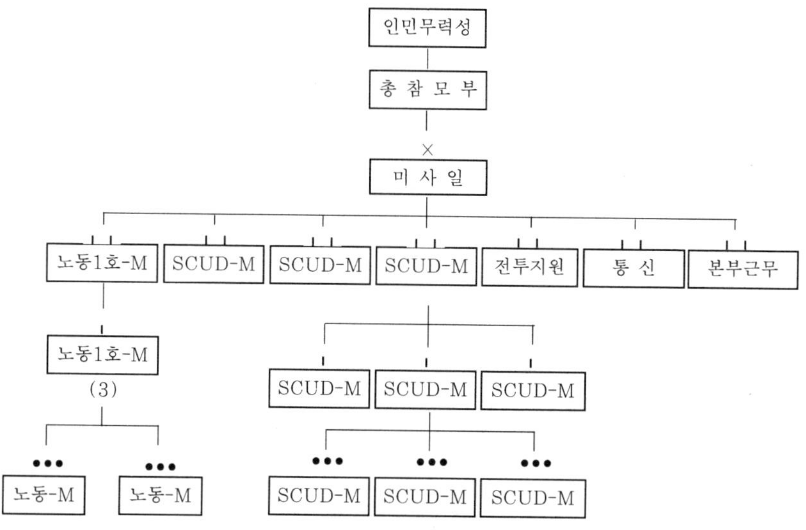

현재 북한군이 운영하고 있는 미사일여단의 편성에 대해서 알려진 정보는 없으나, 소련군 미사일부대의 편성 자료와 '94년도에 귀순한 이충국 씨가 SCUD-B/C 미사일 100여 기를 실전 배치하고 있다는 증언131) 등을 토대로 하여 추정해 보면, 미사일여단 예하에는 3개의 SCUD 미사일 대대와 1개의 노동1호 미사일대대, 그리고 전투근무 지원대대와 통신대대, 본부근무대대, 총 7개 대대로 편성되며, 미사일대대 예하에는 각각 3개 미사일중대로 편성하고, 중대는 3개 미사일소대로 편성할 것이며 노동1호 미사일대대 예하의 3개 미사일 중대는 각각 2개 미사일소대로 편성할 것으로 추정된다.

각 미사일소대는 소대당 1기의 미사일 발사대를 운용하고,

---

131) 金日成の 核と 軍隊, p.254

중대는 3기의 미사일 발사대를 운용하게 되므로 SCUD 미사일대대는 총 9기의 미사일 발사대를 보유하게 되며, 노동1호 미사일대대는 6기의 미사일 발사대를 보유하게 될 것이다. 이렇게 편성되는 경우 여단(4개 미사일대대)은 총 33기의 미사일 발사대를 보유하게 된다. 1기의 미사일 발사대에 3발 정도의 미사일 예비량을 확보한다면 미사일여단은 총 99발의 미사일이 실전 배치하게 되는 결과가 된다. 4개 미사일 대대 중 1개 미사일대대는 노동1호 미사일만을 운용하고, 잔여 미사일 3개 대대는 SCUD-B/C 미사일 개량형을 혼합 운용 또는 별개로 운용할 것으로 추정된다.

그리고 전투근무 지원대대는 미사일 탄두와 미사일의 예비량, 미사일의 연료와 산화제를 저장 보관하며, 미사일 발사시는 이들을 공급해 주는 임무를 수행하며 연료 주입시 위험에 대비한 제독장비의 운용도 겸하고 있다. 또한 탄두를 결합하는 크레인 등 다양한 특수차량 장비 등을 이용하여 미사일대대 운용에 필요한 전투근무 지원을 제공하며 아울러 미사일 발사에 필요한 기상제원을 획득하기 위한 기상레이더를 운용하는 임무도 수행하게 된다.

통신대대는 여단으로부터 대대, 중대간 그리고 인민무력성과 총참모부와도 직통선을 유지하는 유·무선은 물론, 고도의 통신 보안장비를 운용 지원하는 임무를 수행한다.

본부근무대대는 일반행정과 보급 그리고 주요장비 시설의 경계와 중장비 및 차량의 정비업무 등을 지원하는 임무를 수행할 것으로 믿어진다.

미사일여단은 인민군 총참모부 직속의 독립 여단으로 전략 및 전술부대로 운용할 것이며, 미사일여단 예하의 SCUD

-B/C 미사일대대는 총참모부에서 직접 통제하여 재래식 탄과 필요시 화학탄으로 지상군을 직접 지원할 것이다. 그리고 노동1호 미사일대대는 인민무력성에서 직접 통제하여 전략적 부대로 운용할 것이며 필요시 핵 및 화학무기 운용을 전담하는 특수임무도 수행할 것으로 보여진다.

최근에 밝혀진 바에 의하면 1개 미사일여단이 추가로 창설되어 지금은 2개 미사일여단이 편성되어 있다.[132] 그리고 SCUD-B/C 및 노동1호 미사일 탄두 650여 발이 제작되어 이중 60% 가량이 화학탄두인 것을 보면[133] 미사일여단은 장거리 화학탄 발사를 중요한 임무로 하고 있음을 알 수 있다.

2개 여단이 편성되면 1개 여단은 SCUD- B/C 미사일만으로 장비된 'SCUD 미사일여단'으로 평양-원산선 이남에 배치하여 전술 및 전략부대로 총참모부에서 운용하고, 1개 여단은 노동1호 미사일만으로 장비된 '전략미사일여단'으로 평양-원산선 후방에 배치하여 인민무력성이 직접 통제하는 전략부대로 운용할 가능성도 있을 것이다.

1개 미사일여단의 발사대가 33기로 추정할 경우 그들이 선정한 한국 내의 33개 표적에 대하여 동시사격이 가능할 것이며, 2개 여단인 경우는 60개 이상의 표적에 동시사격할 수 있을 것이다. 또 북한이 이미 제작한 650여 기의 미사일 탄두를 1개 표적에 10발씩 할당해도 65개 표적을 사격할 수 있는 북한 미사일의 위협의 실체를 간과해서는 결코 안 될 것이다.

---

132) 국방백서 1998, p.39
133) 한국일보 1998.9.28

第6節 핵탑재 미사일

탄두중량이 약 1,000kg(1ton)인 미사일 탄두에 재래식 보통탄을 탑재하여 폭발시 그 위력은 대형폭탄 1발의 파괴력밖에는 안 되지만 그 탄두에 핵무기를 탑재하게 되면 그야말로 공포의 대량 파괴무기가 되는 것이다. 그래서 우리는 미사일탄두에 핵무기를 탑재할 수 있느냐 하는 문제에 관심을 갖게 된다. 핵무기를 보유한 국가가 미사일 개발에 열을 올리는 뜻은 말할 것도 없이 이 미사일에 핵을 탑재하기 위한 것이라 해도 조금도 이상하지 않다.

우리는 제2장의 결론에서 북한은 '94년도까지는 수 개의 핵무기를 제조 완료하였으며 이들 핵무기는 약 2~3ton 정도의 중량이 될 것으로 추정하였다. 그리고 '93년 노동1호 미사일 발사 이후 장사정 미사일 개발을 계속 발전시키고 있고 이들 미사일의 탄두중량은 약 1,000kg 내외가 됨을 확인하였다.

북한의 미사일 탄두에 핵무기를 탑재하려면 미사일 탄두의 중량을 증가시키거나 아니면 핵무기의 중량을 감소시켜야 한다. 미사일 탄두의 중량을 증가시키려면 미사일을 대형화해야 하는 기술과 고비용, 장시간이 소요되는 점을 감안하면 핵무기의 중량을 감소시키는 방안이 훨씬 용이하다. 북한은 핵무

기를 경량화하는데 집중적인 연구를 해 오고 있을 것은 아무
도 부인할 수 없다.

북한 미사일의 사정거리와 탄두중량

미 사 일	사정거리(km)	탄두중량(kg)
SCUD-B개량형	340	985
SCUD-C개량형	600	500~700
노 동 1호	1,300	770~1,000
대포동 1호	1,700~2,000	1,000
대포동 2호	4,300~9,600	1,000

오늘날 미사일에 탑재할 수 없는 핵무기는 협박용 무기 이
상의 군사적 의미를 갖고 있지 않다는 사실을 북한은 누구보
다도 잘 알고 있고 또 공산화 체제의 붕괴위협과 경제적 파탄
에 직면한 북한으로서는 하루 빨리 핵무기를 경량화하여 미사
일에 핵무기를 탑재시키는 것이 그들의 체제유지의 방도요,
실추된 국제적 위상을 제고시키는 길이요, 또 적화통일을 달
성할 수 있는 유일한 수단으로 알고 있는 북한으로서는 핵무
기를 경량화하는 것이 그들이 당면한 지상목표일 것이 분명하
다.(부록#14. 세계 각국의 미사일과 핵 탑재능력 참조)
　1945년도에 미국이 세계 최초로 제작한 핵무기의 중량은
4.5ton에 달했으나 그로부터 7년이 경과한 1952년도에는
1ton 미만(770kg)으로까지 경량화하였으며 야전포병의 155
㎜ 포에도 사격할 수 있는 핵 포탄이 제조된 것도 수십년 전
의 일이다. 그리고 27~45kg에 불과한 007가방 크기의 핵지
뢰(1KT 위력)도 제작되고 있다.134) 이렇게 핵무기는 경량화

소형화되어 가고 있는 것이 세계적 추세이다.

이런 과학의 빠른 템포를 보면 1994년까지 제작된 북한의 핵무기가 당시 2~3ton이었다면 그로부터 5년이 경과한 지금에는 그들의 집중적인 노력으로 상당히 경량화되었으리라는 것은 의심의 여지가 없으며 이미 경량화에 성공했을지도 모른다.

만일 지금까지 핵무기 탑재가 아직 완성되지 않았다 하더라도 적어도 2000년경에는 현 북한의 미사일에 핵무기를 탑재한 핵 미사일이 완성될 것으로 전망되고 있다.

그래서 미국의 정보기관들은 '노동1호 미사일에 1995년 또는 2000년까지는 핵탄두를 탑재할 수 있을 것이다'라고 추정했고,135) 또 일본의 군사전문가들은 "노동1호 미사일이 핵을 탑재할 수 없다고 안심하고 있으면 수년 내에 기술이 향상되어 핵탄두 미사일을 완성하게 될 것이다."라고 1994년도에 경고한 바 있다.136) 만일 이 추정이 사실화되면 한국은 북한의 핵무기가 미사일에 탑재되는 날이 이미 다가왔거나 아니면 빠르게 다가오고 있다는 사실이다. 그리고 한국은 북한의 핵 위협에 완전히 노출되게 된다는 사실이다.

노동1호 미사일에 핵무기가 탑재되면 한국은 물론 일본 전역이 핵 위협하에 놓이게 되고 대포동1, 2호 미사일이 개발되면 오키나와, 괌도, 필리핀, 알래스카, 하와이, 미국 본토까지도 핵 위협에 놓이게 된다는 사실을 우리뿐만 아니라 미국, 일본 등 우방국들도 우려하고 있다.

---

134) 조선일보 1997.9.6
135) 북한군의 특수무기, p.61
136) 金日成の 核ミサィル, p.32

　그리고 북한이 핵 미사일을 이미 보유했을 때 북한에 대해 핵 미사일의 폐기를 요구하는 것은 지금보다 훨씬 어려운 문제가 될 것은 확실하다.

　우리는 지금 북한의 핵·미사일 위협에 노출되어 있음을 외면할 것이 아니라 적극적인 대처방법을 하루라도 빨리 강구하는 길이 우리 한국의 안보를 확립하는 길이다.

第 4 章

第4章 북한의 화학·생물학무기

대량살상무기(WMD)[1] 혹은 대량파괴무기라면 핵무기와 화생무기(화학 및 생물학 무기)를 지칭한다.

1945.8.9 일본 히로시마에 폭발시킨 20KT 핵무기는 단 한 발로 사망자만 20만 명에 이르고 대도시를 일순간에 폐허화시키는 그야말로 대량살상 대량파괴 무기임을 증명하였다.

세계제1차대전시 12만 톤의 화학무기 사용으로 130만 명의 사상자를 내었고, 제2차대전시는 일본군이 중국에 화학무기를 사용하여 다수의 사상자를 내었으나 증거 포착이 어려웠다. 세계2차대전 후 대소 전투에서 10여 차례 이상이나 화학무기가 사용되어 왔다.[2] 사용된 화학무기의 인명피해 효과를 보면 핵무기 못지않게 대량살상무기임에도 그 증거인멸이 용이하고 경제적이며 사용이 편리하다는 이유로 빈번히 사용되고 있다. 더욱이 화생무기의 사용결과에 대한 비인도적 잔인성으로 인류사회에서 영원히 제거하여야 할 무기로 평가되어 전세계적으로 화생무기의 개발과 생산, 비축과 사용 금지뿐만 아니라 폐기까지 하자는 '화학무기금지협약(CWC)'[3]이 채택

---

1) WMD : Weapons of Mass Destruction, 대량살상무기
2) 軍事硏究 1995.6, p.49
3) CWC : Chemical Weapons Convention,
   화학무기금지협약은 1997.4.29 발효

되어 세계 각국이 여기에 가입서명하고 있으나 북한은 아직 가입하지 않고 있다.

그런데 이 화생무기의 제작은 핵무기보다는 훨씬 용이하고 또 그 생산비용이 핵무기 제작의 1/100밖에 소요되지 않아서 이 화생무기가 '빈자의 핵무기(Poor Man′s Nuclear Weapons)'로 일컬어져 저개발 국가에서 쉽게 무기화하고 있다. 특히 북한은 한국전쟁 이후 화생무기 개발을 시작하여 지금은 2,500ton 내지 많게는 5,000톤을 보유[4]하고 있는 세계 제3위의 화학무기 보유국가로 지목되고 있다.

북한이 보유한 화학무기는 남한 인구 4,000만을 살상시키기에 충분한 양이라고 북한은 호언하고 있다.[5]

1995년도에 일본 동경 지하철 내에 살포한 소량의 "사린" 가스로 수천명의 사상자를 발생시킨 예를 보면, 화학무기는 테러무기로도 사용될 수 있음을 입증하고 있다.

북한이 개발한 SCUD 미사일에 화생무기 탄두를 장착 발사하거나 북한의 특수전 부대원에 의해서 화생무기를 테러무기로 사용하게 되면 한국은 화생전의 또다른 위협에 직면할 수밖에 없는 처지에 놓이게 된다.

본 장에서는 북한이 보유한 화생무기의 실태와 그 위력을 조명해 보고, 북한이 이들 화생무기 운용시 한국의 안보에 어떤 심각한 위협을 미치는지 검토해 보고자 한다.

---

4) 1997.8.15 한.미 정보관계자 회의에서 내린 결론임(′97.8.16 중앙일보)
5) 軍事硏究 1994.8, p.176

第1節 화학 및 생물학무기(化生武器)

'화학무기'하면 인체에 독성을 일으키는 화학물질을 이용하여 제조된 무기를 말하며 이때 사용된 화학물질을 '화학작용제'라 한다. 생물학무기는 생물학작용제, 독소(毒素)무기는 독소작용제를 이용하여 제조된 무기를 말한다.

화학무기의 포괄적인 의미의 범주 속에는 화학무기는 물론 생물학무기, 독소무기까지를 포함한다. 그리고 일반적으로 생물학무기 속에는 독소무기를 포함하고 있다.

그래서 오늘날 '화생무기'하면 화학 및 생물학무기는 물론 독소무기까지를 포함한 의미로 널리 사용된다.

본 절에서는 화생무기 작용제의 분류와 작용제가 인체에 미치는 영향 등 화생무기와 관련된 기초적인 지식을 정리해보고자 한다.

1. 화학무기

화학무기는 상대 적을 살상 또는 무능화할 목적으로 사용되는 독성 화학작용제(물질)를 무기화한 것을 말하는데 사용된 화학작용제의 특성에 따라 인체의 반응과 작용제의 지속기간이 각각 상이하게 나타난다. 즉 화학무기의 공격에 노출된 인원은 수 분 내에 즉각 전투력을 상실하게 되거나 사망에 이

르게 되는 '즉각사상작용제'가 있는가 하면, 어떤 화학작용제
는 몇 시간 후에야 사상을 일으키는 '지연사상작용제'도 있다.
그런가 하면 어떤 화학작용제는 그 독성을 오랫동안(수 주간)
계속 발휘하는 '지속성 작용제'가 있고, 살포 후 얼마 안 가서
그 독성이 증발되어 없어지는 '비지속성 작용제'도 있다. 그래
서 전쟁을 수행하는 작전요구에 따라 어떤 작용제를 사용할
것인가가 결정된다.

화학작용제의 특성에 따른 구분

구 분	작용제	인체반응 및 독성의 지속성
인체반응	즉각사상	수분 이내 전투력 상실
	지연사상	수시간 후에 전투력 상실
독성의 지속성	지 속 성	수주간 독성발휘(오염지역 형성)
	비지속성	수시간 후 독성 소멸

과거의 화학무기는 가스 형태로 주로 사용되어 왔기 때문
에 '독가스'라고 불리어 왔다. 그러나 현대의 화학무기는 모두
기체로 된 가스상태만이 아니고, 공기와 혼합된 액체 또는 고
체의 미세한 입자의 형태로 살포되는 연무상태(Airosol)[6]도
있어 '독가스'라는 단어로는 화학무기 전체를 의미하기에는 부
족하다. 그래서 화학무기 제조에 사용되는 독가스를 포함한
모든 화학물질을 '화학작용제'(Chemical Warfare Agents)

---

6) 연무상태(Airosol) : 공기 중에 장시간 존재하는 고체 또는 액체 상태의
   미립자를 말하며 크기는 $10A^0 \sim 200A^0$ 이다. $1A^0$(Angstrom)은 1억분
   의 1센티미터이다.

라 하고 이 단어를 독가스를 대신하여 사용되고 있다. 그래서 신경가스를 지금은 신경작용제라 부르고 있다.

화학작용제의 종류는 300여 종에 달하며, 전쟁에 사용된 것은 30여 종에 불과하다. 이 작용제를 분류하는 데는 여러 가지의 방법이 있으나 작용제가 인체에 반응하는 증상에 따라 분류하는 가장 보편적인 방법에 의하면 최루 및 구토성, 수포성, 신경성, 혈액성, 질식성 작용제로 분류한다.

가. 최루 및 구토성 작용제(Tear, Vomiting Agents)

최루성 작용제는 눈물가스(최루가스)로 더 잘 알려진 작용제로 이 작용제에 노출되면 눈에 강한 자극을 주어 많은 눈물을 흘리게 되고, 기관지 점막을 자극하여 재채기를 유발되고 호흡장애를 일으키며 흉부에 압박감을 받는다. 이 작용제에 노출된 인원은 보통 30분 후면 회복된다.

이 작용제의 대표적인 것은 CN과 CS작용제이고 이 작용제가 제1차대전 등에 사용된 바 있으나 일시적으로 적을 무능력하게 할 목적으로 또는 방독면이나 보호의 착용을 강요하여 전투행동을 부자유스럽게 만들었을 뿐 살상용은 아니었다. 그래서 오늘날 이 작용제는 전시보다는 평시 폭동진압용으로도 흔히 사용되고 있다.

또 아담사이트(Adamsite:DM[7])라는 작용제도 폭동진압용으로 사용되고 있는데 이 작용제를 흡입하면 콧물과 눈물이 나며 코, 인후, 호흡기관에 강한 자극을 일으켜 기침과 재채

---

7) 모든 화학작용제는 그 명칭과 기호(code name)가 있다. 예로서 아담사이트(Adamsite)는 명칭이고, DM은 약정된 기호이다.
※부록 #15. 화학작용제의 종류 및 특성 참조

기 그리고 구토를 일으키게 하는 특성이 있어 구토성 작용제로 분류하며 이 작용제의 증상도 대게 1~2시간 후면 회복되기 때문에 살상용 작용제라기보다는 일시적 전투력을 상실케 하는 화학작용제이다.

이들 최루 및 구토성 작용제가 폭동진압에 널리 사용된다 해서 '폭동진압 작용제'로 분류하기도 한다. 현재 북한에 아담사이트가 생산 저장되고 있다.

나. 수포성 작용제(Blister Agents)

수포성 작용제가 인체에 접촉이 되면 심한 화상을 입은 것처럼 통증과 함께 피부에 염증과 수포가 생기고 또 체내에 흡입되면 기침과 구토, 고열이 나며, 호흡곤란을 일으키고 기관지염과 폐렴으로 발전하여 사망에 이르는 살상용 작용제일 뿐만 아니라 음식물과 식수 그리고 지역과 물자 시설 등을 오염시켜 사용을 거부하는 데도 사용된다.[8]

이 작용제의 대표적인 것은 겨자가스라 불리는 머스터드(Mustard:HD) 작용제와 루이사이트(Lewisite:L) 작용제, 포스겐옥심(CX) 작용제 등이 있으며 보통 머스터드 작용제의 효과는 4~6시간 경과 후에 나타나나 루이사이트와 포스겐옥심 작용제는 인체에 접촉 즉시 고통을 주며 독성이 더 강하다는 것이 머스터드작용제와의 차이점이다. 그리고 머스터드 작용제는 제1차대전에서 독일군에 의해서 최초로 사용(1917.7) 되었으며 이란-이라크전에서도 이라크가 이 작용제를 사용(1986)하였음이 밝혀진 바 있다.[9]

---

8) 화학작용제, p.49.50
9) 상게서, p.15

다. 신경성 작용제(Nerve Agents)

신경성 작용제는 피부나 호흡기를 통해서 인체에 흡수되면 신경계통을 자극하여 근육의 경련과 인체의 신경마비 현상이 나타나며, 주로 호흡곤란을 일으켜 사망에 이르는 살상용 작용제이다.

이 신경작용제에는 G계열 작용제와 V계열 작용제로 구분하는데, G계열 작용제의 대표적인 것은 타분(Tabun:GA), 사린(Sarin:GB), 소만(Soman:GD) 작용제이며 이들은 온화한 기후에도 비교적 쉽게 증발 분산되는 특성이 있어 빨리 독성이 없어지는 비지속성 작용제에 속하고, 이 계열의 작용제는 피부로도 흡수되나 주로 인체의 호흡기를 통해서 흡입되어 상해를 입히게 된다.

V계열 작용제는 VX, MX가 대표적인데 이들은 G계열보다 휘발성이 낮아서 에어로졸 상태로 산포(散布)되며 수 주간 지속적으로 G계열보다 훨씬 강한 독성을 발휘하며 인체의 호흡기뿐만 아니라 피부를 통해서도 잘 흡수되는 특성이 있다.

G계열 작용제인 타분작용제는 제1차대전 때 사용된 적이 있으며, 특히 지속성 작용제인 V계열은 특정지역을 사용 못하게 하는 거부작용제로도 사용될 수 있으며 북한은 이들 신경작용제를 주로 생산 저장하고 있는 것으로 알려져 있다.

이들 신경작용제가 인체에 미치는 독성을 비교해 보면 다음과 같다.10)

---

10) 화학작용제, p.74

70kg의 인체가 사망에 필요한 화학작용제의 소요량

신경작용제	LCt50 (흡입)	LD50 (노출된 피부)
타분(Tabun)	$100\sim200\text{mg}\cdot\text{m}/\text{m}^3$	$200\sim1,000\text{mg}/\text{m}^3$
사 린(Sarin)	$50\sim100\text{mg}\cdot\text{m}/\text{m}^3$	$100\sim500\text{mg}/\text{m}^3$
소만(Soman)	$25\sim50\text{mg}\cdot\text{m}/\text{m}^3$	$50\sim300\text{mg}/\text{m}^3$
브이엑스(VX)	$5\sim15\text{mg}\cdot\text{m}/\text{m}^3$	$5\sim15\text{mg}/\text{m}^3$

※ LCt50(Half Lethal Concentration Time): "증기나 에어로졸 작용제의 중간 치사량"을 말하는데, 이것은 노출된 인원이 증기나 에어로졸 상태의 작용제를 흡입하여 50%의 인원을 살상시킬 수 있는 양을 말하는데, 이는 작용제의 농도에 노출 시간(분:m)을 곱한 값으로 단위는 $\text{mg}\cdot\text{m}/\text{m}^3$이다.

※ LD50(Half Lethal Dosage): '액체 작용제의 중간 치사량'을 뜻하며, 이것은 노출된 인원의 50%를 살상시킬 수 있는 액체작용제의 양(농도)을 말한다. 단위는 mg/m^3으로 표시한다.[11]

노출된 인원이 타분 작용제를 1분 동안 $100\text{mg}\cdot\text{m}/\text{m}^3$를 흡입하면 50%의 인원이 사망에 이르고, 사린 작용제는 이의 절반인 $50\text{mg}\cdot\text{m}/\text{m}^3$, 소만 작용제는 사린 작용제의 절반인 $25\text{mg}\cdot\text{m}/\text{m}^3$, VX 작용제는 소만 작용제의 1/5인 $5\text{mg}\cdot\text{m}/\text{m}^3$만으로 사망케 할 수 있는 양으로 신경작용제 중 VX작용제가 가장 독성이 강한 것임을 알 수 있다.

노출된 피부에 신경작용제가 접촉되었을 때 50%의 인원이 사망에 이르는 양을 보면 신경작용제가 얼마한 독성인가를 알 수 있다.

VX의 경우 1방울(50mg 정도) 미만의 양(5~15mg)이 피부에 접촉되어도 사망에 이르고, 사린은 2~5방울 정도면 사망

---

11) 化學戰Ⅱ, p.180

에 이른다.12)

라. 혈액성 작용제(Blood Agents)

혈액성 작용제가 호흡기를 통해서 인체에 흡입되면 심장활동이 약화되어 혈액순환의 감소로 산소공급과 혈액공급이 부족하여 호흡이 곤란해지며 경련, 마비, 질식 그리고 사망에 이르게 되는 살상작용제로써 이 작용제를 흡입하면 수 분 내지 1시간 이내에 사망하게 된다. 이 작용제의 대표적인 것은 시안화수소(Hydrogen Cyanide:AC, LCt50=2,000mg·m/m³)이다.

이 작용제는 살포 후 곧 증발되므로 사용 근거를 찾아볼 수 없고 또 제독할 필요도 없다. 그래서 공격 후 탈환하여 그 시설이나 물자를 사용하고자 할 때는 이 작용제를 사용하면 편리하다. 제1차대전과 이란-이라크전에 이 작용제가 사용된 바 있다.13)

마. 질식성 작용제(Choking Agents)

질석성 작용제는 호흡기를 통해서 인체에 흡입되면 기관지나 폐 등의 호흡기관에 손상을 가져와 산소 부족으로 호흡곤란을 이르켜 질식하거나 사망에 이르게 되는 살상작용제로 이 작용제의 대표적인 것은 포스겐(Phosgene:CG, LCt50=3,200mg·m/m³)이다. 제1차대전 중 독일군이 포스겐 작용제를 최초로 사용(1915.12.19)했으며, 이후 영국군도 사용한 바 있다. 이처럼 제1차대전 중에는 포스겐 작용제의 사용이

---

12) 軍事研究 1995.6, p.45
13) 화학작용제, p.201

주류를 이루어 화학작용제에 의한 총사망자 중 80%가 포스겐 작용제에 의한 것이었다.[14) 제1차대전 후 포스겐을 개량하여 디포스겐(Diphosgene:DP, LCt=3,000mg·m/㎥)을 개발했다. 디포스겐은 강한 최루성 작용제이며 그 이외의 효과는 포스겐 작용제와 동일하다.

지금까지 군사용으로 사용되는 화학작용제를 중심으로 그 종류와 인체에 미치는 영향에 대해서 정리해 보았다.

화학작용제의 분류와 그 영향

작용제 분 류	대표적작용제	기호	인체의 반응	효과/지속성
최루성 (구토성)	CN,CS작용제 Adamsite	CN CS DM	·눈물과 재채기,구토유발 30분 후 회복 ·비살상용,폭동진압에 사용 ·방독면 및 보호의 착용 강요	즉각/비지속성
수포성	Mustard Lewisite	HD L	·피부에 수포 발생, 호흡 곤란 ·폐를 손상시켜 사망에 이름	지연/지속성
신경성	① G-계열 Tabun Sarin Soman ② V-계열 VX MX	GA GB GD VX MX	·근육의 경련과 신체마비 증상 ·호흡곤란 사망에 이름 ·피부와 호흡기를 통해 체내 침투 ·G계열보다 V계열 작용제에 독성이 훨씬 강함 ·Sarin은 500mg를 1분간 흡입 하면 사망하게 됨. ※ 500mg=0.5g(1g=1,000mg)	즉각/비지속성 즉각/지속성
혈액성	Hydrogen- Cyanide	AC	·호흡기로 흡수되면 폐 활동을 약화, 혈액순환이 안 되고 호흡 곤란으로 사망에 이름	즉각/비지속성
질식성	Diphosgene	CG DP	·폐에 손상을 주어호흡곤란 으로 질식 또는 사망에 이름	즉각 또는 지연/비지속성

(부록#15. 화학작용제의 종류 및 특성 참조)

---

14) 화학작용제, p.228

그리고 이들 화학작용제 종류 중 모두를 북한이 생산 보유하고 있는 것으로 알려지고 있으며, 특히 머스터드, 포스겐, 사린, V계열 작용제 생산에 치중하고 있다.15)

2. 생물학무기

인간의 눈으로 볼 수 없는 현미경으로만 보이는 미생물들은 우리의 주변에 무수히 있다. 이들 미생물 중 인체 내부에 침투되면 위험한 병을 일으켜 심하면 죽음에 이르게 되는 것을 '병원체(균)'라 한다. 그리고 인체 내에 침투되어도 피해(發病)를 일으키지 않는 것을 '비병원체(균)'라 한다.

인체에 병을 일으키는 병원체를 다량 배양하여 상대 적이 있는 지역에 살포하면 그 지역에 있는 인원들은 이 병원체에 감염되어 전투력을 상실하거나 사망에 이르게 된다. 이와같이 병을 일으키는 병원체를 다량 배양하면 이것이 곧 '생물학작용제'인데 이것으로 무기화하면 '생물학무기'가 된다.

생물학무기는 살아있는 균을 이용하므로 인체에 흡수되어도 24시간에서 일 주일이 지난 다음에야 그 효과(發病)가 나타나게 되는 점이 화학무기와 다르다.

그리고 살아있는 병원체와 다양한 유기체(有機體)가 보유하고 있는 독소를 별도로 추출, 합성하여 만든 작용제를 '독소작용제'라 한다. 이 독소작용제를 인체에 흡수시키면 단시간 내에 사망에 이르게 되는 특성을 가지고 있으며, 이 독소작용제를 무기화할 때 우리는 '독소무기(毒素무기)'라 한다.

---

15) 한국일보 1996.8.12 Jane's Intelligence Review,(1996.8.1)지 인용 보도

그리고 독소작용제는 살아있는 병원체가 아니고 죽은 병원체이기 때문에 엄격한 의미에서 생물학작용제는 아니다. 그러나 살아있는 유기체의 독소에서 만들어진다는 점에서 생물학작용제의 범주 속에서 다루어지기도 한다. 그래서 일반적으로 생물학무기라고 하면 독소무기까지를 포함한 무기를 의미한다.

가. 생물학작용제

생물학작용제를 만드는 미생물의 병원체는 성질이 다른 3가지의 병원체로 구분하는데, 즉 박테리아(Bacteria), 바이러스(Virus), 리케치아(Rickettsia) 병원체이다.

현미경으로 보면 박테리아 병원체가 비교적 크고 바이러스 병원체가 가장 작으며 리케치아 병원체가 중간 크기이다.

① 박테리아 병원체에 속하는 병원균은 페스트, 콜레라, 탄저병, 야토병 등을 일으키게 하는 병원균 들이고,

② 바이러스 병원체에 속하는 것에는 뇌염, 유행성 출혈열, 황열(Yellow Fever), VEE병 등을 일으키게 하는 병원균들이다.[16]

③ 그리고 리케치아 병원체에 속하는 병원균은 발진티푸스와 Q열병 등을 일으키게 하는 병원균들이다.

이들 병원체를 대량으로 배양하여 생산된 생물학작용제를 상대 적 지역에 에어러졸 상태로 살포하면 주로 호흡기를 통해 흡수함으로써 감염이 되고, 이들 병원체가 체내에서 증식

---

16) 황열은 일명 "황달"이라 하고, VEE병은 Venesuelan Equine Encephalomyelitis의 약자임.

하는 일정기간(24시간~1주일)이 지나면 고열이 나면서 각종의 고통을 호소하고 적절한 치료를 받지 못하면 사망에 이르게 되는 무서운 전염병에 시달리어 전투력을 상실하게 만드는 것이 바로 "생물학전"이다.

생물학작용제 중 북한이 생산시설을 갖추고 있다는 탄저균(Anthrax)[17]의 경우를 보면 에어로졸 상태로 살포된 탄저균을 호흡기를 통해서 흡수되면 흡수된 양에 따라 1일~7일 이내에 그 증상이 나타나는데, 초기에 독감 증세처럼 피로와 고열, 기침을 일으키다가 갑자기 호흡곤란을 가져온다. 그리고는 폐렴과 폐혈증 증세를 나타내다가 그로부터 24시간~36시간 내에 쇼크를 일으키거나 사망하게 된다.

생물학작용제 및 인체 반응[18]

병 원 체	병원균(발생병)	인 체 반 응
박테리아	페스트	발열, 오한, 각혈
	콜레라	설사, 탈수, 혈압강하
	탄저병	폐렴, 폐혈증
	야토병	발열, 폐렴
바이러스	뇌염	두통, 구토
	유행성출혈열	고열, 혈뇨, 저혈압
	황열	고열, 두통, 신체쇠약
	VEE	발열, 두통, 혼수상태, 마비
리케치아	발진티푸스	발열, 발진, 근육통
	Q열	고열, 두통, 가슴통증, 심장내막염

(부록#16. 생물학작용제의 종류 및 특성 참조)

이와같이 생물학작용제가 살포되면 전투력의 상실은 물론

---

17) 국방백서 1991~1992, p.114
18) 화학작용제, p.374~390, 화생방전의 오늘과 내일, p.284

전염병으로 오염된 이 지역은 출입이 거부되고 또 전염병에 대한 공포감으로 군과 국민에게 주는 사기저하는 전의(戰意)를 상실하게 되는 심리적인 효과가 크다. 오늘날 과학의 발달과 유전공학의 발달로 생물학작용제를 대량 생산할 수 있고 또 광범한 지역을 오염시킬 수 있는 기술이 개발되어 대량살상무기의 요건을 갖추게 되었다. 특히 북한은 생물학작용제를 배양 생산할 수 있는 시설을 보유하고 있다는데 우리의 관심을 모은다.[19]

나. 독소작용제

독소작용제는 독소를 가진 박테리아, 곰팡이, 조류(藻類, Algae), 식물 등 다양한 유기체에서 독소를 추출 합성하는 것으로 생명력이 없는 유해 독소물질이다.

생물학작용제는 인체에 흡수되어도 상당한 기간이 지난 다음에야 그 효과가 나타나는 특성이 있지만 독소작용제는 수분 또는 수시간 이내에 효과가 나타나는 점이 다르다. 독소작용제의 대표적인 것은 박테리아에서 합성하는 '보튜리늄(Botulinum)'독소, 그리고 피마자(아주까리) 씨앗에서 합성하는 '리신(Ricin)' 독소, 곰팡이에서 합성하는 '황우(Yellow Rain)' 독소, 그리고 조류(Algae)에 의해 합성되는 '색시톡신(Saxitoxin)' 등이 있으며, 이중 독성이 강한 보튜리늄 독소는 이를 흡수하면 위경련과 구토, 고열이 나며 전신마비의 증상이 일어나며 수일 내에 호흡곤란으로 사망하게 된다.(치사량: $75 \sim 750\mu\mathrm{g}$)[20]

---

19) 국방백서 1991~1992, p.114
20) 1μg은, 마이크로그램(micro-gram)으로 100만분의 1그램이다.

독소작용제와 인체 반응21)

유 기 체	독소작용제	인 체 반 응	치사량 (LD50)
박테리아	보튜리늄 (Botulinum)	고열,구토,전신마비, 신경장애	$75 \sim 750\mu g$
피마자씨앗	리신 (Ricin)	고열,구토,경련,호흡곤란	$50 \sim 100\mu g$
곰팡이	황우 (Yellow Rain)	구토,수포,출혈,혈변	$75 \sim 1,000\mu g$
조 류	색시톡신 (SAXITOXIN)	구토,두통,신경마비	$0.2 \sim 1\text{mg}$

(부록#17. 독소작용제의 종류 및 특성 참조)

이들 독소는 사실 아직까지 전쟁에서 사용된 경우가 없어 대량살상보다는 요인암살 등 테러에 사용되어 왔으므로 무기로서 각광을 받아오지 못했으나 오늘날 유전공학의 발달로 대량생산이 쉬워지고 또 에어러졸 상태로 살포가 가능해짐에 따라 위협적인 작용제로 각광을 받게 되었다. 이들 독소작용제를 북한에서 합성하고 있으며 일부는 간첩들의 자살용으로 사용된 경우를 우리는 알고 있다.

지금까지 화학무기와 생물학무기(독소무기 포함)를 따로 따로 정의해 보았으나 이들 무기의 공통점은 저렴한 가격으로 손쉽게 제작할 수 있고, 피해범위가 광범위하며, 그 피해범위 내에 있는 모든 인원을 즉각 또는 지연(遲延)사상을 일으키게 하고 또 오염지역을 지속시키는 등 상대 적의 사기에 심대한 영향을 미치는 대량살상무기라는 점이다.

---

21) 化學戰Ⅱ, p.264~268

第2節 화학 및 생물학무기의 사용

화생무기의 사용은 인류의 전쟁 역사와 함께 사용되어 왔다고 할 수 있다. 활을 무기로 사용하던 시대에 이미 화살촉에다 독소를 묻혀 사용했던 때부터, 그리고 전염병으로 죽은 시신을 적의 성벽 안 우물 속으로 던져 전염병을 유발시켜 적의 전투력을 감소시키려 시도한 것 역시 화생무기의 사용이라 할 수 있다.

그러나 근대적인 의미의 화학무기가 전쟁에서 상대 적을 대량으로 살상시킬 목적으로 시도된 최초의 화학공격 전투는 세계제1차대전(1914~1919) 때부터이다. 그리고 화학무기 사용을 규제하고 있음에도 제2차대전 이후에도 국지적으로 사용되고 있고 또 장차전에도 사용될 것으로 예상된다.

1. 세계 최초의 화학전(1915년)

세계 최초의 근대적 화학전투는 제1차대전 발발 다음해인 1915.4.22 벨기에의 '이프레스(Ypres) 전투'에서 시작되었다.

당시 이 지역에서 프랑스 제26군단에 배속된 제45사단(알제리아군)과 제87사단(향토사단)이 독일 제23 및 24군단과 대치하여 진지전으로 수개월간 교착상태에 있었다. 독일군은

4월22일 18:00시부터 18:05분 사이에 프랑스군 방향으로 부는 바람을 이용하여 6㎞의 대치 정면에 사전 준비된 53개 진지에서 약 120ton의 염소 가스를 날려 보냈다.

화학무기를 사용하리라고 전연 예측하지 못

하고 있었던 프랑스군은 무방비 상태에서 독일 군의 화학무기 공격을 받아 약 15,000명의 사상자(이중 5,000명 사망)를 내고 공포와 혼란에 빠져 6㎞의 정면이 모두 돌파당하고 약 4㎞나 후퇴할 수밖에 없었다.[22]

이후 제1차대전이 끝날 때까지 독일군과 연합군 양측에서 상호간 염소가스 뿐만 아니라 포스겐(Phosgene) 가스, 겨자(Mustard) 가스 등을 주로 사용하였는데, 독일군이 6만6천ton, 연합군이 5만8천ton을 각각 사용하였다. 이들 화학무기 공격으로 인한 양군의 사상자 수는 약 130만 명(이중 10만 명 사망)에 이르렀다.[23]

---

22) 軍事硏究 1995.6, p.41 軍事硏究 1994.8, p.76 화학전 I, p.21
Chemical Weaponry, p.70,

2. 세계제1차대전 이후 국지적 화학전(1991~1995)

　제1차대전 후에는 화학무기 사용을 금지하는 여론이 비등하였고, 1925년에는 화학무기의 선제사용을 금지하는 '제네바협약'(부록#18. 제네바협약 참조)이 성립되었음에도 다음 표에서 보는 것처럼 화학무기 사용은 근절되지 않았다.

독소작용제와 인체 반응[24]

기　간	사　용　자	사용한 화학무기
1919년	영국군이 러시아 시민전쟁에서	겨자가스 포탄
1925년	스페인군이 모로코에서	겨자가스 항공폭탄
1934년	소련군이 무슬린 반란진압에서	〃　　　　〃
1935~1940년	이탈리아군이 이디오피아에서	겨자가스 항공살포 전차포탄,항공폭탄
1938.9.17	일본군이 중국의 광주성 공격에서	Red Gas총류탄 [25]

　그리고 제2차대전 기간(1939~1945)에는 화학무기 사용이 자제되어 왔으나, 일본군이 중국에서 겨자 가스와 포스겐 가스 또는 루이사이트 가스를 비밀리에 사용하여 다수의 사상자가 발생하였다는 기록은 있으나 확인되지는 않고 있다.[26]

　제2차대전 후에도 확인 및 미확인된 것을 포함하여 총 10여 회 이상이나 화학무기가 사용되었다는 기록이 도표1과 같이 확인되고 있다.

---

23) 軍事研究 1995.6, p.41

24) 北韓軍의 特殊武器 能力과 開發展望, p.121

25) 화학작용제, p.241 Red Gas는 구토 및 재채기가스로 기호는 "DC"임

26) 화학작용제, 서문

〈도표 1〉 세계제2차대전 후 화학무기 사용 전례[27)]

기 간	전 쟁	사 용 자	사 용 된 화학무기
1947	인도차이나전쟁	프랑스군	
1948	중동전	이스라엘군	
1957	게릴라소탕	쿠바정부군	
1957	알제리폭동소탕	프랑스군	
1963-67	예맨 내전	이집트군	포스겐과 머스타드
1961-70	월남전	미국군	고엽제
1965	쿠르트족 소탕	이란군	
1973	모잔비크독립전쟁	포르트갈군	
1975	라오스침공전	월남군	황우
1976-79	소말리아	쿠바 및 이디오피아군	
1978-81	캄보디아침공전	월남군	신경가스, CS가스
1979-80	아프간전쟁	소련군,아프카니스탄정부군	황우, 신경가스
1983-88	이란-이라크전쟁	이라크군	타분, 머스타드
1991	이라크 민족분쟁	이라크군	
1993	보스니아-헤루쯔 고비나	보스니아세력이 세르비아인에게 사용	
1995	미얀마	미얀마군이 가렌족에게	

또 화생무기의 개발, 생산, 비축 및 사용을 금지하고, 기 생산된 화학무기는 폐기하자는 UN의 '화학무기금지협약 (CWC)'(부록#19. 화학무기금지협약 참조)에 서명한 나라는

---

27) 軍事硏究 1995.6, p.49~50, 화생전의 오늘과 내일, p.263,264

164개국이고 이중 비준한 나라는 한국을 비롯한 75개국뿐이다. 그러나 서명마저 않고 있는 나라가 북한을 비롯하여 28개국이고, 비준을 하지 않은 나라는 117개국(서명하고 비준하지 않은 나라 89개국 포함)에 달하는 것을 보면28) 장차 화학전이 재발되지 않을 것이라는 보장은 없다.

3. 특징적인 화학전

가. 헬기로 화학무기 투발(1979년)

1979년 아프카니스탄 정부군은 반정부(회교반란군) 게릴라 조직을 소탕하는데 화학무기를 사용한 것으로 확인되고 있다.

1979.11.16 정부군의 IL-28 폭격기는 반군들이 있는 '헤라트(Herat)'와 '파라'지역에 대해 일반 폭탄과 화학탄을 혼합해서 투하함으로써 사상자들 중에는 신체에 수포가 생기거나 신경마비와 출혈을 일으키는 등 화학무기가 사용되었음을 입증했다. 또 1980년 봄부터는 반군 세력이 은신하고 있는 지역에 MI-24 헬기 등으로 먼저 화학작용제를 살포하여 그곳에 은거하지 못하고 타 지역으로 도피하도록 유도하여 계획된 지역으로 이동하면 그곳에 항공기와 헬기를 이용 재래식 무기로 공격하는 작전을 수행했으며, 이 작전에는 소련군의 화학전 대대가 지원하고 있었다.29)

---

28) CWC에 서명한 국가는 1997년4월 현재 164개국이고 비준한 국가는 75개국이다.(중앙일보1997.4.26), 1998년에 미 국무성에 인정한 나라가 총 192개국임.
29) 軍事硏究 1995.7, p.57

M1-24 헬기

이 전례에서는 IL-28 폭격기와 MI-24 헬기를 이용하여 화학무기를 투발했음을 알 수 있다. 북한도 소련군의 화학전 교리를 전수받았고 IL-28 폭격기와 MI-24 헬기를 다수 보유하고 있음을 유념해야 한다.

나. 화학무기의 심리적 영향(1988년)

이란-이라크 전쟁(1980~1988)의 막바지였던 1988년 3월 이라크에서는 이란의 대도시에 SCUD 미사일로 화학탄 공격이 있을 것이라는 공식 발표가 있었고, 실제 '88.6.25에 이란의 남부 도시 '아후와즈'에 화학탄이 떨어져 다수의 사상자가 발생하게 되자 이에 놀란 이란의 대도시 시민들은 앞다투어 시외로 소개하기 시작했다. 특히 이란의 수도 테헤란시에는 당시 이라크 AL-Hussein 미사일의 집중공격을 받고 있던터라 곧 이라크의 화학탄 공격이 테헤란시에도 있을 것이라는 루-머에 100만 명이 넘는 시민이 피난을 가는 대소동이 벌어짐과 동시에 큰 폭의 인프레가 발생하여 이란은 더이상 전쟁을 수행하기가 곤란한 대공황에 빠지게 되었고, 8년간 전쟁은 결국 화학무기 사용으로 휴전(1988.7.20)에 이르게 되는 결과를 가져왔다.[30]

이처럼 화생무기의 사용은 대량의 인명을 살상케 할 뿐만 아니라 상대국 국민과 군에게 전의를 상실시키는 심리적 영향은 물론 공황을 일으키는 중요한 요소가 됨을 알 수 있다.

다. 독일군의 독소무기 사용에 대비(1944년)

세계제2차대전 기간중에 화생무기가 사용되지 않았으나 사

용 직전까지
가고 있었던
예도 있다.

　1944년 9
월부터 독일
군이 영국 런
던에 V-2 로
켓 공격을 가
하고 있을
때, 연합군

이란 남부에서 이라크군의 불발
화학탄을 조사하고 있는 UN 조사단

이 가장 우려한 것은 독일군이 V-2 로켓 탄두에 보튜리늄 (Botulinium) 독소를 사용할 경우에 대비하는 것이었다. 그래서 캐나다에서는 20만 명 분의 보튜리늄 해독제를 영국에 보냈고 10만 개의 예방 주사기를 연합군에 지급하였다. 그리고 만일 독일군이 먼저 화생무기를 사용한다면 연합군은 탄저균을 담은 폭탄을 사용할 것을 고려하고 있었음이 밝혀졌다.[31]

　이처럼 연합군의 응징 보복력이 있었기에 독일군이 독소무기의 사용을 자제했는지 모른다.

라. 이라크군의 탄저균 사용에 대비(1990년)

　제2차 걸프전 때(1990.8~1991.2.27) 이라크가 생물학무기를 사용할지 모른다는 가능성 때문에 다국적군은 화학전에 효과적으로 대응할 수 있는 조치를 강구하느라 걸프전 발발('90.8.2) 5개월 후인 '91.2.17에야 지상작전을 시작할

---

31) 화학작용제, p.374

수밖에 없었다.

즉 이라크가 보유한 생물학(탄저균)무기를 다국적군에게 사용하는 경우 탄저균에 대한 면역을 얻기 위해서는 탄저균 백신을 예방접종 한 후 8주가 지나야 되고, 또 당시 이 백신의 부족으로 미국에서는 생산을 가속화하고도 부족하여 영국에서 추가 지원하는 등 조치를 취했음에도 전체 다국적군의 10%만이 접종하는데 불과했다.[32)]

뿐만 아니라 화학정찰차를 독일에서 가져왔어야 했고 각종 화생방 탐지장비 준비와 화생방 훈련을 하는데 시간이 필요했다. 특히 이라크가 쿠웨이트를 침공한 ′90년 8월의 기온은 최고 50℃까지 오르는 하계절이었으므로 이런 하계절에 가스 마스크와 보호의를 착용하고 전투하는 것은 거의 불가능하다고 판단되었으며, 이라크의 화학전에 효과적으로 작전을 수행할 수 있는 시기는 춘계(1월~2월)로 판단했다. 이러한 기상문제와 면역에 필요한 기간 등의 이유로 해서 다국적군의 지상작전의 시기를 전쟁발발 5개월 후인 1992.2.17일로 연기 결정할 수밖에 없었다.

이처럼 상대적이 화생전을 시도할 가능성이 있을 때 이에 대비하기 위해서는 많은 준비사항과 시간이 요구되는 어려운 전쟁이 될 수밖에 없다는 사실을 우리는 교훈으로 삼아야 한다.[33)]

마. 동경 지하철의 '사린' 살포 테러사건(1995년)

지난 1995.3.20 월요일 아침 일본 동경 지하철에서 일어

---

32) 北韓軍의 特殊武器 能力과 開發展望, p.129
33) 化學戰Ⅱ, p.80 北韓軍의 特殊武器 能力과 發展展望, p.129

난 화학작용제 테러사건은 일본뿐만 아니라 전세계를 놀라게 했다.

아침 08:00 10여 분 전 출근 시간대로 붐비는 동경 중심가로 향하는 지하철 5개 노선에 일본 '오옴 진리교' 교주의 사주를 받은 광신자 5명은 당일 조간신문으로 포장한 작은 도시락 크기의 물건 1개와 우산을 각각 휴대하고 각자가 계획된 노선의 지하철 객차에 탑승했다.

이들이 휴대한 물건 속에는 '사린(SARIN)'이라는 치명적인 신경작용제를 비닐봉지에 넣어 밀봉한 것을 신문지로 포장 위장한 것이었다.

이들은 이 사린봉지를 객차 구석 밑바닥에 놓고 계획된 시간인 07:55이 되자 다른 승객이 눈치채지 못하는 사이에 그들이 휴대한 우산 끝(특별히 뾰족하게 제작한 것)으로 '사린' 봉지 위를 찔러서 구멍을 여러개 내고는 즉시 그 객차를 이탈하여 다음 역에서 하차하여 그들의 아지트로 돌아온 후 의사로부터 해독제인 '유산 아드로핀' 주사를 맞고 사용한 우산과 의복은 모두 소각해 버렸다.

구멍이 뚫린 '사린' 봉지에서는 '사린가스'가 누출되어 순식간에 온 전차 내에 발산함으로써 승객들은 자신도 모르게 이 '사린' 가스를 흡입하고는 이상한 냄새가 난다고 불평을 하며 다음 역에서 내리면서부터 '눈이 아프다', '가슴이 아프다'는 등 고통을 호소하면서 여기저기 쓰러지기 시작하였다. 순식간에 지하철역은 고통을 호소하며 쓰러진 시민들로 아비규환의 장으로 변해버렸다. 이런 장면이 5개 노선34)의 여러 전철역

---

34) 霞ヶ關, 神谷町, 國會議事堂前, 築地, 茅場町, 小伝馬町역 등

에서 발생하였다. 이 '사린' 살포로 무고한 시민 5,500여 명
(이중 11명 사망, 5,500명 중경상)에게 피해를 입힌 대형참
사 사건이다.[35]

여기서 우리가 주목할 것은 한 사람의 지령자와 불과 몇 사
람의 실행자에 의해서 소량의 화학작용제로 대량의 인명을 살
상케하는 테러행위가 가능하다는 점이다.

바. 북한 특수8군단의 '탄저균' 살포 시나리오

와인버그 전 미 국방장관이 저술한 The Next War[36]라는
전쟁 시나리오에 보면 한반도에 전쟁발발 3일 전(D-3) 야밤
에 북한 특수8군단 예하의 특수부대원들이 동두천의 미2사단
주둔지 울타리에 접근하여 가스마스크와 고무장갑을 끼고 풍
향을 고려한 후 그들이 휴대한 '생물학작용제가 들어 있는 금속
제 통'의 마개를 개봉하고는 어둠 속으로 사라지는 장면이 기술
되어 있고, 그로부터 이틀 후(D-1)까지 수천명의 미군 병사들
이 고열과 심한 기침, 호흡곤란을 일으키는 이상한 병에 걸려
신음하게 되고, 결국 50%의 전투력이 감소되는 결과를 초래
하는 시나리오인데, 이 생물학작용제는 '탄저균(Anthrax)'이
라는 생물학작용제였다. 물론 가상 시나리오이지만 북한이 탄
저균을 보유하고 있다는 사실과 연계하면 유사시 북한이 생물
학전을 수행하리라는 가능성을 시사하는 시나리오라 할 수 있
다.

---

35) 軍事研究 1995.8, p.134
36) The Next War, p.16~17

第3節 북한의 화생무기 개발 및 생산

북한 인민군은 창설 당시(1948년 2월)부터 편제상의 화학 부대는 없었다. 그런데 6.25 한국전쟁이 끝난 이후 갑자기 인민군에 화학부대를 편성하고 화생무기의 연구개발과 동시에 대규모의 생산시설을 갖추어서 지금은 한국 전역을 몇 번이나 공격할 수 있는 화생무기를 보유하고 있다는 북한의 실태를 검토해 보고자 한다.

1. 북한의 화생무기 개발 동기

북한은 한국전쟁이 끝난(1953.7.27) 후 붕괴된 북한군이 정비도 채 되지 않은 1954년도에 인민군 편제에도 없던 화학부대를 급히 창설하게 되었는데[37] 그 배경을 보면 이러하다.

북한이 남침 전쟁을 시작한 그 다음해인 1951년 여름에는 남한에도 그랬지만 특히 북한 전역에 콜레라, 발진티푸스, 장티푸스, 천연두 같은 전염병이 크게 유행하여 국민들의 인명 피해가 속출하게 되었다.[38] 또 당시 전황은 중공군의 개입에도 불구하고 임진강과 한탄강 일대에서 더 남하하지 못하고 있는 불리한 상황에 몰리자 김일성은 전국에 퍼진 전염병은 미군

---

37) 軍事硏究 1994.8, p.78
38) 朝鮮戰爭 第10卷, p.225

의 세균전(생물학전)에 의한 것이라 의심했고 또 그렇게 설명되어야만 국민들로 하여금 미군에 대한 적개심을 불러 일으킬 수 있으리라고 판단하여 1951년 11월부터는 "미군이 세균무기를 사용하기 시작했다"고 선전하였으며, "1952년 1월 28일부터 3월말 사이에 700여 회나 세균폭탄과 살인용 미생물을 넣은 각종 용기를 북한 지역에 투하하여 수많은 인명을 앗아갔다"고 북한 공간사에까지 기록하고 있을 정도다.39)

1952년 2월에는 UN주재 소련대사 '마리크'도 "미국이 독가스를 북한 지역에 사용했다"고 주장하고 나섰다.40)

이에 대해 미국은 '국제적십자위원회'와 '세계보건기구'에서 현지조사해 줄 것을 의뢰하였으나 북한과 중국이 이를 거부함으로서 허위모략임이 입증되었다.41) 그러함에도 종전후 김일성은 "미군과 UN군이 한국전쟁 기간에 화생전을 실시하여 무고한 인민을 살해했다"고 주장하면서, "당시 우리 인민군에게는 화학부대가 없어서 이에 효과적으로 대처할 수가 없었으나, 이제부터라도 우리 인민군대는 화학부대를 가져야 한다"고 주장하여 1954년도에 화학부대를 창설하게 된 것이 그 첫번째 배경이다.

두번째는 제2장에서도 언급한 바와 같이 한국전쟁 기간 중 김일성은 미군이 핵무기를 사용할지도 모른다는 공포감에 늘 휩싸여 있었다. 휴전이 되자 핵무기를 보유한 미국과 대응하기 위해서는 핵무기를 보유하는 길밖에 없다는 것을 간파했으나 핵무기 개발에는 고도한 기술과 많은 기간이 소요되므로

---

39) 朝鮮戰爭 제10권, p.226~227
40) 상게서, p.226
41) 상게서, p.226

핵무기 개발이 완료될 때까지 미국의 핵에 대응할 수 있는 유일한 수단은 화생무기를 대량 보유하는 것이라 판단하여 화학부대를 우선 창설하게 된 것으로 보여진다.

세번째는 북한이 화학무기를 손쉽게 제작할 수 있는 토대가 마련되어 있었다는 것도 김일성이 화학부대를 조기에 창설하게 된 배경의 하나가 되었다고 믿어진다.

즉 일제시대에 일본이 북한을 거점으로 하여 중국에 보급할 화학제품을 북한에서 제조하기 위해서 많은 화학공업시설을 북한에 건설하였다. 이 화학공업시설물은 해방 후 북한이 인수하여 소련의 원조하에 재가동을 하였고, 그중 염산(鹽酸), 유산(硫酸), 인산(燐酸), 화학비료는 주로 흥남비료공장에서 카바이트는 순천, 청진 화학공장에서 생산했는데, 이들 공장에서 생산되는 각종 화학비료나 농약들은 화학무기를 만들 수 있는 소재가 되므로 이들 화학공장의 가동은 곧 북한이 화학무기를 만들 수 있는 토대를 제공해 주었다는 점이다.42)

이상 언급한 바와 같이 북한은 한국전쟁 기간중 미군이 화생무기를 사용했을 것이라는 김일성의 의심에서 오는 보복심과 장차 핵개발시까지의 군사적 대응을 위해서는 단시간 내에 용이하게 만들 수 있는 대량살상용 화학무기를 개발 보유해야겠다는 의지에 화학무기를 쉽게 제조할 수 있는 토대가 부채질하여 인민군에 화학부대를 창설하고 화학무기 개발을 시작한 것으로 보여진다. 물론 여기에는 화학전을 중시하는 구 소련군의 조언과 지원도 있었으리라는 것을 짐작하기에 어렵지 않다.

---

42) 軍事硏究 1994.8, p.79

2. 북한 인민군의 화학부대 편성

북한 인민군은 1954년도에 당시 민족보위성(지금의 인민무력성) 총참모부 작전국 예하에 "화학부"를 새로이 설치하여 화학무기 운용과 화학무기 개발을 시작하게 되었다.[43] 그리고 휴전 후 최초로 시작한 북한의 제1차인민경제4개년계획(1957~1961)에서 중화학공업분야에 중점을 둠으로써 화학무기 개발에 토대를 제공해 주었다.[44] 1961년도에 총참모부 작전국의 화학부를 "화학국"으로 격상시키고 초대 화학국장에 백하(白夏) 소장을 임명하였다.[45]

북한 인민군의 "화학국" 편성

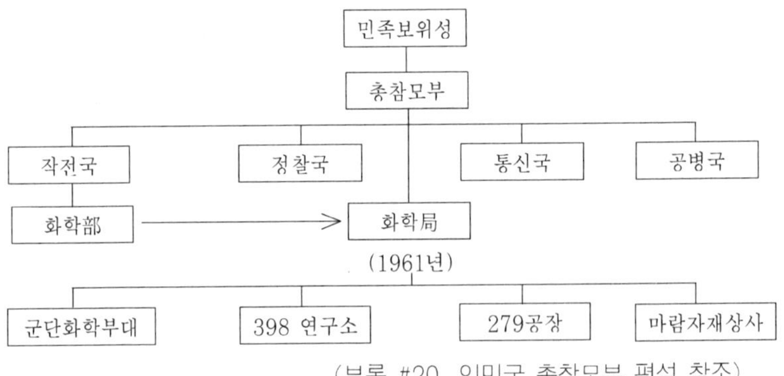

(부록 #20. 인민군 총참모부 편성 참조)

이후 북한 인민군대는 중국과 소련군으로부터 제2차대전시 사용하던 화학장비와 화학탄 그리고 훈련교리를 이전받아 소련군대식으로 교육하고 전방군단의 일부와 당시 평양 방위군

---

43) 金正日の 核と 軍隊, p.146
44) 北韓20年, p.25 軍事研究 1994.8, p.79
45) 金正日の 核と 軍隊, p.147

단이었던 제3군단에 군단 직속의 화학부대를 창설하기에 이르렀다. 같은 시기에 화학국 예하에 제398연구소와 제279공장을 건설하였는데, 제398연구소에는 화학 및 방사능 해독제를 주로 연구하였고, 이 연구소에서 연구된 자료를 가지고 제279공장에서는 각종 해독제를 비롯하여 방독면, 보호의 등의 각종 장비를 생산하는 시설을 갖추고 있었다.46)

이렇게 창설된 화학부대들은 70년대까지는 화생전 방어능력 위주로 발전해 오다가 1980년에 총참모부의 화학국을 '핵화학방위국'으로 개칭47), 확장하면서부터 화생전 공격능력을 갖추기 시작하는 한편, 핵화학방위국이라는 명칭이 시사하듯 핵무기 개발에도 본격적으로 진입하면서 아울러 핵방사능에 대한 방어능력도 갖추기 시작했다.(북한은 1980년도에 플루토늄을 생산할 5MW 원자로 건설을 시작했다.)

특히 1980년 11월 김일성은 노동당 군사위원회에서 화학·생물학무기를 개발하도록 강력히 지시함으로써 화생무기 개발 및 생산은 물론 화생전 대비에 박차를 가하게 되었다.48)

1980년도에 개편된 핵 화학방위국의 편성을 보면 다음과 같다.

---

46) 金正日の 核と 軍隊, p.147
47) 상게서, p.116
48) 軍事研究 1994.8, p.82

핵화학방위국 편성

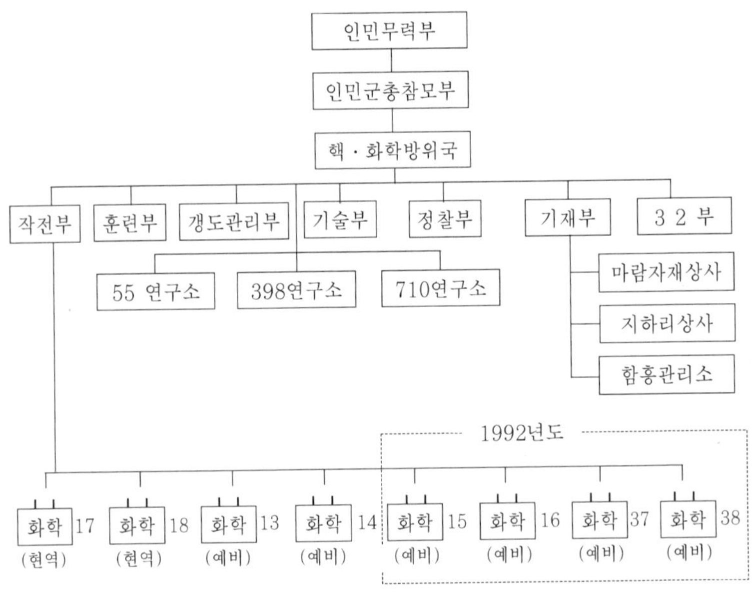

(출처: 金正日の 核と 軍隊, p.165~171)

즉, 핵화학방위국은 7개부 3개 연구소로 구성되어 있고, 작전부의 지시를 받는 현역 2개 화학대대와 예비군 2개 대대로 구성되어 있다가, 1992년도에는 추가로 4개 예비군대대가 창설되어 총 8개 화학대대로 구성되었다.[49] 최근 보도에 의하면 이들 8개 화학대대는 2개 연대로 재편성되었다.[50] 예비군 화학대대들은 전국 화학공장에 근무하는 노동자들로 구성되어 있고, 현역 2개 대대는 핵 화학정찰차와 핵오염소독차, 연막차 등의 현대화된 장비를 보유하고 있다.

핵화학방위국의 기재부는 화학무기의 생산과 비축, 공급계

---

49) 軍事研究 1994.8, p.81~82
50) 세계일보 1997.4.30, 화학무기금지협약과 화학전 대비책, p.30

획 등을 수립하는 중요한 임무를 수행하며, 예하의 직속부대로 '마람자재상사'와 '지하리상사', '함흥관리소'를 두어 이들이 화학탄의 수송, 보급, 저장을 전담하고 있다.

그리고 핵화학방위국 7개부 중에서 유일하게 비밀번호를 사용하는 '32부'는 무엇을 하는 부서인지 확인되지는 않고 있으나 미사일 탑재 화학탄두의 개발을 담당하는 부서라고 일본의 군사전문가는 지적하고 있다.[51]

1980년대 이후 인민군 화학부대들은 확장되어 오늘날에는 연대급에 화학소대, 사단급에 화학중대, 군단급에 화학대대를 편성하고 있으며, 화학부대 총인원은 13,000여 명(북한군 총병력의1.1%)에 달한다.[52] 이 북한군의 편성과 인원을 보면 화학전을 얼마나 중요시하는 군대인가를 알 수 있다.

인민군 정규군의 화학부대

---

51) 軍事硏究 1994.8, p.81~82
52) 北朝鮮 人民軍の 全貌, p.127, 北韓軍의 特殊武器 能力가 開發 展望, p.114, 軍事硏究 1994.8, p.82에는 化學部隊 총인원을 9,900명으로 기록하고 있음

그리고 북한 인민군의 화학 훈련도 80년대초부터는 방어작전 훈련에서 공격작전 훈련으로 전환하고 훈련횟수도 급속히 증가하고 있다. 80년대초부터 ′91년도 사이에 총 630회의 화학전 훈련을 실시한 바 있으며, 이는 70년대의 총 훈련횟수보다 두 배 이상 증가된 것이다.

90년대에 와서는 훈련시간을 더욱 증가하고 있으며, 특히 매년 12월이면 인민무력성 주관으로 화생방전(화학, 생물학, 방사능전) 통합훈련을 평안북도 양덕(陽德)에서 실시하고 있는데, 이때는 인민군 전 화학부대들과 그들이 보유하고 있는 핵화학정찰차, 계산분석차, 제독차량 등의 장비들도 참가하여 화생무기와 핵무기를 사용하는 미래전쟁에 대비하고 있다.53)

현재 북한 인민군은 핵화학정찰차 500여 대와 제독차량 1,000여 대를 수입 보유한 것으로 알려지고 있다.

그리고 오늘날에는 예비군(교도대와 노농적위대)에게 가스마스크와 보호의 등의 화학장비를 지급하고 있으며 북한 전 주민에게도 가스마스크를 지급하고 있다.54)

흥남화학비료공장이 있는 흥남화학공업대학의 경우 학생노농적위대 화학연대를 편성하여 연간 200시간55)(야외훈련 2주간 포함)의 훈련을 실시하고 있다. 이처럼 북한은 군·관·민 학생 등 전 인민이 화학전, 생물학전, 핵전에 대비한 훈련을 실시하고 있다.

---

53) 金正日の 核と 軍隊, p.206~208.
　　화학무기금지협약과 화학전 대비책, p.30
54) 北朝鮮 人民軍の 全貌, p.129, 북한의 화생무기 대비방안연구, p.14
55) 軍事硏究 1994.8, p.90, 北朝鮮 人民軍の 全貌 p.129

3. 화생무기의 생산 및 보급 체계

인민무력성에서 화생무기의 소요량을 결정하면, 국방위원회 (위원장 김정일) 산하의 제2경제위원회56)에서 생산을 담당하고, 생산된 화학무기의 수송은 특별호송이 필요하므로 이는 인민무력성에서 담당하는 체계로 되어 있다.

제2경제위원회 산하에는 7개의 기계산업국이 있는데 그중 '제5기계산업국'이 핵 및 화학 생물학무기를 개발 및 생산을 담당하는 부서로서, 화학무기 생산에 필요한 일정량의 화학무기 작용제와 화학무기를 생산하도록 관할 생산공장에 지시하여 생산된 화학탄을 군에 인계한다.(부록#21. 제2경제위원회 기구 참조)

제2경제위원회

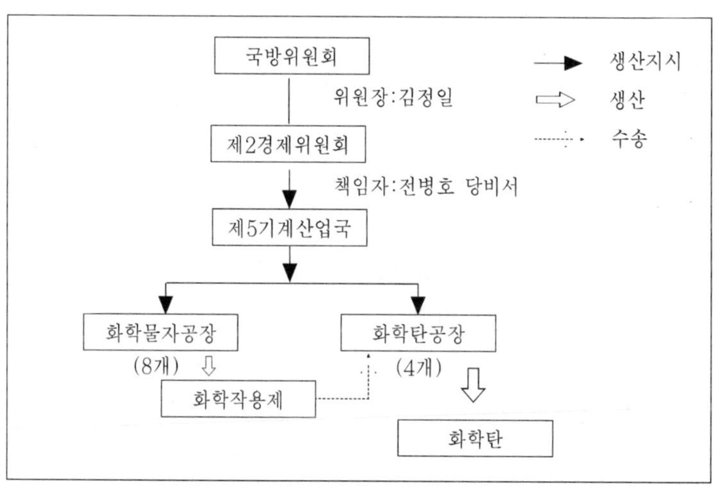

---

56) 제2경제위원회는 국방위원회 직속의 기구로 북한의 군수산업을 총괄하며, 군수물자의 생산과 배분 그리고 자금조달을 기획하고 군수물자의 해외판매 및 구입도 담당하고 있음. '96년12월 Jane's.I.R지에는 북한 노동당 중앙위원회 산하의 기구로 분류하였으나, '97.12.12 Jane's Defence Weekly지는 국방위원회 직속기구로 수정하고 있다.

제5기계산업국은 북한 전역에 있는 화학물자 생산공장 중 아오지, 청진, 함흥, 신흥, 안주, 순천, 만포, 신의주에 있는 8개의 공장(부록#22, 화학작용제 생산공장 참조)들에서 생산되는 화학작용제를 자강도의 강계와 평안북도의 삭주 등 4개의 화학탄 생산공장(2개 공장은 미상)에 보내어 군이 요구하는 화학탄을 제조 생산하게 된다.57)

화학탄 연구는 인민무력성 예하의 국방과학원과 핵화학방위국 등 여러 연구소에서 연구하고 있으나 주로 국방과학원 부설 화학연구소(평양 소재) 소속의 3개의 분원(分院), 즉 함흥화학연구소, 강계화학연구소, 신의주화학연구소에서 화학탄의 연구를 담당하고 있으며, 이들 연구소에서 연구된 자료에 따라 화학탄 공장에서 화학탄을 생산하게 된다.58)

화학탄 공장에서 생산되는 화학탄은 80mm 이상의 포탄과 122mm~240mm 방사포 로켓탄, 프로그 로켓탄, 전폭기와 헬기용 폭탄 그리고 SCUD 미사일용 화학탄두 등이며 비행기에서 직접 살포하는 분말과 액체로 된 작용제도 제조한다.59)

화학탄 생산공장에서 생산된 화학탄을 인수하고 운반, 저장하는 책임은 '핵화학방위국'에 있으며, 핵화학방위국의 지시에 따라 예하의 '마람자재상사'와 '지하리상사'가 이를 전담하고 있다. 또 화학작용제와 화학탄을 생산하는 공장에서 추가적으로 소요되는 특수약품을 획득하고 보급해 주는 업무는 '함흥관리소'가 담당하고 있다.60)

---

57) 金正日の 核と 軍隊, p.162
58) 국방백서, p.126
59) 金正日の 核と 軍隊, p.163
60) 상게서, p.164

<요도2> 화학시설

　생산된 화학탄은 바로 마람자재상사와 지하리상사에 인계
되고, 인수한 탄약은 종류별로 분류한 뒤 일부는 양 개 상사
의 화학탄 저장고인 평양시 용성구역 마산동(구 마람동)과 강
원도 안변군 지하리에 있는 지하 저장시설에 저장하고 나머지
는 육군의 각 군단 보급소와 훈련소, 해공군 및 호위총국의
화학부대 등에 직접 보급한다. 그리고 전방에 있는 6개의 화
학무기 저장소(황촌, 산음리 2개소, 삼산동, 사리원, 왕재
봉)61)까지 운반 호송해 주게 된다. 이들 보급소는 모두 전방
부대 보급에 용이하게끔 평양 남방에 위치하고 있다.(부록
#23. 화학무기 생산 및 보급체계도 참조)

---

61) 국방백서('97~'98 및 '90), p.55와 p.88

화학작용제 저장시설 (요도#2 참조)

구분	소재지 (소재 道)	저장시설	비　　고
1	黃　村 (평양)	지하저장고, 30대 화학차량, 저장탱크 25개	총참모부, 핵화학방위국 직속, 저장시설중 최대
2	山陰里(北) (黃北)	지상·지하저장고, 저장탱크, 화학작용제가공공장	화학작용제 저장,가공
3	山陰里(南) (黃北)	반지하저장고, 지하저장탱크	소요부대에 분배
4	三山洞 (黃北)	반지하저장고, 지하저장탱크	평양방위사 소속
5	沙里院 (黃北)	지하저장고, 저장탱크	8.15기계화군단 소속
6	왕재봉 (강원도)	저장고	5군단 소속

출처: 북한 인민군의 전모 p.128

　　이런 생산체계에서 만들어지는 북한의 화학무기의 종류는 신경성 작용제인 타분(GA), 사린(GB)과 V계열의 VX, MX를 비롯하여 질식성 작용제인 포스겐(CX), 수포성 작용제인 머스터드(HD), 최루성 작용제인 아담사이트(DM), 그리고 혈액작용제인 수산화시안화물(AC) 등 약 20종의 화학작용제를 생산하는 것으로 알려져 있으며, 특히 북한은 머스터드, 포스겐, 사린, V계열(VX,MX) 작용제의 생산과 연구에 치중하고 있는 것으로 알려져 있다.[62]

　　북한이 화학무기를 생산할 수 있는 능력은 평시에 1일 약 15.2ton 연간 약 4,500ton에 달하며, 전시에는 1일 약 40ton 연간 약 12,000ton의 생산능력이 있는 것으로 판단하고 있다.[63]

---

[62] 北韓軍의 特殊武器 能力과 開發展望, p.114, 한국일보 '96.8.12
[63] 상게서, p.114, 세계일보 '97.4.30, 한국일보 '96.8.12

북한의 화생무기 생산능력

구분	평 시	전 시
1일	15.2ton	40.0ton
연간	4,500ton	12,000ton

북한은 '89년도까지 약 180ton~250ton의 화학무기를 비축하고 있었으나 1980년 이후 김일성의 화학탄 대량생산 지시에 따라 1996년도에는 1,000ton 내지 5,000ton의 화학무기를 보유하고 있다고 영국의 군사전문지 제인스 인텔리전스 리뷰지(96년 8월호)는 보도하고 있다.64)

또한 '97.5.6 한국 외무부장관은 국회 통일 외무위원회 답변에서 "북한은 연간 5,000ton 규모의 화학무기 생산능력을 갖고 있는 것으로 파악되며, 화학무기 보유량도 최대규모 5,000ton으로 추정된다"고 밝힌 바 있다.65)

그리고 1997년 7월 '한·미 정보관계관회의'에서 "북한은 2,500~5,000톤의 화학무기를 보유하고 있는 것으로 최종 판단하였다."66)고 밝힌 바 있다.

북한은 화학무기 개발과 동시에 생물학무기도 개발하고 있다. 생물학무기 생산은 화학무기나 핵무기 시설처럼 대규모 시설이 아닌 소규모 시설의 병원이나 방역연구소와 같은 곳에서 배양 생산할 수 있으므로 비밀리에 생산하기가 용이하다.

북한의 생물학무기와 관련된 연구소로는 김일성 의과대학,

---

64) 한국일보 1996.8.12
65) 동아일보 1997.5.7
66) 중앙일보 1997.8.16

김만유 기념병원 방사선연구실, 201 및 501세균연구소 등
67)이 있는가 하면 당 중앙생물연구소, 의학과학원 미생물연
구소, 국방과학원 의학연구소, 정무원 산하의 중앙위생방역연
구소와 평남 함천군에 대규모 지하 세균연구소 등에서 탄저
균, 페스트균, 콜레라, 장티푸스, 발진티푸스 등 13종의 생물
학 작용제를 연구하고 있으며, 평북 정주에 있는 제25호공장
은 세균생산 시설로 알려져 있다.68)

국방부의 국방백서에 의하면 "북한은 생물학 작용제를 배양
생산할 수 있는 시설을 다수 보유하고 있으며 세균무기인 콜
레라, 페스트, 탄저균, 유행성 출혈열 등 전염병 작용제까지
배양 생산하여 생체실험까지 한 바 있다"고 이미 수년 전에
밝힌 바 있으며,69) 최근('98.4.3)에 워싱턴 타임지도 북한
의 수용소에 있는 정치범 등 재소자를 대상으로 생물학무기
생체실험70)을 이미 완료했다고 보도하였다.

생산된 이들 생물학무기의 저장소는 확실치는 않지만 핵화
학방위국 예하의 마람자재상사와 지하리상사 소재(평양시 용
성구 마산동과 강원도 안변구 지하리)의 지하저장소에 저장되
고 있는 듯하다고 Jane's Intelligence Review지('96.8)가
보도했다.71)

이들 생물학무기에 대한 생산능력이나, 비축량도 별도로 알
려진 바 없으나 현재 북한이 보유한 화생무기 2,500ton~

---

67) 軍事硏究 1994.8. p.82
68) 北朝鮮 人民軍の 全貌. p.126. 북한의 화생무기 대비방안연구. p.16
69) 國防白書 '91~'92. p.114
70) 北朝鮮 人民軍の 全貌. p.126. 美國 디펜스 포럼 재단의 "수잔 숄티" 이
    사장이 1998.4.3 워싱턴 타임지 발표.
71) 한국일보 1996.8.12

5,000ton에 생물학무기가 포함되어 있으며 생산 및 보급 절차는 화학무기와 동일하다.

다만 이 생물학무기는 화학무기보다 100만분의 1의 적은 량으로 치명적인 효과를 걸을 수 있는 전략적 차원의 무기임을 우리는 알고 있어야 한다.[72]

4. 화생무기 투발수단

앞 항에서 북한은 2,500ton~5,000ton의 화생무기를 보유하고 있음을 지적했다.

5,500ton에 달하는 엄청난 양의 화학무기를 운반할 수 있는 투발수단을 북한은 현재 보유하고 있는가? 라는 질문에 북한 지상군은 박격포, 야포, 방사포(다연장로켓), 프로그-5/7, 지대지 로켓과 SCUD 미사일, 해군은 화력지원정, 공군은 전투기, 폭격기, 수송기, 헬기 등의 다양한 투발수단을 이용하여 우리의 전·후방으로 공격할 수 있는 능력을 보유하고 있다. 뿐만 아니라 북한의 특수전 부대원들이 직접 화·생무기를 휴대하고 침투하여 테러를 자행할 수도 있을 것이다[73]라고 국방부는 밝히고 있으며, 외무부도 ´95.9.22 국회에 제출한 보고서에서 "북한이 보유한 야포나 로켓의 대부분은 화학무기의 탑재능력을 보유하고 있으며, 이들 무기는 한국 수도권에 도달 가능하다. 그중에서도 SCUD 미사일에 탑재하면 한반도 전역이 사정권 내에 들어간다"고 밝혔다.[74]

사실 북한이 화학무기를 각종 포와 방사포, 항공기 등을 이

---

72) 北韓軍의 特殊武器 能力과 發展展望 p.117
73) 국방백서 ´97~´98 p.57,113
74) 軍事硏究 1996.1, p.181

방사포 발사 장면

용하여 전 전선에 걸쳐 전술적으로 운용하는 데는 제한이 없을 것이나, 현 휴전선에서 수도권에 화학무기를 운용하려면 사정거리 관계상 170mm 자주포, 240mm 방사포, 프로그-5/7 로켓과 각종 항공기로 제한될 것이다. 이중 전방에 250여 문75)을 배치하고 있는 240mm 방사포는 야포에 비해서 명중률은 떨어지나 한 지역에 순식간에 대량의 화력을 집중할 수 있는 특성으로 화학무기를 발사하는데 가장 적절한 무기로 평가되고 있어, 우리에게는 아주 위협적인 무기로 판단하고 있다.

그리고 한국 전지역에 화생무기 공격을 하려면 SCUD 미사일이나 노동1호 미사일과 항공기로 더욱 제한될 것이다.

오늘날 발달된 대공미사일로 인하여 장거리 표적에 대한

---

75) 국방백서'97~'98, p.57

다연장 로켓

핵이나 화학무기 운반 수단은 장거리미사일을 이용하는 것이 가장 안전하며 상대 적에게는 더욱 위협적이다. 그러므로 만일 북한이 수도권 이남 지역에 화학무기를 사용하고자 하는 경우 SCUD 미사일이나 노동1호 미사일를 이용하려 할 것이다.

그렇다면 과연 북한은 SCUD 미사일 탄두에 화생무기를 탑재할 수 있는 화학탄두를 개발했는지의 여부가 주목된다.

일반 포나 로켓에 사용할 화학탄두 제작은 화학무기를 보유한 국가에서는 일반화된 기술이나 미사일에 탑재할 화학탄두 제작은 대단히 어려운 기술에 속한다.

일반적으로 화학탄두는 지상 200m에서 폭발되면 화학작용제가 너무 넓게 확산되어 독성 농도가 약해져 살상력이 저하되므로 화학탄두는 지상 100m 이하의 저공에서 폭발시키는 것이 요망된다. 그래서 포나 로켓의 탄두에는 일반 포에서 사용하는 '근접신관'76)을 사용하여 폭발고도 문제를 해결하고 있다.

그러나 SCUD 미사일과 같은 탄도미사일에 탑재할 화학탄두는 몇 가지의 문제점들을 해결해야만 한다.[77]

① 첫째는 미사일 탄두가 지상으로 도착 직전의 최종속도가 초당 1.6~1.8㎞(음속의 5~6배)로 이는 일반 포탄속도의 배나 되는데, 이 속도에서 지상 100m 이하 고도에서 정확히 폭발시킬 수 있느냐 하는 문제이다.

② 둘째는 미사일 탄두가 발사대에서 최초 발사시에 받는 충격과 또 대기권에서 재돌입시의 상승온도(2,000℃)와 낙하시의 진동 및 선회(旋回)에 견딜 수 있는가 하는 문제이다.

③ 세번째는 탄두 밑부분에 있는 폭발장약은 충진된 화학작용제를 손상없이 탄두의 탄피만을 파괴시킬 수 있느냐 하는 문제이다.

④ 네번째는 탄두에 충진된 액체의 화학작용제를 연무상태(Airosol)로 확산시킬 수 있는 특별장치가 추가되어야 한다.

이상 네 가지의 문제점이 해결되어야만 화학탄두를 미사일에 탑재할 수 있을 것이다.

앞의 ①,②번 문제는 일반 포에 사용하는 근접신관으로는 불가하다는 것이 밝혀졌으므로 '특수신관'이 개발되어야 하고, ③,④번 문제를 해결하는 데는 미국과 구 소련조차도 가장 힘들었을 정도의 고도한 기술이 요구되었다.

이처럼 선진국에서도 미사일에 화학탄두를 장착하기 위해서는 높은 수준의 기술이 요구되었던 것을 감안하면, 북한의 능력으로서는 쉽지 않을 것이라고 부정적으로 보는 견해도 있다.

---

76) 근접신관: 요망되는 저고도에서 폭발을 일으키는데 사용되는 장치
77) 軍事硏究 1994.8, p.56, 化學戰Ⅱ, p.79

그러나 북한의 일반 화학탄두 개발은 이미 1960년대 초부터 시작되었고, 1980년 11월 김일성의 화생무기 생산독려로 포와 항공기용 화학탄두가 대량생산이 되었으며, 또 1981년에는 이집트로부터 소련제 SCUD-B 미사일을 비밀리에 도입하여 1984년에 복제 생산에 성공하자 북한으로서는 SCUD 미사일에 탑재할 수 있는 화학탄두 개발에 착수했을 것이라는 것은 의심할 여지가 없다. 즉 미사일 개발계획과 미사일 화학탄두 개발계획은 상호관계에서 이루어졌을 것이 확실하다.[78]

지난 이란-이라크전쟁(1980~1988) 중인 1987년에 북한은 SCUD 미사일 100기 이상을 이란에 수출한 바 있고, 이후 이란은 SCUD 미사일용 화학탄두 개발에 성공하였는데 이는 북한의 기술지원에 의한 것이라는 첩보가 유력하다.[79]

그렇다면 북한은 이미 80년대 말까지 SCUD 미사일 탑재용 화학탄두 개발이 완성되어 있었다고 할 수 있다.

그리고 또하나 우리가 간과할 수 없는 것은 북한은 이미 80년대 중반까지 야포용 화학탄, 프로그-5/7 로켓과 방사포에 탑재할 화학탄두를 개발 생산하는 과정에서 많은 기술 축적이 있었을 것이고, 또 70년대 말부터 북한이 미사일 개발 계획을 시작할 때 또는 늦어도 '84년 SCUD-B 미사일 발사에 성공했을 때부터 미사일 화학탄두 개발계획도 병행되었을 것으로 보면, 북한은 SCUD-B 개량형 미사일이 양산된 80년대 말에는 완성되었을 것으로 판단할 수 있다.

비록 이때까지 완성이 되지 않았다 하더라도 SCUD-B 개량형 미사일을 개발한 지 벌써 10수년이 지난 지금(1999년)

---

78) 北韓軍의 特殊武器 能力과 開發展望, p .114

79) 軍事研究 1994.8, p.82

까지도 미사일용 화학탄두를 개발하지 못했다고 평가하는 것
은 억지일는지 모른다

영국 Aberdeen대학의 북한 문제 전문가인 Michael Sheehan 교수는 1994.9 '북한의 화학·생물학 및 독소전'이라는 논문에서 "북한은 SCUD 미사일 개발에 성공했을 때 여기에 탑재할 화학탄두를 이미 생산하기 시작했다"[80]고 밝혔다. 또 SCUD-B 미사일 탄두에는 VX작용제 560kg를 탑재할 수 있다는 자료도 있다.

그리고 금년에 발간된 국방백서에도 "SCUD 미사일과 항공기 등으로 원거리 목표지점까지 화학무기로 공격할 수 있다"[81]고 밝힌 것을 보면 SCUD 미사일에 탑재할 화학탄두 개발이 완료된 것은 이제 의심할 여지가 없다.

다만 노동1호 미사일과 대포동 미사일에도 탑재할 수 있는 화학탄두를 개발했느냐 하는 의문의 남아 있다. 왜냐하면 SCUD-B 개량형 미사일의 최종속도가 1.7km/sec인데 비해 노동1호 미사일은 2.8km/sec로 1.6배 이상이나 빠르고 대포동 미사일의 최종속도는 훨씬 더 빠를 것이다.[82]

이처럼 노동1호 미사일과 대포동 미사일의 최종속도에 견딜 수 있는 화학탄두를 개발했는지 확인은 되지 않고 있으나, 최근 북한은 노동1호 미사일의 경량화에 성공하여 화학탄 탑재가 가능한 것으로 추정되고 있다.[83]

또 일본은 노동1호 미사일에 의한 화학탄 공격의 가능성을

---

80) North Korea C.B.T Warfare Capabilities, p.75
81) 국방백서'97~'98, p.56
82) 전략연구(통권 제9호) p270
83) 화학무기금지협약과 화학전 대비책, p.30

추정하고 상당한 우려를 표시하고 있으며, 미국도 "앞으로 수년 내에 미국의 120개 도시가 북한의 화학무기 공격에 위협받을 수 있는 상황이다"라고 '코언' 미국방장관이 밝히고 있을 정도다.[84]

그리고 작년(1998년도) 한국 국방부는 SCUD 및 노동1호 미사일 650여 발 중 60% 가량이 화학탄두로 추정된다[85]고 밝힌 바 있음을 상기하고, 비록 확증이 아닌 추정이라 하더라도 북한과 대치하고 있는 한국으로서는 북한의 모든 미사일이 화학탄을 탑재할 수 있다고 보고 이에 대처해야 할 것이다.

---

84) 코언 미국방장관 1997.4.18 ABC방송에서 언급
85) 한국일보 1998.9.28

第4節 북한의 화생무기 위협과 한국의 우려

1. 북한 화생무기의 위협

북한은 2,500ton 내지 5,000ton의 화생무기를 보유하고 있을 뿐만 아니라 남한 전역을 공격할 수 있는 다양한 화생무기 투발수단을 보유하고 있다. 유사시 북한이 이들 화생무기로 남한을 공격해 온다면 과연 그 피해범위가 어느 정도 미칠 것인지 분석해 보아야 북한이 보유한 화생무기에 대한 위협을 평가할 수 있을 것이다.

가. UN보고서의 자료에 의한 분석

1969년 우탄트 UN사무총장은 "화학 및 생물학무기 사용시 효과"라는 보고서[86]에서 핵무기와 화학무기, 생물학무기를 노출된 인원에 대해서 사용할 때 피해지역의 범위를 비교판단한 자료를 제시하고 있다.

핵무기 · 화학무기 · 생물학무기 공격시 피해지역 비교

무기종류 평가기준	핵무기 (1MT)	화학무기 (15ton)	생물학무기 (10ton)
피해지역	300㎢이상	60㎢이상	100,000㎢이상
효과지속시간	수초	수분	수일
건물파괴	100㎢지역 이상	없음	없음
공 격 후 정상회복기간	3~6개월	오염기간동안	잠복기간 또는 전염후

---

86) Capabilities and Prospect of Special Weapon System of North Korean Military, p.80

(이 자료는 노출된 인원에 대한 피해효과임)

이 자료를 적용하여 서울시(총면적 606㎢) 전역에 피해를 주기 위해서는 각 무기별로 어느 정도의 무기위력이 필요한지 단순계산으로 화생무기의 위력을 비교해 보자.

ㅇ핵무기 : UN 자료에 의하면 1메가톤(MT)의 핵무기가 폭발시 300㎢ 지역에 있는 노출된 인원에게 피해를 주므로 606㎢의 서울시는 면적상 300㎢의 2배가 되므로 서울시 전역에 피해를 주기 위해서는 단순계산으로 1MT의 핵무기 2개, 즉 2MT의 핵무기가 필요하다.(그러나 제2장에서는 1MT 1발이면 서울시에 피해를 주는데 충분한 것으로 판단한 바 있다.)

※1MT과 2MT 무기의 위력은 두 배이나 피해효과가 꼭 2배로 되는 것은 아님을 밝혀둔다. 이하 화학무기와 생물학무기의 위력과 피해 효과도 동일함.

ㅇ화학무기 : 15ton의 화학무기를 살포하면 60㎢ 지역에 피해를 주게 된다는 UN 자료를 적용하면, 60㎢의 10배 넓이가 되는 606㎢의 서울시 전역에는 약 150ton의 화학탄을 살포해야 된다는 단순계산이 나온다. 이 양은 IL-28폭격기[87]로는 약 50대 분이고, SCUD-B 미사일[88]로는 약 267발, 152㎜포탄[89]으로는 약 33,300발이 소요되는 분량이다.

ㅇ생물학무기 : 10ton의 생물학무기를 살포하면 10만㎢ 지역에 피해를 주게 된다는 UN 자료를 인용하면, 10만㎢는

---

87) IL-28폭격기: 북한이 보유한 폭격기로 폭탄을 최대 3,000kg를 적재한다.
88) SCUD-B 미사일: 이 미사일의 탄두에는 신경성 화학작용제(VX)를 560kg 충진한다.
89) 152㎜ 포탄에는 4.5kg의 신경성 화학작용제를 충진한다.

서울시 면적 606㎢의 165배 넓이이므로 단순계산으로 서울시에는 생물학무기 10ton의 1/165인 60.6kg의 생물학 무기가 소요된다.

    ※ 10ton×1/165＝60.6kg

서울시(606㎢)에 피해를 주는데 소요되는 무기의 위력 비교

구 분	핵무기	화학무기	생물학무기
소요 무기위력	2MT (2,000KT)	150ton	60.6kg

(이 자료는 단순계산 한 것임)

즉 606㎢의 서울시에 피해를 주기 위해서는 2MT의 핵무기 위력이 필요하다. 2MT의 핵무기 위력은 일본 히로시마(광도)에 투하한 20KT 핵무기의 100개에 상당하는 위력이다.[90] 이와 동일한 효과를 얻을 수 있는 화학무기는 150ton, 또는 생물학무기 60.6kg만 있으면 서울시의 노출된 시민에게 핵무기의 효과와 동일한 피해를 줄 수 있다는 결론이다.

서울시에 피해를 주는데 150ton의 화학무기가 소요된다면 북한이 보유한 화학무기 5,000ton으로는 서울시만한 도시 33개 도시, 그리고 서울시의 절반 크기의 도시 66개 도시에 피해를 줄 수 있다는 계산이 나온다.

이처럼 화생무기는 핵무기처럼 물리적 파괴력은 없으나 적

---

90) TNT(폭약) 1,000ton을 폭발시켰을 때와 같은 위력의 핵무기를 1KT(Kilo-ton)라 하고, 1,000KT는 1MT(Mega-ton)이라 한다.
    일본 廣島에 투하한 핵무기는 20KT였다. 2MT과 20KT를 비교하면 2MT의 위력은 20KT 위력의 100개에 해당된다. 그러나 2MT 1발과 20KT 100발의 피해효과는 일치하지 않는다.

은 양으로도 인명피해는 핵무기에 버금가는 또는 그 이상의 대량 살상무기임을 우리는 쉽게 이해할 수 있다.

나. 군 당국에 의한 분석

군 당국의 자료는 UN의 자료보다 더 위협적이다. 즉 '97.8 한국의 합참본부에서 북한의 화학전 능력을 분석한 내용을 보면 "북한이 유사시 전쟁발발 3일 동안 수도권 지역에 방사포와 야포, SCUD 미사일, 항공기 등을 통해 70ton의 화학무기를 사용할 것으로 예상되기 때문에 엄청난 인명피해가 우려된다"[91]고 했다.

이 군 당국의 자료(수도권에 70ton 소요)는 UN 자료(서울에 150ton)의 절반이하의 화학무기로 피해를 줄 수 있다는 자료가 된다. 이 차이에는 아마도 50%의 인원을 사망시킬 것인지 아니면 무능력화시킬 것인지의 차이일 것이다.

수도권 피해에 70ton이 소요된다고 하나 서울시에만 피해를 주는데 70ton이 소요된다고 가정하더라도 북한이 보유한 5,000ton이면 서울시만한 크기의 71개 도시에 피해를 줄 수 있으며, 서울시 크기 절반 정도의 142개 도시에 피해를 줄 수 있는 양이 된다는 계산이 나온다.

5,000톤의 화학무기 위력

구　　분	UN자료 (서울에 150ton)	군 당국 자료 (수도권에 70ton)
서울시만한 크기의 도시	33개	71개
서울시 절반 크기의 도시	66개	142개

〈참고〉 한국에는 특별시 1, 광역시 6, 일반시 72, 계 79개 시가 있다.

---

91) 한국일보 1997.8.18

그리고 또 합참의 군사전문가들은 "북한이 남침을 감행할 경우 개전 3일 내로 약 700ton의 화학무기를 투발, 남한의 주요 표적을 제압하려 할 것"으로 분석했다.[92]

남한의 주요 표적을 제압하는데 700ton의 화학무기가 소요된다는 군 당국의 분석자료와 '수도권'을 제압하는데 소요된다는 70ton의 군 당국 자료를 연계시켜보면 이런 결론의 도출이 가능하다. 즉 남한의 각 도지역을 한두 개의 권역(圈域)으로 분할하면 전체적으로 약 10개 권역(대형 8개, 소형 6개)이 된다.(요도#3 참조)

가장 큰 1개 권역(수도권)을 제압하는데 70톤의 화학무기가 소요되므로 남한 전역 약 10개 권역에는 약 700~750톤이 소요된다.

대형: 8개 지역×70ton=560ton
소형: 6개 지역×30ton=180ton
총계: 740톤

그러므로 남한 전체를 화학무기로 제압하는데는 약 700톤이면 가능하다는 계산이 나오는데 이것은 앞의 군 당국의 분석과 일치한다.

이 분석은 또 "화학무기 1,000톤이면 남한 인구 4,000만 명을 살상하고도 남는 양이다"라는 분석과도 일치한다.[93]

남한의 주요 표적을 제압하는데 700ton이 소요된다는 군 당국의 자료를 기준으로 하면 현재 북한이 보유하고 있는 2,500ton 내지 5,000ton의 화학무기는 "남한의 주요표적을 3번 내지 7번을 제압할 수 있다"는 위협적인 결론에 도달하게 되는 데에 우리는 주목할 필요가 있다.

---

92) 세계일보 1997.4.30

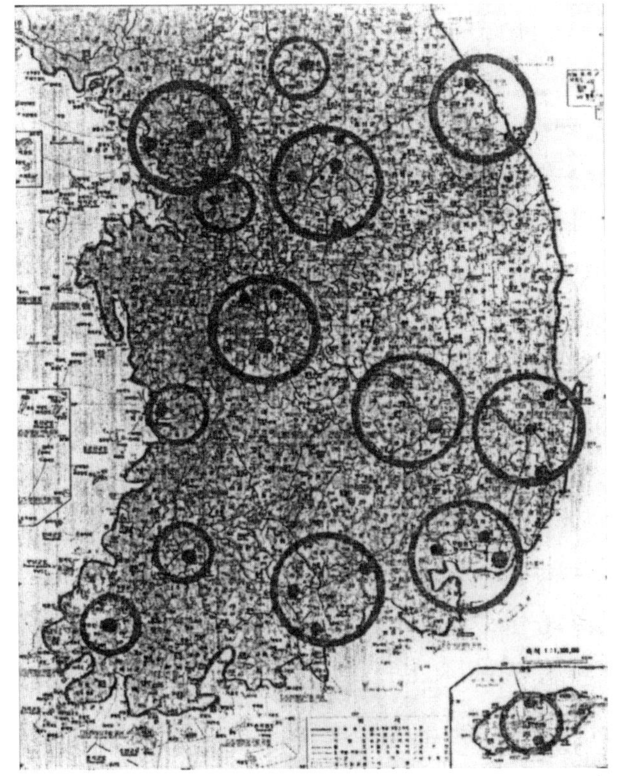

그리고 ′97년 9월 군 당국은 "북한이 항공기와 프로그 로 켓으로 화학탄 10여 발(약 2톤)을 서울의 역이나 고속터미널 등과 같은 인구 밀집지역 10여 곳에 투발하는 경우 가스마스 크를 착용하지 않는 시민 20여만 명의 사상자가 발생할 것이 다."[94]라고 분석한 바 있는데, 이것을 다시 단순계산해 보면 화학탄 1발(2kg)이면 가스마스크를 착용하지 않은 밀집된 인 원 2만여 명에게 사상자를 발생시킬 수 있다는 것은 예외적

93) 화학무기금지협약과 화학전 대비책, p.28
94) 조선일보 1997.9.9

인 최악의 경우라 하더라도 이것은 너무나도 엄청난 피해를 주는 결과로 "화학무기 위력은 전술 핵무기에 필적한다"[95]는 주장이 실감나는 자료이다. 그러나 밀집된 지역이라 하더라도 가스마스크라도 착용하면 상당한 피해를 줄일 수 있다는 경고 메시지이기도 하다. 우리는 지금 이런 위협을 외면한 채 살아가고 있다.

2. 북한의 화생무기 위협에 대한 한국의 우려

1991년 1월 걸프전이 발발했을 때 이라크는 이스라엘 도시에 AL-Hussein 미사일 공격을 가했다. 이때 이스라엘 시민들은 혹시 화학탄 공격일지 모른다는 공포감으로 가스마스크를 휴대하고 미사일 공격의 경보만 울리면 가스마스크를 착용하는 모습을 우리는 TV 화면을 통해서 남의 집 불구경하듯 보아왔다. 그러나 북한의 화생무기에 대한 위협을 검토해 본 결과 이스라엘 국민들이 가스마스크를 착용하던 모습이 지금은 남의 일같이 느껴지지 않는다.

① 북한은 화학무기금지협정(CWC)에 가입하지 않고 있음으로써 국제사회로부터 아무런 제약 없이 화생무기를 개발하고 생산하여 지금은 2,500ton~5,000ton을 보유하고 있는 세계 제3위의 화학무기 보유국이고, 이들 무기는 한국을 3번 내지 7번 제압할 수 있는 양이 되며, 이들 무기는 모두 전선부대에 지원 용이하게끔 평양 이남에 저장하고 있다. 또 전시에는 연간 12,000ton의 화학무기 생산능력을 보유하고 있다. 그러함에도 한국은 CWC에 가입하여 화생무기의 개발과

---

95) 軍事硏究 1995.6, p.50

생산, 저장, 사용도 않겠다고 선언했다.

② 북한의 화학탄 투발수단은 박격포로부터 야포, 방사포, 프로그 로켓, 지대지 미사일, 해군의 지원정 그리고 각종 항공기 및 헬기 등 다양한 수단을 보유하고 있으며, 특히 수도권은 현 휴전선에서 170mm 포와 240mm 방사포, 프로그 5/7 로켓, 항공기 그리고 수도권 이남지역은 SCUD 미사일과 노동1호 미사일로 대량의 화학무기 공격이 가능하다.

③ 뿐만 아니라 북한은 화학전 전문 특수부대가 편성되어 있어96) 유사시 남한의 전후방으로 은밀 침투하여 주요 부대와 시설, 인구 밀집지역 등에 화생무기를 대량 살포하여 한국군 전력에 치명적 타격을 주고 후방지역에는 혼란과 마비를 조성할 수 있다.

④ 그리고 우리 국방 정보당국은 "북한이 경고없이 남한을 공격해 올 경우 아군의 전방사단과 공군기지 및 수도권 등에 집중적으로 화학무기 공격을 가할 것으로 예상하며, 이때 전방 병력의 절반 이상이 심각한 피해를 볼 것으로 추정된다"고 분석하였으며97) 미국의 시사전문지 타임지도 "한국전쟁 발발시 일선에 배치되어 있는 한국군 가운데 수십%가 독가스로 피해를 입을 것이다"라고 경고하고 있다.98)

⑤ 우리 국민은 북한의 화학공격에 대비하여 집단방호시설뿐만 아니라 상당한 피해를 감소시킬 수 있는 가스마스크조차도 준비하지 못하고 있는 무방비 상태에 놓여 있는 것은 북한 인민이 100% 가스마스크를 보유하고 있는 것과는 대조적이

---

96) 北朝鮮 人民軍の 全貌, p.126
97) 중앙일보 1997.8.16
98) 세계일보 1997.4.30

다.

⑥ 일본과 미국은 북한의 노동1호 미사일과 대포동 미사일이 일본 전역과 미국 본토까지 화학탄 공격의 가능성을 지적하고 있다. 이는 북한이 남침시 미국과 일본으로 하여금 한국을 지원할 수 없도록 하는 위협수단으로 사용될 수 있을 것이라는 데 우리는 주목해야 한다.

이상 지적한 바와 같이 세계 제3위의 화생무기를 보유한 북한과 대치하고 우리는 북한의 가공할 화생무기 위협에 노출된 채 우려만 하고 있다. 대책이 강구되어야 한다.

第 5 章

- 총요약
- 위협에 대한 대책

第5章 총요약 및 위협 대책

지금까지 각 장에서 단편적으로 북한의 위협 실체에 대해서 언급하였다.

이 위협은 우리가 얼마나 슬기롭게, 또 얼마나 철저히 대비하느냐에 따라 위기의 실체는 달라질 수 있는 것이므로 본 장에서는 각 장에서 언급된 내용을 다시 한번 총정리해 보고 그 총체적인 위협에 대한 대책을 언급해 보고자 한다.

第1節 총요약

1. 최악의 핵전쟁 시나리오

북한 국방위원회 위원장을 비롯한 군 수뇌부와 군단장급 이상이 모인 자리에서 김일성 군사종합대학에서 작성한 소위 조국통일 전쟁계획(남침 전쟁계획)을 보고하고 이 계획에 대한 열띤 토의를 진행하는 과정에서 북한 지도층의 전쟁사상을 추정해 볼 수 있다.

북한은 현 배치상태에서 부대의 재배치없이 공격할 수 있다는 이점과 장거리 포병무기와 로켓, 장거리 탄도미사일, 강력한 기동부대 그리고 10만의 특수전부대 보유 등의 강점에 은밀히 생물학무기를 사용하는 선제기습공격으로 남침을 시작하고는 곧이어 핵미사일 공격으로 속전속결하려는 가상 남침 전쟁 시나리오이다.

이 남침 전쟁계획에서 특징적인 점을 열거해 보면,

○한반도에서 핵미사일과 생물학무기를 사용하고 필요시는 화학무기를 사용하는 최초의 핵·화생무기 및 미사일 전쟁이라는 점∝

○그리고 선제기습공격으로 당일로 서울을 포위하고 수원-강릉선을 확보하고, 5일 작전으로 남한을 석권하는 속전속결 전쟁을 시도하고 있다.

ㅇD일 공격개시시간 1시간 전에 서울 시내로 직접 공중침투하는 특수전부대의 작전을 보면 절반 정도 이상의 병력 손실을 예상하면서까지 감행하는 인간생명 경시의 잔인한 대담성을 엿볼 수 있다.

서울 외곽 4개소의 골프장에 AN-2기로 착륙한 특수전부대들은 서울 시내로 침투하면서, 우선적으로 발전소와 변전소를 습격하여 서울 시내를 암흑의 도시로 만든다. 이 시기에 AN-2기 30여 대가 서울 상공으로 직접 비행하여 한국군의 대공사격이 실시되는 가운데, 특수전부대를 낙하시킴으로써 낙하 도중 절반 정도의 인원이 사망되는데도 투입시키는 대담성을 보인다. 공중낙하한 병력과 외곽에서 침투한 특수전 병력들은 서울 시내의 주요시설 파괴와 무차별적인 습격 및 파괴행위 그리고 피아간의 요란한 총격전, 거기에다 정전과 통신 불통, 방송 중단, 교통 마비, 급수 중단 등으로 서울 시내는 그야말로 공포의 암흑도시로 변모하게 되고 날이 밝으면서 서울 시내는 휴전선으로부터 공격을 개시한 북한군의 기동부대에 의한 대포위작전으로 1,000만의 서울 시민들을 인질로 하는 작전을 구상하고 있다는 점이다.

ㅇ또한 10만의 특수전부대를 해상으로, 공중으로, 지상으로, 땅굴로 침투하여 전후방 동시 전장화로 동원부대들의 전방 이동을 차단하고 후방지역에 살인, 방화, 습격, 폭격 등 대혼란을 야기하는 마비 전쟁형태이다.

ㅇ더욱 중요한 것은 핵미사일과 생물학무기를 실제로 사용하고 핵 및 화생무기 사용 위협으로 미군의 전쟁개입과 일본의 전쟁지원을 차단하는 전략을 구상하고 있으며 이런 목적으로 대포동 미사일과 같은 장거리 탄도미사일을 개발하고 있다

는 점이다.

이와같은 가상전쟁은 북한이 핵과 미사일 그리고 화생무기를 보유하고 있음을 전제로 한 것이며, 남한에는 미군의 전술핵무기 철수로 단 한 발의 핵무기도 없음은 물론 화생무기도 없다는 약점을 이용한 일방적인 전쟁이라 할 수 있다.

2. 북한의 핵무기

북한이 핵무기를 보유하고 있느냐를 검토하기 전에 핵무기의 가공할 위력에 대해서 먼저 언급했다.

일본에 사용한 미국의 핵무기는 오늘날 핵무기의 위력 중 비교적 저위력의 20킬로톤(KT)이다. 이 20KT 위력만 해도 핵폭발지점으로부터 2.5㎞ 이내에서는 50% 이상의 인원이 사망하고 대화재가 발생하였으며, 4㎞ 이내의 건물은 거의 파괴되었고 5㎞ 이내에서도 상당한 인명 피해를 주었다. 일본 히로시마시의 33만 명 인구중 20만 명이 사망함으로써 전체 시 인구의 60.6%가 사망했고 건물은 90%가 완파 또는 반파의 피해를 입었다. 히로시마시는 인구 33만 명의 소도시이나 서울과 같은 대도시에는 대위력 핵무기가 투하될 경우의 피해를 판단해 보았다.

만일 서울 광화문 상공에 1메가톤(MT)의 핵무기가 폭발한다면 광화문으로부터 반경 5㎞ 이내의 인원은 모두 사망하게 되고, 10㎞권 이내는 대부분이 사망하고, 15㎞권 이내에 생존자는 극소수에 지나지 않을 것으로 판단되므로 인구 1,000만을 가진 서울시는 1MT 핵무기 단 한 발로 대량살상, 대량파괴의 피해를 입게 될 것이다.

이런 끔찍한 대량살상무기가 핵무기인데 이런 핵무기를 북한은 개발하고 있다는 사실이다.

핵무기를 제조하려면 핵무기의 원료인 플루토늄을 획득해야 하고 이 플루토늄을 폭발시킬 기폭장치를 개발해야 한다.

북한은 이 플루토늄 획득을 위해서 평북 영변에 핵단지를 조성하고 여기에 플루토늄을 생산하는 원자로(흑연감속로)를 건설하였고, 이 원자로에서 생산되는 사용후핵연료를 재처리해야만 플루토늄이 추출되는데 이 플루토늄을 추출하는 재처리공장(북한은 방사화학실험실이라 했다)을 건설하였으며, 이 곳에서 핵무기 1~3발 정도를 만들 수 있는 플루토늄 6~18kg을 생산하였다. 이것은 1994.4.28 한국 대통령이 공식적으로 밝힌 숫자이다.

플루토늄이 획득되면 이 플루토늄을 폭발시킬 기폭장치의 개발이 다음 단계이다. 북한은 이 기폭장치 개발을 80년대 초부터 시작하여 80년대 중에 영변지역에서 70회 이상이나 기폭장치 실험을 실시했으며 ′93년도에는 기폭장치 완제품실험(package실험)을 완료했다고 한국의 국방장관이 ′93년3월에 확인하였다. 이 기폭장치의 완제품실험은 실제 핵실험과 같은 것으로 핵무기가 완성된 것이나 다름없다. 그리고 공식 비공식적으로 밝혀진 내용들과 핵 전문가들의 견해를 종합해 보면 북한의 최초 핵무기는 ′90~′91년도에 제작되었고 ′94년도까지는 그들이 보유한 플루토늄으로 제작 완성된 핵무기는 최소한 1~3발, 많게는 4~6발 정도 보유하고 있을 것으로 추정하고 있다.

이 핵무기를 투발할 수 있는 수단은 항공기(북한의 MIG-

29 및 IL-28)와 미사일이 가용하다. 항공기는 대공미사일(SAM)에 취약하므로 사용하기가 곤란하나, 탄도미사일이 가장 적절한 투발수단이다. 그러나 미사일에 핵무기를 탑재하려면 핵탄두가 경량화되어야 가능하다. 북한이 제작한 핵무기의 중량은 '94년 기준으로 볼 때 약 2~3ton으로 추정되므로 이를 미사일에 탑재하기 위해서 1ton 미만으로 경량화하는 작업을 계속하고 있을 것이며, 이미 완성되었을 가능성도 배제할 수 없다.

북한은 미국의 핵 위협에 대처하기 위해서 그리고 한반도의 무력통일을 달성하기 위해서 핵무기를 개발하고 있다. 이런 북한의 핵 위협하에 우리가 놓여 있음을 판단하고 그 대책을 강구하는 것이 안보 담당자의 직무이다.

3. 북한의 탄도미사일

북한은 1975년도부터 중국과 공동으로 탄도미사일 개발을 시도했으나 중국 사정으로 중단되자 '78년도부터 독자적으로 탄도미사일 개발에 착수하여 '81년도에 이집트로부터 소련제 SCUD-B 미사일과 이동발사대를 비밀리에 인수하여 이를 분해 역추적공법으로 설계도를 작성했으며, 이 설계도에 따라 '84년도에 SCUD-B 미사일 복제품을 제작 시험발사에 성공하였다. '85년도에 북한은 SCUD-B 개량형 미사일(사정거리 320~340km) 개발에 성공하였고, 이후 사거리를 연장한 SCUD-C 개량형 미사일(사정거리 600km)을 1990년도에 완성하여 한국 전역을 사정권 내에 두게 되었다.

1993년도에는 사정거리가 1,300km에 달하는 노동1호 미사일을 시험발사하여 동해에 낙하시킴으로써 제주도와 일본 본토까지도 사정권 내에 두게 되었다. 이렇게 됨으로써 우리는 북한의 SCUD-B/C와 노동1호 미사일의 위협에 직면하고 있다.

북한은 여기에 만족하지 않고 다단계 장거리 탄도미사일인 대포동1호(사정거리 1,500~2,200㎞)와 대포동2호(2,000~4,000㎞ 최장 9,600㎞) 미사일을 개발중에 있다.

'98년 7월 미 의회 미사일위협 조사위원회에서는 대포동2호 미사일은 미 본토까지 공격할 수 있는 10,000㎞의 대륙간탄도탄(ICBM) 시험발사가 가능하다고 지적했다.

이로부터 한 달 후인 '98년 8월말에 발사한 북한의 대포동1호 미사일(3단 로켓)은 미 본토 일부까지 공격할 수 있는 가능성을 시사했고, 최근('99.2.2) 미 CIA 국장은 "북한이 현재 개발중인 대포동1호 미사일은 탄두를 경량화하면 미 본토 일부를 공격할 수 있으며, 대포동2호 미사일은 상대적으로 무거운 탄두를 운반, 미 본토를 공격할 능력을 갖추게 될 것"이라고 미 의회에서 증언한 바 있다.[1]

핵탄두가 경량화되면 북한은 핵무기와 화생무기로 한국은 물론 일본과 미국까지도 위협을 가할 수 있을 것이다. 여기에 비해 한국은 사정거리 180㎞의 단거리 미사일을 보유하고 있을 뿐이다.

4. 북한의 화학 및 생물학무기

화학 및 생물학무기는 기술적으로 제조가 용이하고 생산비

---

1) 조선일보 1999.2.4

용이 저렴하면서도 사용에 대한 증거인멸이 용이한 장점과 또 대량살상무기의 하나라는 점에서 전세계적으로 제조와 사용이 금지되어 있음에도 북한을 포함한 일부 저개발 국가에서 무기화하고 있다.

북한군은 1961년도에 인민군 총참모부에 화학국을 새로이 설치하여 화학전 준비를 갖추어 오다가 1980년11월 김일성이 노동당 군사위원회에서 화학 및 생물학무기 개발을 강력히 지시함으로써 본격적으로 화학무기 생산을 시작하여 지금은 화학작용제 생산공장 8개소와 화학탄 제조공장 4개소에서 연간 약 4,500ton의 화학무기 생산능력을 보유하고 있으며, 전시에는 연간 12,000ton을 생산할 수 있다.

이들 공장은 모두 평양-원산선 이북 오지에 위치하고 있으며, 완성된 화학탄은 1997년 기준으로 2,500ton 내지 5,000ton을 보유하고 있으며 이들 화학무기는 모두 평양 남방에 위치한 6개 저장시설에 저장하여 전방보급에 용이하게끔 하고 있다.

그리고 북한이 보유하고 있는 2,500~5,000톤의 화학무기는 남한에 있는 주요 지역 표적(14개 지역)을 3번 내지 7번을 제압할 수 있는 엄청난 양이 된다.

북한은 화학무기 생산뿐만 아니라 생물학무기 생산능력도 보유하고 있으며 1980년도에 바이러스균 배양실험에 성공하고 1980년대 말에는 생체실험까지 완료한 바 있어 언제라도 사용 가능한 상태에 있다.[2]

그리고 화학 및 생물학무기를 투발할 수 있는 투발수단은

---

2) 국방백서 1998, p.44

포, 방사포, 로켓, 미사일, 화력지원정(해군), 각종 항공기 그리고 특수전부대원들이 화생무기를 직접 휴대하여 사용할 수 있는 수단까지 다양하게 갖추고 있다.

1998년도에 국방부는 평양-원산선 이남에 있는 야포 5,000문 중 10%, SCUD 및 노동1호 미사일 650여 발 중 60% 가량이 화학탄두로 추정된다고 밝혔다.[3]

더욱이 북한은 화학무기금지협약(CWC)에 가입하지 않고 있어 화학무기의 생산 및 저장에 제한을 받지 않고 있으나 우리는 CWC에 가입하고 있어 화학무기의 생산 및 저장이 불가능할 뿐만 아니라 북한 인민 전체가 가스마스크를 보유하고 있는데 비해, 우리 국민은 가스마스크마저 보유하고 있지 못함으로써 북한의 화생무기 공격에 무방비 상태에 놓여 있는 실정이다.

---

3) 한국일보 1998.9.28

第2節 위협에 대한 대책

　북한의 핵무기와 화학무기의 실체에 대해서 검토하고 이를 운반할 수 있는 투발수단에 대해서도 확인해 보았다.

　문제는 북한이 개발한 핵무기와 화학 및 생물학무기 그리고 장거리 탄도미사일, 이 3가지 모두를 우리는 보유하지 못하고 있는 점이다.

　핵만 하더라도 우리는 한반도 내에 있었던 미군의 전술 핵무기(약 2천여 개)4)를 아무런 대가없이 '91.9.27에 철수했을때나, 또 우리 정부는 "우리는 핵무기를 제조하지 않을 뿐아니라 원자발전로의 연료를 만드는 평화적 목적의 농축과 재처리도 하지 않겠다"는 핵주권마저 포기한 한반도 비핵화선언('91.11. 6)을 했을 때, 북한으로 하여금 핵개발을 포기케 할 수 있는 절호의 기회를 고스란히 놓쳐버린 우리의 정책을 비웃기라도 하듯 북한은 그 이후에도 은밀히 플루토늄 추출과 핵무기를 제조하고 있었다는 사실이 밝혀지고 있다.

　80년대 말까지만 해도 북한은 핵을 보유하지 않은 상태에서 남한에는 미군의 핵무기가 있었다. 그러나 미군의 전술핵이 철수한 지금에는 우리가 한 발의 핵도 없는데 반해서 북한은 핵을 보유한 것으로 추정됨으로써 핵위협은 역전되어 우리

---

4) 동아일보 1998.11.4

가 북한으로부터 핵위협에 노출되어 있다.

화생무기에 있어서도 우리는 화학무기금지협약(CWC)에 가입하여 화생무기를 생산 및 저장조차 못하고 있으나 북한은 CWC에 가입하지 않고 비교적 자유롭게 화학무기를 생산하여 지금은 2,500ton~5,000ton을 보유하고 있음으로써 우리가 북한의 화생무기 위협에 노출되어 있다.

장거리 미사일 문제에 있어서도 북한은 SCUD-B 개량형 탄도미사일만 해도 우리의 수도권 이남까지 사정권 내에 두고 있고 SCUD-C 탄도미사일과 노동1호 미사일은 한국 전역을 사정권 내에 두고 있고, 개발중에 있는 대포동 탄도미사일은 대륙간 탄도미사일에 속함으로써 우리의 우방국까지도 사정권 내에 둘 수 있게 된다.

여기에 비해 우리는 한·미 미사일협정으로 180㎞ 이상과 탄두중량 500㎏ 이상의 미사일을 만들지 못함으로써 북한의 평양까지도 사정거리가 닿지 못하고 있는 실정이다. 그러므로 우리는 평양 이북까지 미치는 미사일을 보유하지 못함으로써 북한은 우리의 미사일 사정권 밖에서 그들의 미사일을 안전하게 사격할 수 있으므로 우리는 북한의 미사일 위협에 완전 노출되어 있다.

이렇게 우리는 북한의 핵무기, 화생무기, 미사일 위협에 노출되고 있다.

1. 위협 대책방안

이러한 상황 속에서 북한의 위협을 어떻게 대처해 나갈 것인지 그 방안을 검토해 보고자 한다.

가. 화생무기 문제는

외교적 노력으로 북한으로 하여금 CWC(화학무기금지협약)에 가입하도록 조치하여 더이상의 화생무기를 만들지 못하게 할 뿐만 아니라 이미 만들어진 화생무기도 이 CWC기구에서 궁극적으로 폐기하도록 해야 할 것이다.

만일 북한이 폐기하지 않을 경우에 대비해서 우리는 북한의 화학무기 제조공장과 저장고, 그리고 장거리 화학무기 투발수단을 파괴할 수 있는 수단을 조기에 확보해야 할 것은 물론, 평소에 전국민은 가스마스크와 같은 화학장비를 보유하도록 준비해야 할 것이다.

나. 미사일 문제는

지금 한·미간에 사정거리 180㎞까지의 제한협정을 300㎞까지 확대하려고 협상이 진행된다는 보도가 있었으나 300㎞로는 북한 전역을 사정권 내에 둘 수 없으므로 최소한 사정거리 600㎞ 이상은 되어야 한다. 그리고 MTCR(미사일기술통제체제)에 가입하면 사정거리 300㎞ 이상의 미사일 판매나 기술이전이 불가할 뿐, 자체 개발에는 사정거리 및 탄두중량에 제한을 받지 않는다는 MTCR의 정신에 입각해서라도 한·미간의 미사일협정은 조속히 폐기되고 MTCR에 가입하여야 한다. 그리고 우리의 보다 정교한 미사일이 북한의 미사일기지를 타격할 수 있어야 한다. 이것이 북한의 핵 및 화생무기의 투발을 원천적으로 저지하는 방책이므로 한국군은 시급히 북한의 미사일기지를 타격할 수 있는 장사정 미사일을 보유해야 한다.

다. 핵 문제는

′94년10월 미·북 제네바핵합의에 의해 북한의 5MWe원자로와 재처리시설, 사용후핵연료 8,000개는 동결되어 있고 50MWe 및 200MWe원자로는 공사 중단상태에 있으나, 과거핵에 대해서는 유보상태에 있다. 뿐만 아니라 북한은 지하시설을 이용하여 핵개발 활동을 계속하고 있다는 의혹이 제기됨으로써 미.북 제네바핵합의에 대한 비판이 대두되고 있다.

제네바핵합의에 대한 이행이 미북간에 잘 진행된다 하더라도′우리로서는 북한이 ′기만적으로 허위 합의′하는 경우도 고려해야 한다.

과거 북한은 핵의혹이 짙은 빌딩500(BLG500) 건물에 대한 사찰을 NPT 탈퇴를 선언하면서까지 거부한 바 있다. 지금 핵의혹을 받고 있는 금창리와 같은 시설에 접근을 허용한다면 핵의혹을 은폐할 수 있다는 자신이 있을 경우일 것이고, 핵의혹을 은폐할 수 없을 경우에는 결코 접근을 허용하지 않을 것이라는 것이 빌딩500 사찰의 경우가 입증해 준다.

또 북한에는 은밀히 굴설해 놓은 지하시설이 11,000개가 넘으며 그 중 핵시설로 전용할 수 있는 대규모 시설이 13개나 되는 것으로 미 정보기관이 판단하고 있음[5]을 상기하면 북한이 이 지하시설에서 과거핵을 은폐하거나 또 추가적인 핵개발을 하지 않는다는 보장이 없는 한 제2, 제3의 금창리와 같은 핵의혹이 재발할 것에 대비한 대책을 검토해야 할 것이다.

---

5) 한국일보 1999.3.18

(1) 그래서 북한의 핵문제에 대한 가능한 방책들을 열거해 보면,

○첫째, 핵은 핵으로만이 핵전쟁 억지가 가능하다는 이론에 따라 우리도 핵을 보유하는 안을 고려할 수 있다.

○둘째, 우리가 핵을 보유할 여건이 못 되고 북한의 핵의혹이 해소되지 않을 경우 그 대안으로서 미국과 협의하에 철수했던 미군의 전술핵을 한국으로 재반입하는 안이다.

○셋째, 미국의 핵우산 제공의 보장을 공동성명이 아닌 조약문서 상으로 보장을 받는 안을 고려할 수 있다.

○넷째는, 한·미 방위조약에 의한 미군의 한반도 전쟁시 분명히 개입한다는 확고한 의지를 행동으로 표출하기 위해 북한이 위기조성시(전쟁발발 이전에) 재래식무기가 아닌, 핵무기를 투발할 수 있는 토마호크와 같은 핵투발수단을 한국으로 전개하는 방안을 제시할 수 있다.

○다섯째는, 북한의 과거핵에 대해서 확실히 짚고 넘어가야 한다. 그리고 과거핵이 확인되면 반드시 폐기되도록 조치해야 할 것이다.

(2) 이상 열거한 5가지 대책 중

○첫번째 핵보유 안은 우리가 세계 비핵확산조약(NPT)에 가입하고 있는 이상 지금은 핵보유 주장을 할 수 있는 개제가 아니라고 판단되나, 북한의 핵보유가 공개적으로 확인될 경우 불가피한 방책이 될 수밖에 없을 것이다.

○두번째 미국의 전술핵 재반입 안은 미·북 제네바핵합의의 이행이 지켜지지 않을 경우에 제시할 수 있는 방안이며,

또 북한의 핵보유가 공개적으로 확인되는 경우에도 재반입을 주장할 수 있는 현실적인 안이 될 것이다.

o 세번째의 핵우산 제공의 조약은 지금까지 연례적으로 실시해오는 한.미 국방장관의 공동성명 속에 포함된 핵우산 제공선언만으로는 북한에게 미국의 핵지원 의지를 인식시키기에는 부족하고 또 한국 국민에게 주는 신뢰감도 부족하다. 그러므로 조약형식의 핵우산 제공을 명시하는 것은 미국이 북한에 제공한 '핵 불사용, 불위협 보장'이나 다를 바 없으므로 한·미간 협상으로 가능한 방안이다. 이것은 빠르면 빠를수록 좋다. 그래야만 북한의 핵개발 의지를 포기케 할 수도 있을 것이다.

o 네번째의 안은 전쟁억지를 위해서는 적보다 강력한 전력(핵 및 재래식무기)이 있음을 적에게 인식시킬 때 가능한 것이므로 미국의 핵투발수단을 한국에 전개하는 것은 전쟁억지를 위한 수단이 되기 때문이다.

o 다섯번째의 안은 북한이 이미 제조한 것으로 추정되는 과거핵에 대해서 어물쩍 넘어갈 것이 아니라 분명한 확인이 이루어저야만이 앞에 열거한 대책 중 선택이 가능해질 수 있기 때문이다.

2. 종합대책

◎ 지금까지 제시한 대안을 종합해 보면,

우리의 우방국들은 북한이 핵을 위시한 대량파괴무기를 보유하는 것을 원하지 않고 있다는데 일치된 견해를 갖고 있는 것은 정말 다행스럽다.

우리는 우방국들과의 긴밀한 협력으로 북한의 대량살상무기를 해체하고 더이상 개발하지 못하도록 외교적 노력과 압력을 통해서 기필코 달성해야 한다. 이와 병행하여 우리 군은 재래식무기의 현대화에 대한 투자보다는 , 북한의 대량살상무기 투발수단을 파괴시킬 수 있는 장거리 탄도미사일과 정밀유도무기를 조속히 보유하는데 우선적으로 집중 투자해야 한다. 이것이 북한의 대량살상무기 사용을 봉쇄 억제하는 첩경이고 피해를 최소화하는 제일의 수단이 될 것이기 때문이다.

그리고 우리와 우방국의 외교적 노력에 북한이 기만적으로 합의하고는 은밀하게 지하에서 핵무기의 개발과 화생무기를 생산하는 최악의 경우에도 대비하지 않으면 안된다.

이를 위해서는 일본처럼 핵무기를 개발할 수 있는 능력(기술)만이라도 평소부터 준비해 두는 것이 미래에 대비하는 안보자세이다.

통상전력만으로 장비된 국가가 대량파괴무기를 보유한 적과의 대치상태에서 전쟁억지나, 전쟁에서 적을 저지하는 것은 단독으로 불가능하다. 그러므로 대량살상무기를 보유한 동맹국(우리의 경우는 미국)과 철저한 공조로 해결할 수밖에 없다.

여기서 중요한 것은 동맹국과의 공조가 '어설픈 공조'로는 불가능하고, 북한으로 하여금 '철저한 공조'라는 것을 확인할 수 있는 조치가 가시적으로 이루어지지 않으면 안 된다.

우리는 지난 90년도초 북한의 핵개발 저지를 위해 아무런 대가 요구도 없이 우리 스스로 알몸뚱이가 된 경우를 되돌아보고 그 당시 우리가 좀더 현명했었더라면 그 많은 것(전술핵 철수, 핵주권 포기)을 주면서도 초기에 북한의 핵개발을 완벽하게 저지 못한 점을 뼈저린 교훈으로 삼아 앞으로 북한이 핵 및 화생무기나 미사일을 가지고 민족의 생명을 담보로 벼랑 끝 외교나 카드로 사용하지 못하도록 하는 외교적 노력이 가일층 강구되어야 한다.

이 종합적인 대안을 제시하고 싶어서 제1장에서부터 제5장에 이르기까지 장황하게 설명했는지 모른다. 이 나라 국민의 생존을 책임진 위정자와 안보 관계자는 이 노병의 제언을 간과하지 않기를 바라는 마음 간절하다.

힘이 없는 안보, 대책 없는 안보, 적의 허위 기만에 놀아나는 안보는 국가와 국민을 지킬 수 없다. 그리고 힘의 뒷받침이 없는 아무리 좋은 안보정책이라도 사상누각일 수밖에 없다는 사실을 냉철히 인식해야 할 때이다.

부 록

부록 #1

제176회, 177회 국회 본회의록 발췌

본 저자가 第14代 본회의(1995.7.10. 1995.10.20)에서만 두 차례에 걸쳐 북한의 핵과 미사일에 관련하여 統一·外交·安保 분야 대정부질문을 통하여 정부의 대책을 촉구한 것이 수년전의 일인데, 그간 북한은 미사일 분야에서 중장거리 탄도미사일을 완성하는 등 획기적인 발전을 가져온 것이 가시화되어 있고, 핵 문제는 아직 특별사찰을 하지 못한채 여러 가지로 의혹(지하 핵시설)들만이 보도되고 있는 것을 보면 북한은 핵분야에서도 상당한 발전을 했을 것이라는 것은 의심의 여지가 없는데, 여기에 우리의 대응책은 어떻게 강구되고 있는지 실로 궁금하다.

그래서 본 저자의 대정부질문 내용을 발췌한다.

1. 1995.7.10 國會 本會議에서의 對政府질문 내용 발췌

가. 본 의원은 자존심 상하는 미국의 對韓 미사일개발규제 문제에 대해 언급하고자 합니다.

현재 북한은 30기(95년 7월 현재)에 가까운 스커드 미사일을 실전배치하고 있습니다. 이는 부산까지 사정거리가 닿습니다. 서울까지 1분 20초 만에 도달할 수 있습니다. 그래서 지난해 3월 북한의 박영수라는 자가 서울 불바다 운운한 것은 단순한 공갈이 아닐 것입니다. 그런데 이때 우리 국방부장관이 우리도 평양을 불바다로 만들 수 있다고 자신있게 말할 수 없었던 것은 안타깝게도 우리는 평양까지 도달할 수 있는 미사일을 갖고 있지 않기 때문입니다.

그러면 우리는 그동안 그 많은 국방예산을 투입했음에도 왜 장거리 미사일을 개발하지 못했느냐 하면,

그 이유는 지난 79년 한·미간에 교환된 "사정거리 180km 이상의 어떤 미사일도 개발할 수 없다"는 미사일개발규제 때문입니다. 북한은 사정거리 1,000km의 노동1호를 개발완료한데 이어 사정거리 무려 6,000km의 대포동2호를 개발중에 있는 지금까지도 우리는 이 규제에 묶여서 사정거리 180km 이상의 미사일 개발을 금지당하고 심지어는 사찰까지

당하고 있다는 사실에 우리 정부와 국방부는 무엇을 하고 있었는지 군 출신의 한 사람이지만 준엄하게 질타하지 않을 수 없습니다.

국방부장관께서는 한미 지대지미사일 개발규제가 지금까지 폐기되지 못하고 있는 이유가 무엇인지 밝혀주시고 언제쯤 폐기할 것인지도 확실히 답변해 주시기 바랍니다.

그리고 미국이 한국의 미사일개발규제를 위한 사찰활동이 어떤 방식으로 이루어지고 있는지도 확실히 밝혀주시기 바랍니다. 이 문제와 관련하여 92년 외무부에서 미국에 서한을 보낸 적도 있으므로 외무부장관께 묻습니다. 이 문제는 한국에 대한 내정간섭의 성격이고 또 주권국가의 자존심을 상하게 하는 외교 문제임에도 왜 외무부장관께서는 방관만 하고 있었는지 장관의 견해를 말씀해 주시기 바랍니다.

나. 다음은 북한의 핵문제에 대해 언급하고자 합니다.

북한에 제공할 경수로 건설비 40억 불 중 30억 불을 우리가 부담하고 또 북한이 추가로 요구하는 10억 불은 어떻게 처리할 것인지 불명확한 상황 속에서 분명히 짚고 넘어가지 않으면 국익에 막대한 손실을 가져올 수 있다는 우려에서 질문하는 것입니다.[1]

미북합의로 북한의 흑연감속로를 동결하고 경수로의 대체로 확실히 미래 핵확산을 저지하고자 하는 미국의 핵확산금지정책을 달성시킨 성과라 할 수 있습니다. 그러나 우리 한국의 안보적 측면에서 간과할 수 없는 중요한 문제는 북한의 이미 만들어졌을지도 모르는 과거핵에 있습니다. 만일 북한이 한두 개의 핵이라도 갖고 있다면 이는 우리 국민의 생존과 직결되는 최고의 안보위협상황이 전개될 수 있기 때문입니다.

북한이 NPT를 탈퇴한다고 으름장을 놓던 93년 3월만 해도 미국은 이미 한두 개의 핵무기를 북한이 보유했을 가능성이 대단히 높다는 점을 페리 미국방장관은 물론 미 클린턴 대통령까지도 입맞추어 주장한 바 있습니다. 미국은 영변 핵시설에 대한 군사제재까지도 검토하지 않았습니까? 그러나 지금은 어떻습니까? 북한의 과거핵에 대해서는 일언반구도 없습니다. 핵개발 여부를 확인할 수 있는 북한의 미신고시설에 대한 특

---

1) 1998.8.31. KEDO(한반도에너지개발기구)에서 대북 경수로 건설 사업비는 총 46억$로 확정하고 이중 한국은 70%(한화로 3조 5,420억 원. 미화로는 약 43억$)를 담당하기로 의결했다고 발표하였음.(1998.8.31 한국일보)

별사찰도 5년 이상이나 연기해 주고 말았습니다. 5년간이라는 긴 세월 동안 북한은 이 미신고시설의 흔적을 완전히 없애버릴 수 있습니다. 이렇게 미국은 우리의 생존과 직결되는 북한의 과거핵을 덮어버린 채 북한의 미래핵을 동결시킴으로써 미국의 핵확산금지정책만을 달성시켰다고 할 수 있습니다. 그렇다면 북한의 경수로 건설비용은 마땅히 미국이 우리보다 더 많이 부담해야 하는 것이 당연한데도 우리 정부가 40억 불 중 30억불 이상을 부담한 것은 뭔가 우리의 전략판단이 잘못되어 국가적 손실을 초래한다고 보고 있는데 외무부장관께서는 어떻게 생각하는지 밝혀주시기 바랍니다.

다. 그리고 한반도의 핵정책은 어떻습니까?

당초에는 '선 특별사찰 후 경제원조' 이렇게 시작됐던 것이 이제는 완전히 뒤바뀌어가지고 지금은 "선 미래핵, 동시 경제지원, 5년 후 특별사찰"로 가고 있습니다. 우리의 심각한 안보문제가 이렇게 뒤로 뒤로 자꾸만 밀리는데도 우리 정부는 우리의 당면한 안보보다는 미국의 정책에 그저 끌려다니기만 하다보니 우리의 핵안보정책이 실종되고 말았습니다. 외무부장관께 묻습니다. 우리나라의 대북 핵정책은 도대체 무엇입니까? 좀 소상하게 솔직히 말씀해 주시기 바랍니다.

그리고 북한의 과거핵은 국민의 생존과 직결되는 국가 최고의 안보문제이기 때문에 5년 이상이나 미룰 수 있는 성질의 것이 아니에요. 그럼에도 대한민국 외무부장관이나 국방부장관은 이 문제에 대해서 단 한 마디도 언급한 바 없습니다. 이제 말씀하셔야 합니다. 외무부장관에게 묻습니다. 북한의 핵은 지금 몇 발이나 보유하고 있습니까? 그 실체를 말씀 해 주세요. 또 북한의 과거핵에 대해서는 어떤 대책을 가지고 있는지 말씀해 주시기를 바랍니다.

라. 정부 답변에 대한 보충질의

(1) 외무부장관께서 우리나라는 MTCR(미사일기술통제제도)에 참가하겠다고 말씀하셨는데,
여기에 참가하기 전에 반드시 한·미 미사일규제를 먼저 풀어야 합니다. 이 점을 다시 한번 강조합니다. 이것을 풀지 않고 MTCR에만 먼저 가입하면 아무런 소득도 없는 것입니다.
(2) 다음에 북한이 플루토늄을 뽑아낸 양은 핵을 한두 개 만들 양밖

에 없으며, 지금 핵무기가 있다고까지는 말할 수 없다고 하셨는데,

그렇다면 우리보다 더 정보가 많은 클린턴 대통령이나 페리 국방부장 관이 뭐라고 했습니까? 외무부장관이니까 영어도 잘 아시겠지요. 'more than even 50%' 이게 무슨 얘기입니까? 50% 이상의 가능성이 있다는 얘기 아닙니까? 미국은 있다는데 무슨 얘기입니까? 우리가 없다고 하는 것은……

안보라고 하는 것은 보수적이어야 합니다. 우리의 생존의 문제이기 때문에 그러합니다. 따라서 항상 최악의 상태를 가정해서 상황을 판단해야 합니다. 그러함에도 북한이 핵무기를 보유하고 있다고 하면 우리에게 문제가 생기니까,(대책이 곤란하니까) 아예 없다 이런 얘기입니다. 그래서는 안 된다는 말씀을 드립니다.

(3) 그리고 북한의 핵 개발은 IAEA사찰팀이 사찰하니까 문제가 없다고 그러셨는데, 지금 하는 사찰은 어디까지나 핵 동결에 대한 사찰이지 북한의 과거핵문제를 다루는 특별사찰이 아닙니다. 5년 후에 하게 되어 있어요. 그런데 어떻게 지금 과거핵이 있느냐, 없느냐를 판단할 수 있나요. 그런데도 아무 문제가 없다고 하시는 말씀은 대한민국 외무부장관이 하실 말씀이 아니다 라고 하는 것을 다시 한번 강조합니다.

2. 1995.10.20 국회 본회의에서의 대정부질문 내용 발췌

가. 다음은 대북 핵정책(미국의 핵지원 보장책)에 대해 언급하고자 합니다.

작년초만 해도 우리 국민은 물론 세계의 관심은 북한의 핵 보유 여부에 집중되었습니다. 그러나 지금은 우리 국민도 우리 정부도 모두 잊어가고 있습니다. 그러면 그동안 북한의 핵은 어디로 사라졌다는 말입니까? 정부와 안보관계 장관들마저 북한의 과거핵에 대해 질문하면 아직까지는 없는 것으로 알고 있다는 정도로 가볍게 넘겨 버립니다. 우리 4,300만의 생존이 걸린 핵안보 문제가 아무런 대책도 없이 표류하고 있습니다. 그래서 오늘 본의원은 북한의 핵실체에 대해 다시 한번 조명해보고 이에 대한 우리의 대북 핵억지정책을 제시하고자 합니다.

핵무기를 제조하려면 핵무기의 원료인 플루토늄을 먼저 확보해야 하고 다음은 핵을 폭발하는 기폭장치(起爆裝置)를 개발해야 합니다. 그리고 마지막 단계로 핵실험이 이루어져야 핵무기가 완성되는 것입니다. 과

거 북한이 몰래 재처리한 플루토늄의 양에 대해서 우리 국방부장관은 한 두 개의 핵무기를 생산할 수 있는 플루토늄을 북한이 이미 보유하고 있다고 했으며 외무부장관도 같은 견해를 지난 국회에서 밝혔습니다. 다음으로 핵을 폭발시키는 기폭장치는 북한 영변에서 70여 회의 기폭실험을 실시했음이 확인되어 북한은 원시적인 핵기폭장치를 제조할 수 있는 기술수준에 와 있다고 국방부가 밝혔습니다. 마지막 단계인 핵폭발여부를 확인하는 최초 핵실험은 오늘날 그다지 중요시하지 않고 있습니다. 1945년 8월 6일 일본 히로시마에 폭발한 원자탄은 미국에서 핵실험을 단 한 번도 해보지 않은 우라늄 원자탄이었다는 사실을 상기하시면 핵실험을 하지 않았다 해서 핵무기가 완성되지 않았다고 단정지을 수는 없는 것입니다.

이렇게 보면 북한은 조잡하기는 하지만 한두 개의 핵무기는 이미 완성되었다고 해도 지나친 판단은 아닐 것입니다.

미국의 클린턴 대통령도 북한이 핵무기를 가졌을 가능성이 최소 50%가 넘는다고 언급했습니다. 이는 북한이 핵을 보유했을 가능성을 더해주고 있습니다. 안보는 국민의 생존과 직결되는 문제이므로 단 1%의 가능성에도 대비해야 하는 것입니다. 그러나 우리 정부는 무려 50%가 넘는 북한의 핵보유 가능성에 대해 어떤 대응정책도 마련하지 못하고 있습니다. 이런 안보부재의 정부를 믿고 우리 국민들이 어떻게 안심할 수 있습니까?

프랑스의 '피엘 갈로와' 장군은 그의 핵억지이론에서 단 한 발의 핵무기만 보유해도 핵강대국들과 전쟁억지가 가능하다고 했을 정도로 상대방의 핵에 대한 대응정책은 사실상 핵을 보유하는 길밖에 없는 것입니다. 그렇다고 지금 대북 경수로지원 문제에 대한 논의가 진행중인 이때 본의원이 핵을 만들자고 주장을 하고자 하는 것은 아니올시다.

다만 현재 우리의 여건에서 북한의 핵투발이나 핵위협을 억지할 수 있는 실질적인 핵정책을 강구해 보고자 하는 것입니다. 북한이 한국에 대해 핵도발이나 핵위협을 가해 오는 경우, 미국은 북한에 대해 핵으로 단호히 응징하겠다는 강력한 의지를 담은 문서상의 보장을 미국으로부터 받아내자는 것입니다. 이것이 이른바 미국의 '핵지원보장책'이며 우리의 새로운 핵정책으로 본의원이 제시하는 것입니다.

우리는 미국의 핵지원보장을 요구할 명분도 또 보장받을 자격도 있다고 봅니다. 94년 10월 제네바에서 북·미간에 합의한 기본합의문을 통해 미국은 북한에게 핵을 사용하거나 핵위협도 하지 않겠다고 공식보장해 주었습니다. 이 사실을 외무부장관은 누구보다도 잘 알고 계실 것입니다. 이런 미국이 동맹국인 한국에게 북한이 한국에 대해 핵을 사용하거나 핵위협을 가하지 못하도록 하는 보장을 못할 이유가 어디에 있습니까? 지금까지 우리 정부가 미국에게 이런 요청을 안했으니까 보장을 못 받은 것이 아닙니까? 그리고 우리는 미국의 비핵확산정책에 순응해서 우리의 핵주권까지도 포기한 동맹국으로서 미국에게 핵지원보장을 요구한다면 미국은 결코 거부하지 못할 것입니다.

그래서 외무부장관에게 묻습니다. 본의원이 대북 핵정책으로 제시한 미국의 핵지원보장에 대한 장관의 견해는 어떤 것인지 밝혀주시기 바랍니다. 또 미국은 북한에게 핵 불사용 불위협을 보장해 주었는데 우리 정부는 미국에게 이와 대등한 핵지원보장을 왜 지금까지 요구하지 않았는지 그 이유를 밝혀주시기 바랍니다.

그리고 국방부장관께서는 다음 달에 있을 한·미 국방장관회의에서 공동성명이 아닌 문서상의 핵지원보장을 요구할 용의가 있는지 답변해 주시기 바랍니다.

부록 #2

북한 인민군의 군사지휘체계

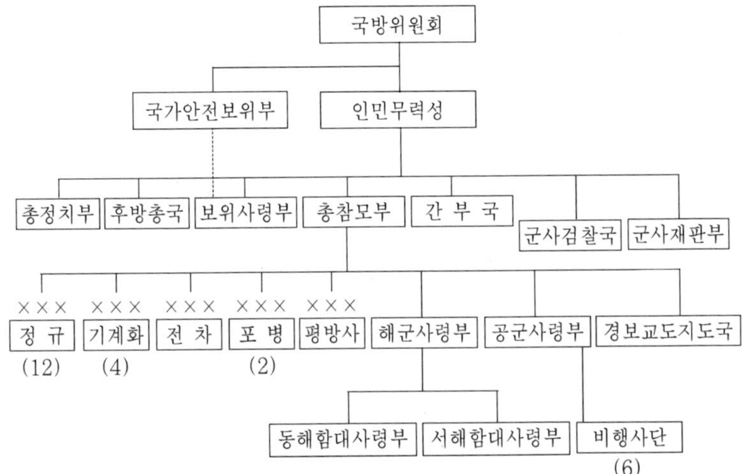

부록 #3

남·북한 주요 총량지표 비교(1997)

구분	한국		북한		한국의 북한 대비	
	1996	1997	1996	1997	1996	1997
GNP(억$)	4,804	4,374	214	177	22.4배	24.7배
1인당GNP (억$)	10,548	9,511	910	741	11.6배	12.8배
경제성장률(%) · GDP 기준 · GNP 기준	7.1 6.9	5.5 4.9	-3.7 -3.7	-6.8 -6.8	- -	- -
무역총액(억$)	2,800	2,808	19.8	21.8	141배	129배
외채총액(억$)	1,045	1,208	120	119	8.7배	10.1배
총인구(만명)	4,554	4,599	2,356	2,386	1.9배	1.9배

출처 : 국방백서(1998) P.212

부록#4

전면핵실험금지조약문(CTBT) 주요내용

1. 구성
- 전문 및 본문 17개조
- 부속의정서 3부
  - 제1부:국제감시체제, 제2부:현장사찰, 제3부:신뢰구축조치

2. 조약문 개요
 가. 전문
- 현 국제상황이 핵군축과 핵비확산을 위한 실효적인 추가 조치를 취할 기회 제공
- 세계적으로 핵무기 감축을 위한 체계적이고 진보적인 노력 필요
- 핵폭발 종료가 핵무기의 개발과 질적 개선을 제한하고 진보된 새로운 유형의 핵무기 개발 중단에 기여
- 핵실험 종료를 달성하는 가장 실효적인 방법은 보편적인 동시에 국제적이며 실효적으로 검증 가능한 전면핵실험금지조약의 체결
- 이 조약이 환경보호에 기여

 나. 제1조(기본의무 : zero-yield option)
- 자국관할·통제 지역내 모든 핵폭발을 금지하고 예방
- 핵폭발을 독려, 참여하는 행위 자제

 다. 제2조(기구)
  1) 일반규정
- 기구 본부는 비엔나에 소재
- 기구기관 : 당사국총회, 집행이사회, 기술사무국(국제자료본부 포함)
- 검증관련 원칙 : 적시성, 비강제성, 비밀보호 등
- 재정 : 유엔분담률의 원칙에 따른 조약 가입국간 분담(2년간 연체시 투표권 제한 기능)

2) 당사국 총회
- 조약발효후 30일내 최초 개최, 매년 정기총회 개최
- 특별총회(총회, 집행이사회 또는 과반수 회원국 요청시 개최), 개정총회, 평가총회 등 개최
- 절차 문제는 단순 과반수로, 실질문제는 합의제(컨센서스)로 결정
- 권한:조약의 이행을 감독하고 준수여부 평가, 핵폭발 금지라는 조약의 목표와 목적 증진, 집행이사회의 기술사무국의 감독 및 업무 지침 제정

3) 집행이사회(대상국가:총183개국, 집행이사국은 평균 3:1 비율로 선정)
- 아프리카 10개국, 동유럽 7개국, 라틴 9개국, 중동·서아시아 7개국, 북미·서유럽 10개국, 동남아·태평양·극동 8개국 등 6개 지역 51개 이사국으로 구성
- 각 지역이 해당지역 이사국을 지명하면 총회에서 선출(2년 임기)
- 지역할당 이사국의 최소 1/3 의석은 (1) 정치적, 안보적 이익고려 (2) 핵능력 (3) 국제감시 시설 숫자 (4) 감시 전문 지식 및 경험 (5) 재정 기여도를 기준으로 충원
- 1석은 집행이사국으로 오랜 기간 선출되지 못한 당사국이 알파벳 순서로 윤번
- 남은 의석은 동 지역에서 윤번 또는 선거로 지명
- 이사회는 기구의 집행기관으로 정기적으로 집회
- 조약의 이행과 준수 증진, 기술사무국 감독, 기구의 연례사업 및 예산안 검토, 기구를 대신하여 협정 체결
- 타 당사국의 조약 비준수 및 권리남용 사안을 심의하고 시정 요구

4) 기술사무국(국제자료본부 포함)
- 총회의 집행이사국의 행정업무 지원 및 위임사무 수행, 검증업무 수행
- 국제감시체제의 운용을 감독·조정
- 국제자료본부 운용
- 현장사찰 요구의 접수 및 처리, 현장사찰 준비
- 기구의 사업계획 및 예산초안 준비
- 사무국장은 집행이사회의 추천을 받아 총회가 임명하며, 임

기는 4년

라. 제3조(국내이행조치)
 · 국내담당기관(national authority)을 지정하여 관할·통제지
 역내 조약상 금지행위 방지

마. 제4조(검증)
 1) 일반규정
 · 국제법 원칙에 부합되게 국내기술수단으로 습득한 정보사용
 권 보장
 · 민감시설 보호 및 비밀정보 누출 방지 권리
 · 전자자기파 또는 인공위성감시와 같은 새로운 감시기술의
 검증 잠재성 발굴
 2) 국제감시체제
 · 국제자료본부의 지원을 받는 지진감시시설, 방사능 핵종 감
 시시설, 수중음파 감시시설, 초저음파 감시시설 등 4종의
 시설로 구성
 · 감시시설은 유치·책임국가가 소유하며 각국은 국내담당기
 관을 통해 국제자료본부와 협력
 · 국제감시시설의 운용·관리·자료인증 및 국제자료본부에의
 자료 송신 비용은 기구의 의무적 부담사항. 단, 보조지진파
 관측소의 경우는 자료인증 및 국제자료본부에의 자료송신
 비용만 기구가 의무적으로 부담
 · 협정, 약정을 통한 국제감시시설의 공동운영 가능(분담액
 감액분의 배분 가능)
 · 당사국은 국내감시관측소 자료를 국내자료본부에 제공하는
 협력 약정을 기구와 체결 가능
 3) 협의 및 해명
 · 조약 기본의무의 비준수 가능성에 대한 우려를 해소하기 위
 해 당사자간 협의 또는 기구를 통해 모든 해소 노력 경주
 의무
 · 요구 국가로부터 직접 해명 요구를 접수받은 국가는 48시
 간 내 해명 의무
 · 집행이사회를 통한 경우 : (1) 24시간내 사무국장을 통하
 여 피요청국가에 해명요청서 송부 (2) 피요청 당사국은 48

시간내 해명 (3) 접수후 24시간내 요청당사국에 발송 (4) 해명이 불충분한 경우, 추가해명 요청 가능 (5) 추가 해명도 불만족스러운 경우 집행이사회 개최 요청 (6) 집행이사회에서 심의하고 시정 조치 권고

4) 현장사찰

집행이사회(사무국장이 대리)의 현장사찰 요청 접수

① 사찰요청 접수후 2시간내 접수사실 확인, 즉시 피사찰 당사국에게 해명 요구

② 사찰요청 접수후 6시간내 피사찰 당사국에 해명자료 제출, 피사찰 당사국은 72시간내 통보

③ 사찰 요청당사국이 철회하지 않는 한, 사찰요청 접수후 96시간내 현장사찰 요구에 관한 결정(51개 집행이사국 중 30개 이사국 찬성시 현장 사찰 시행)

④ 사찰요청 접수후 6일이내 사찰단의 입국지점 도착(사찰단의 입국지점 도착 시각 24시간전 피사찰 당사국이 통보)

⑤ 현장사찰 승인후 25일이내 사찰진척보고서 제출

⑥ 사찰진척보고서 접수후 72시간내 집행이사회의 과반수 결정으로 사찰 중지를 결정하지 않는 한 사찰 지속

⑦ 사찰단은 사찰기간의 연장이 사찰명령 이행상 긴요할 경우 60일 시한을 초과하여 70일까지 사찰연장을 집행이사회에 요구 가능(72시간내 집행 이사회는 결정)

⑧ 연장이후 사찰단이 사찰 종료를 권고하는 경우, 72시간내 집행이사회가 2/3 다수결로 반대하지 않는 한 사찰 종료

· 당사국은 국제감시체제가 입수한 정보 및 국가 검증 수단이 입수한 정보에 기초하여 현장사찰을 요구할 권리를 가지나, 근거 없거나 권한을 남용하는 사찰 요구자제 의무

· 집행이사회는 현장사찰 요청 접수 즉시 심의

· 피사찰 당사국의 권리 및 의무 : (1) 조약 준수 사실을 입증하고 사찰단의 임무 수행 지원 (2) 사찰과 관계없는 비밀정보의 보호 (3) 의무의 위반사실을 은폐하기 위한 조약규정 악용 자제 (4) 사찰단의 사찰지역내 이동 불방해

· 사찰임무를 효율적이고 적시에 달성하되 가능한 최소한의 강제적 방법으로 시행

· 사찰 요청당사국은 피사찰 당사국의 동의시 자국 국민이나 제3국 국민을 참관인으로 파견 가능

- 사소하거나 남용된 현장사찰 요구의 경우, 집행이사회는 요
  청당사국에 대해 (1) 기술사무국의 준비비용 부담 (2) 일정
  기간 현장사찰 요구권리 정지 (3) 일정기간 집행이사국 자
  격 정지 등 조치 결정 가능

5) 신뢰구축 조치
- 300톤 이상의 TNT를 사용하는 화학적 폭발 실시와 관련,
  사전 통보 등을 통해 검증 오해 해소

바. 제5조(제재를 포함한 상황사태 및 조약 준수 확보 조치)
- 당사국이 조약 불이행의 시정 요구를 이행치 못할 경우, 총회
  는 동 당사국의 조약상 권리 및 특권행사 제한 또는 정지 결정
  가능
- 조약의 목적에 방해가 되는 경우 국제법에 부합되는 집단적
  조치 권고 가능
- 국제연합의 주의 환기 기능

사. 제6조(분쟁해결)
- 분쟁당사국은 협상, 조약기관에의 의뢰, 국제사법재판소에의
  회부 등 모든 방법으로 평화적인 분쟁 해결 위해 노력 의무
- 집행이사회는 주선을 제공하고 총회의 주의를 환기
- 총회는 당사국에 의해 제기되거나 집행이사회가 총회의 주의
  를 환기시키는 분쟁을 심의
- 총회와 집행이사회는 국제연합 총회의 허가를 받아 국제사법
  재판소의 권고적 의견 요청

아. 제7조(개정)
- 개정안은 당사국의 요청으로 개최되는 개정회의에서 반대투표 없
  는 전체 당사국의 과반수 찬성투표에 의해 채택
  - 찬성투표한 모든 당사국의 비준시 30일후 발효
- 의정서의 제1부와 제3부, 의정서의 제1 및 제2부속서의 수정
  안 중 행정적, 기술적 사안은 집행이사회의 권고후 90일내 어
  느 당사국도 반대하지 않는 경우 승인된 것으로 간주(승인시설
  통고후 180일내 발효)

자. 제8조(조약평가)

- 당사국의 과반수로 달리 결정치 않는 한, 조약 발효후 10년후 개최
  - 전문의 목적 및 조약 규정의 달성 여부 점검
  - 당사국 요구시 평화적 목적의 지하핵폭발 시행여부 심사(컨센서스로 시행 결정)
- 그후 10년 간격으로 과반수 찬성시 개최

차. 제9조(유효기간 및 탈퇴)
- 조약 유효기간은 무기한
- 탈퇴는 당사국의 최고이익을 위태롭게 하는 경우, 6개월 이전 당사국, 집행이사회, 수탁자, 유엔 안보리에 통고함으로써 가능

카. 제14조(발효)
- 제2부속서에 게제된 우리나라를 포함한 44개 국가(1996. 6. 18. 현재 군축회의 회원국인 동시에 IAEA의 96. 4. 발간 '발전용 원자로 목록' 또는 95.12. 발간 '연구용 원자로 목록'에 있는 국가)의 비준서 기탁일로부터 180일후 발효(서명 개방후 2년이내는 발효 불가)
- 서명 개방후 3년후에도 조약이 발효되지 않을 경우, 비준 국가의 과반수 요구로 총회를 소집, 비준과정을 가속화할 국제법에 상응하는 조치의 결정 가능(발효시까지 동 목적의 매년 총회 계속 개최)
- 조약 발효후 비준하는 국가에 대해서는 비준서 기탁후 30일후 발효

타. 제15조(유보)
- 조약 및 그 부속서에 대해서는 유보 불가
- 의정서 및 그 부속서에 대해서는 조약의 목적과 모순된 유보 불가

파. 제16조(수탁자)
- 조약의 수탁자는 국제연합 사무총장

3. 부속의정서 개요

가. 제1부(국제감시체제 및 국제자료본부의 기능)
  1) 일반규정
    · 기구는 당사국, 기타 국가 및 국제기구와 협력하여 국제감
      시 체제의 운용, 관리, 수정, 개발 지원
    · 기구와 국제감시체제 시설을 유치하거나 책임지는 국가간의
      협력 형식은 협정이나 약정으로 규정
  2) 지진감시(Seismological Monitoring)
    · 주요 지진관측소(50개로 구성)을 관장하고 있는 국가는 자
      국의 관측소에서 바로 국제자료본부에 온라인으로 자료 전
      송
    · 보조 지진관측소(120개로 구성)는 요청받는 자료를 수시로
      국제자료본부에 전송
  3) 방사능 핵종감시(Radionclide Monitoring)
    · 80개의 관측소로 구성(이중 40개소는 조약발효시 불활성
      기체의 존재 유무를 감시하는 능력 보유)
    · 16개 방사능 핵종 실험실이 표본(Samples)의 분석 업무
      수행
  4) 수중음파 감시(Hydroacoustic Monitoring)
    · 6개의 수중 청음기 관측소의 5개의 T파형 관측소로 구성
  5) 초음파 감시(Infrasound Monitoring)
    · 60개의 관측소로 구성
  6) 국제자료본부(International Data Center)의 기능
    · 국제감시체제 자료를 수신, 수집, 처리, 부석, 보고, 문서화
    · 당사국에게 표준생산물 제공
      - (1) 표준사건목록 및 게시판, 종합신호목록 (2) 표준심사
      된 사건 게시판(자연현상, 비핵관련 현상 배제)
    · 당사국의 국제자료본부 자료 접근 허용 및 자료 제공
      - (1) 자동적이고 정규적 자료제공, (2) 개별 당사국의 요
      구시 국제감시체제 자료 및 관련자료에 대한 전문가 기술분
      석 실시(합리적 노력의 경우만 무료로 제공)
    · 당사국이 요구시 표준생산물에 국별사건 심사기준 적용
    · 필요시 개별당사국에게 기술원조 제공
    · 지속적으로 국제감시체제 시설의 운용 상태를 감시하고 보
      고

나. 제2부(현장사찰)

　1) 일반규정

　　· 현장사찰 지역은 연속적이며 전체 크기는 1,000㎢ 이내로
　　　제한(한 방향의 길이는 50㎞ 이내로 제한)

　　· 사찰 지역이 당사국의 관할·통제지역에 있으나 동 지역이
　　　타국의 영토인 경우, 동 당사국은 모든 필요조치를 취할 의
　　　무 부담(만약 접근을 보장할 수 없는 경우 모든 필요한 조
　　　치를 취하였음을 입증할 의무)

　　· 사찰단은 최소 규모 유지(시추의 경우 외에는 최대 40명
　　　이내로 제한)

　　· 피사찰 당사국은 각종 편의 제공 내지 알선 의무(동 비용은
　　　기구가 추후 변상)

　2) 상비조치

　　· 사찰단 및 사찰관보 지명

　　－ 당사국은 조약 발효후 30일이내 후보자 추천

　　－ 사무국장은 조약 발효후 60일이내 최초 사찰관 및 사찰관
　　　보 명단 서면 통보

　　－ 동 명단 접수후 30일내 당사국이 불수락을 서면으로 선언
　　　하지 않는 한 동 명단은 확적

　　· 특권 및 면제

　　－ 1961. 4 '외교관계에 관한 비엔나협약'에 따라 특권·면제
　　　부여

　　－ 사찰단은 피사찰 당사국의 법령 준수 및 내정 불간섭 의무

　　· 입국지점

　　－ 각 당사국은 조약 발효후 30일내 기술사무국에 입국 지점
　　　을 복수 지정, 통보(동 입국지점으로부터 24시간내 현장사
　　　찰 지역에 접근 가능요건)

　3) 사찰전 활동

　　· 피사찰 당사국내 입국시 피사찰 당사국은 사찰단의 장비 검
　　　열, 사찰지역에 대한 브리핑 실시

　　· 피사찰 당사국은 도착 36시간 이내에 사찰지역으로 사찰단
　　　및 장비가 이동할 수 있도록 지원 의무

　4) 사찰 수행

　　· 입국지점 도착후 72시간내에 사찰임무 개시

　　· 사찰단은 사찰지역을 적절히 줄이고 증거물 수집을 쉽게 하

기 위해 상공비행 실시
- 총 비행시간은 12시간 이내, 상공비행 지역은 사찰지역내
  만 가능
- 피사찰 당사국은 사찰목적과 관련없는 민간장소에 대한 상
  공 비행을 제한 내지 금지 가능(가능한 한 대체수단 제공에
  노력)
- 상공비행은 지상으로부터 최대 고도 1,500㎞ 이내에 실시
· 제한접근권
- 피사찰당사국의 권리·의무 : (1) 민감한 시설 및 장소 보
  호 (2) 사찰지역내 접근제한시 대체수단 제공 (3) 사찰단의
  접근에 관한 최종 결정권
- 각각의 제한접근 장소는 4㎢를 초과하지 못하며 총 제한
  장소의 규모는 50㎢ 이내로 제한
· 사찰단은 가능한 경우 현장에서 시료분석 실시(현장에서 실
  시하기 곤란한 경우, 기구가 인가한 실험실에서 분석 가능)
- 피사찰 당사국은 동 시료의 일부를 보관할 권리 보유
· 사찰 종료후 사찰단은 피사찰 당사국 대표와 발견 사실을
  평가하고 관련 모호성 해소 위해 협의(사찰 종료후 24시간
  내 종료)

다. 제3부(신뢰구축 조치)
  · 각 당사국은 자발적으로 자국 관할·통제지역내 TNT 300
    톤 이상의 폭발물질을 사용하는 화학 폭발을 기술사무국에
    통고할 의무(가급적 사전 통고)
  · 각 당사국은 조약 발효 후 가능한 조속 기술사무국에 TNT
    300톤 이상의 모든 화학폭발과 관련된 정보를 기술사무국
    에 통고하고 매년 이를 갱신
  - 폭발실시 장소, 횟수 및 성격, 관련 상세내용 등 포함
  · 당사국은 자발적이거나 상호 협의에 의하여 기술사무국 또
    는 다른 당사국의 대표를 폭발 장소에 초대 가능

(출처 : 국방백서 1998.)

부록 #5

1999년 9월 및 10월의 역서 발췌

1999년	백　로	8일　11시 10분　음력	7월　대　월건　임신
9 월	추　분	23일　20시 32분　음력	8월　소　월건　계유

	일자	요일	음력일자 월	일	일진	월령	일출 시 분	일남중 시 분 초	일몰 시 분	낮의 길이 시 분
	1	수	7	22	병진	20.7	6　2	12 32 18	19　3	13　1
	2	목		23	정사	21.7	6　2	12 31 59	19　1	12 59
	3	금		24	무오	22.7	6　3	12 31 40	19　0	12 57
	4	토		25	기미	23.7	6　4	12 31 20	18 58	12 54
	5	일		26	경신	24.7	6　5	12 31　0	18 57	12 52
	6	월		27	신유	25.7	6　6	12 30 40	18 55	12 49
	7	화		28	임술	26.7	6　7	12 30 20	18 54	12 47
백　　　로	8	수		29	계해	27.7	6　7	12 30　0	18 52	12 45
	9	목		30	갑자	28.7	6　8	12 29 39	18 51	12 43
	10	금	8	1	을축	0.2	6　9	12 29 19	18 49	12 40
	11	토		2	병인	1.2	6 10	12 28 58	18 48	12 38
	12	일		3	정묘	2.2	6 11	12 28 37	18 46	12 35
	13	월		4	무진	3.2	6 12	12 28 16	18 44	12 32
	14	화		5	기사	4.2	6 12	12 27 55	18 43	12 31
	15	수		6	경오	5.2	6 13	12 27 33	18 41	12 28
	16	목		7	신미	6.2	6 14	12 27 12	18 40	12 26
	17	금		8	임신	7.2	6 15	12 26 51	18 38	12 23
철 도 의 날	18	토		9	계유	8.2	6 16	12 26 29	18 37	12 21
	19	일		10	갑술	9.2	6 17	12 26　8	18 35	12 18
	20	월		11	을해	10.2	6 17	12 25 46	18 34	12 17
	21	화		12	병자	11.2	6 18	12 25 25	18 32	12 14
	22	수		13	정축	12.2	6 19	12 25　4	18 31	12 12
추　　　분	23	목		14	무인	13.2	6 20	12 24 42	18 29	12　9
추　　　석	24	금		15	기묘	14.2	6 21	12 24 21	18 27	12　6
	25	토		16	경진	15.2	6 22	12 24　0	18 26	12　4
	26	일		17	신사	16.2	6 22	12 23 40	18 24	12　2
	27	월		18	임오	17.2	6 23	12 23 19	18 23	12　0
	28	화		19	계미	18.2	6 24	12 22 58	18 21	11 57
	29	수		20	갑신	19.2	6 25	12 22 38	18 20	11 55
	30	목		21	을유	20.2	6 26	12 22 18	18 18	11 52

1999년 9 월

달의현상					
달의	☽ 하 현	3일	7시	17분
현상	● 합 삭	10일	7시	2분
	☽ 상 현	18일	5시	6분
	○ 망	25일	19시	51분

일자	월 출	월남중	월 몰	시민박명시각		항해박명시각		천문박명시각	
				아 침	저 녁	아 침	저 녁	아 침	저 녁
	시 분	시 분	시 분	시 분	시 분	시 분	시 분	시 분	시 분
1	22 29	4 31	11 19	5 35	19 29	5 3	20 1	4 30	20 34
2	23 12	5 24	12 26	5 36	19 28	5 4	20 0	4 31	20 32
3	-- --	6 20	13 33	5 36	19 26	5 5	19 58	4 32	20 31
4	0 0	7 17	14 38	5 37	19 25	5 6	19 56	4 33	20 29
5	0 54	8 15	15 38	5 38	19 23	5 7	19 55	4 34	20 27
6	1 52	9 14	16 32	5 39	19 22	5 8	19 53	4 35	20 25
7	2 55	10 10	17 20	5 40	19 20	5 9	19 51	4 36	20 24
8	4 0	11 5	18 3	5 41	19 19	5 10	19 50	4 37	20 22
9	5 4	11 56	18 40	5 42	19 17	5 10	19 48	4 38	20 20
10	6 8	12 45	19 15	5 43	19 15	5 11	19 47	4 39	20 18
11	7 10	13 32	19 46	5 43	19 14	5 12	19 45	4 40	20 17
12	8 10	14 17	20 17	5 44	19 12	5 13	19 43	4 41	20 15
13	9 9	15 2	20 48	5 45	19 11	5 14	19 42	4 42	20 13
14	10 6	15 46	21 20	5 46	19 9	5 15	19 40	4 43	20 12
15	11 3	16 30	21 53	5 47	19 8	5 16	19 38	4 44	20 10
16	11 58	17 16	22 30	5 48	19 6	5 17	19 37	4 45	20 8
17	12 53	18 2	23 10	5 49	19 4	5 18	19 35	4 46	20 7
18	13 45	18 50	23 54	5 50	19 3	5 19	19 34	4 47	20 5
19	14 36	19 39	-- --	5 50	19 1	5 20	19 32	4 48	20 3
20	15 23	20 29	0 43	5 51	19 0	5 21	19 30	4 49	20 1
21	16 7	21 19	1 36	5 52	18 58	5 21	19 29	4 50	20 0
22	16 48	22 9	2 34	5 53	18 57	5 22	19 27	4 51	19 58
23	17 27	22 59	3 35	5 54	18 55	5 23	19 26	4 52	19 56
24	18 3	23 49	4 38	5 55	18 53	5 24	19 24	4 53	19 55
25	18 38	-- --	5 43	5 56	18 52	5 25	19 22	4 54	19 53
26	19 13	0 40	6 50	5 56	18 50	5 26	19 21	4 55	19 52
27	19 49	1 31	7 58	5 57	18 49	5 27	19 19	4 56	19 50
28	20 28	2 24	9 7	5 58	18 47	5 28	19 18	4 57	19 48
29	21 10	3 18	10 17	5 59	18 46	5 29	19 16	4 58	19 47
30	21 57	4 15	11 26	6 0	18 44	5 29	19 15	4 59	19 45

1999년	한　로	9일	2시 48분　음력	8월　소　월건　계유
10 월	상　강	24일	5시 52분　음력	9월　대　월건　갑술

	일자	요일	음력일자	일진	월령	일출	일남중	일몰	낮의 길이
			월　일		일	시 분	시 분 초	시 분	시 분
국 군 의 날	1	금	8　22	병술	21.2	6 27	12 21 59	18 17	11 50
노 인 의 날	2	토	23	정해	22.2	6 28	12 21 39	18 15	11 47
개 천 절	3	일	24	무자	23.2	6 29	12 21 20	18 14	11 45
	4	월	25	기축	24.2	6 29	12 21 1	18 12	11 43
	5	화	26	경인	25.2	6 30	12 20 43	18 11	11 41
	6	수	27	신묘	26.2	6 31	12 20 25	18 9	11 38
	7	목	28	임진	27.2	6 32	12 20 7	18 8	11 36
	8	금	29	계사	28.2	6 33	12 19 50	18 6	11 33
한로, 한글날	9	토	9　1	갑오	29.2	6 34	12 19 33	18 5	11 31
	10	일	2	을미	0.6	6 35	12 19 17	18 3	11 28
	11	월	3	병신	1.6	6 36	12 19 1	18 2	11 26
	12	화	4	정유	2.6	6 37	12 18 46	18 0	11 23
	13	수	5	무술	3.6	6 38	12 18 31	17 59	11 21
	14	목	6	기해	4.6	6 38	12 18 16	17 58	11 20
체 육 의 날	15	금	7	경자	5.6	6 39	12 18 2	17 56	11 17
	16	토	8	신축	6.6	6 40	12 17 49	17 55	11 15
	17	일	9	임인	7.6	6 41	12 17 36	17 53	11 12
	18	월	10	계묘	8.6	6 42	12 17 24	17 52	11 10
	19	화	11	갑진	9.6	6 43	12 17 12	17 51	11 8
문 화 의 날	20	수	12	을사	10.6	6 44	12 17 1	17 49	11 5
경 찰 의 날	21	목	13	병오	11.6	6 45	12 16 51	17 48	11 3
	22	금	14	정미	12.6	6 46	12 16 41	17 47	11 1
	23	토	15	무신	13.6	6 47	12 16 32	17 46	10 59
상강,국제연합일	24	일	16	기유	14.6	6 48	12 16 23	17 44	10 56
	25	월	17	경술	15.6	6 49	12 16 15	17 43	10 54
저 축 의 날	26	화	18	신해	16.6	6 50	12 16 8	17 42	10 52
	27	수	19	임자	17.6	6 51	12 16 2	17 41	10 50
	28	목	20	계축	18.6	6 52	12 15 56	17 39	10 47
	29	금	21	갑인	19.6	6 53	12 15 51	17 38	10 45
	30	토	22	을묘	20.6	6 54	12 15 47	17 37	10 43
	31	일	23	병진	21.6	6 55	12 15 44	17 36	10 41

<table>
<tr><td rowspan="5">1999년
10 월</td><td rowspan="5">달
의
현
상</td><td>◗</td><td>하</td><td>현</td><td>2일</td><td>13시</td><td>2분</td></tr>
<tr><td>●</td><td>합</td><td>삭</td><td>9일</td><td>20시</td><td>34분</td></tr>
<tr><td>◑</td><td>상</td><td>현</td><td>17일</td><td>24시</td><td>0분</td></tr>
<tr><td>○</td><td colspan="2">망</td><td>25일</td><td>6시</td><td>2분</td></tr>
<tr><td>◗</td><td>하</td><td>현</td><td>31일</td><td>21시</td><td>4분</td></tr>
</table>

일자	월 출	월남중	월 몰	시민박명시각		항해박명시각		천문박명시각	
				아 침	저 녁	아 침	저 녁	아 침	저 녁
	시 분	시 분	시 분	시 분	시 분	시 분	시 분	시 분	시 분
1	22 49	5 12	12 32	6 1	18 43	5 30	19 13	5 0	19 44
2	23 46	6 11	13 34	6 2	18 41	5 31	19 12	5 1	19 42
3	-- --	7 9	14 29	6 2	18 40	5 32	19 10	5 2	19 40
4	0 47	8 5	15 19	6 3	18 38	5 33	19 9	5 2	19 39
5	1 50	8 59	16 2	6 4	18 37	5 34	19 7	5 3	19 37
6	2 54	9 51	16 40	6 5	18 35	5 35	19 6	5 4	19 36
7	3 57	10 39	17 14	6 6	18 34	5 36	19 4	5 5	19 34
8	4 58	11 26	17 46	6 7	18 32	5 36	19 3	5 6	19 33
9	5 59	12 11	18 17	6 8	18 31	5 37	19 1	5 7	19 32
10	6 58	12 56	18 47	6 9	18 29	5 38	19 0	5 8	19 30
11	7 56	13 40	19 19	6 9	18 28	5 39	18 58	5 9	19 29
12	8 53	14 25	19 51	6 10	18 27	5 40	18 57	5 10	19 27
13	9 49	15 10	20 26	6 11	18 25	5 41	18 56	5 11	19 26
14	10 44	15 56	21 5	6 12	18 24	5 42	18 54	5 12	19 24
15	11 38	16 43	21 47	6 13	18 23	5 43	18 53	5 12	19 23
16	12 29	17 31	22 34	6 14	18 21	5 44	18 52	5 13	19 22
17	13 17	18 20	23 24	6 15	18 20	5 45	18 50	5 14	19 20
18	14 2	19 9	-- --	6 16	18 18	5 45	18 49	5 15	19 19
19	14 43	19 58	0 19	6 17	18 17	5 46	18 48	5 16	19 18
20	15 22	20 47	1 18	6 18	18 16	5 47	18 46	5 17	19 17
21	15 58	21 37	2 19	6 19	18 15	5 48	18 45	5 18	19 15
22	16 33	22 27	3 23	6 20	18 13	5 49	18 44	5 19	19 14
23	17 8	23 18	4 29	6 20	18 12	5 50	18 43	5 20	19 13
24	17 43	-- --	5 37	6 21	18 11	5 51	18 41	5 20	19 12
25	18 21	0 11	6 47	6 22	18 10	5 52	18 40	5 21	19 11
26	19 3	1 5	7 58	6 23	18 9	5 53	18 39	5 22	19 9
27	19 49	2 3	9 10	6 24	18 7	5 54	18 38	5 23	19 8
28	20 41	3 2	10 21	6 25	18 6	5 55	18 37	5 24	19 7
29	21 38	4 3	11 26	6 26	18 5	5 55	18 36	5 25	19 6
30	22 40	5 3	12 26	6 27	18 4	5 56	18 35	5 26	19 5
31	23 43	6 1	13 18	6 28	18 3	5 57	18 34	5 27	19 4

1999년 인천만의 조석표

(동경 126도 36분, 북위 37도 28분)

일	9 월 만 조 시각 조고 (시 분 cm)		9 월 만 조 시각 조고 (시 분 cm)		9 월 간 조 시각 조고 (시 분 cm)		9 월 간 조 시각 조고 (시 분 cm)		10 월 만 조 시각 조고 (시 분 cm)		10 월 만 조 시각 조고 (시 분 cm)		10 월 간 조 시각 조고 (시 분 cm)		10 월 간 조 시각 조고 (시 분 cm)	
1	8 29	847	20 54	831	2 16	80	14 36	80	8 51	775	21 24	807	2 43	140	14 55	98
2	9 9	797	21 42	792	2 58	140	15 17	120	9 41	710	22 26	749	3 32	218	15 45	166
3	9 58	736	22 44	747	3 47	215	16 8	172	10 50	650	23 54	709	4 39	291	16 53	231
4	11 5	678	-- --	--	4 53	289	17 16	222	12 26	628	-- --	--	6 19	323	18 32	257
5	0 12	721	12 37	651	6 30	327	18 48	239	1 30	717	13 58	661	7 56	287	20 3	224
6	1 47	739	14 ·	674	8 9	298	20 16	205	2 46	761	15 7	725	9 2	219	21 10	164
7	3 3	791	15 19	730	9 19	234	21 24	147	3 41	811	15 59	790	9 50	151	22 1	107
8	4 0	846	16 14	789	10 11	166	22 17	90	4 25	848	16 43	841	10 32	96	22 44	68
9	4 47	887	17 1	837	10 55	111	23 3	49	5 4	867	17 22	871	11 9	59	23 23	50
10	5 28	908	17 43	868	11 35	73	23 44	29	5 39	868	17 58	882	11 43	42	-- --	--
11	6 6	910	18 21	879	12 11	54	-- --	--	6 11	855	18 31	877	0 0	53	12 15	42
12	6 40	897	18 57	875	0 22	31	12 45	52	6 41	832	19 1	861	0 33	72	12 44	53
13	7 12	871	19 30	858	0 57	52	13 16	65	7 9	804	19 30	838	1 4	101	13 11	73
14	7 41	839	20 0	832	1 30	87	13 45	87	7 36	773	19 57	812	1 33	137	13 37	98
15	8 8	802	20 29	801	2 1	131	14 12	117	8 4	740	20 25	781	2 2	176	14 5	128
16	8 36	761	21 0	765	2 31	182	14 40	153	8 35	701	21 0	745	2 33	219	14 37	167
17	9 8	716	21 37	725	3 3	237	15 13	196	9 16	658	21 47	703	3 10	266	15 17	214
18	9 50	666	22 30	685	3 43	295	15 55	245	10 13	616	22 56	668	4 1	313	16 13	263
19	10 53	620	23 51	660	4 41	348	16 58	289	11 40	594	-- --	--	5 26	342	17 40	290
20	12 26	603	-- --	--	6 26	370	18 32	302	0 29	663	13 14	618	7 13	318	19 19	266
21	1 27	674	13 56	632	8 5	333	20 2	265	1 55	699	14 28	679	8 24	253	20 32	203
22	2 42	723	15 3	688	9 6	268	21 6	201	2 58	755	15 24	752	9 15	177	21 27	132
23	3 36	781	15 54	751	9 52	199	21 56	134	3 47	811	16 11	822	9 58	104	22 15	70
24	4 21	834	16 38	809	10 32	135	22 40	74	4 31	854	16 54	879	10 39	42	22 59	26
25	5 1	875	17 19	857	11 9	81	23 21	31	5 12	880	17 36	918	11 18	-3	23 41	4
26	5 39	900	17 58	891	11 46	39	-- --	--	5 52	887	18 17	937	11 57	-30	-- --	--
27	6 17	909	18 37	910	0 1	7	12 22	12	6 32	875	18 58	936	0 23	5	12 36	-36
28	6 54	900	19 15	912	0 41	6	12 58	2	7 13	847	19 40	913	1 5	28	13 15	-19
29	7 31	874	19 55	895	1 20	28	13 35	13	7 54	805	20 24	871	1 47	73	13 55	19
30	8 9	832	20 37	859	2 0	74	14 13	45	8 38	750	21 12	813	2 32	133	14 39	78
31									9 31	691	22 12	751	3 22	201	15 29	150

부록 #6

방사선 강도에 따른 피해정도

선량범위 (rad)	반응시간	증 상 (생리적반응)
8,000	30분~1일	· 노출 3분내 무능화 · 1일내 100% 사망
3,000	30분~5일	· 노출 3분내 무능화 · 5~6일내 100%사망
650	2시간~2일	· 노출 3시간이내 기능적으로 손상 4주후 무능화 · 10일~5주간 100% 치료 필요 · 6주후 50%이상 사망
300~530	2기간~3일	· 2~5주에 10~80% 치료 필요 · 10~50% 사망
150~300	2시간~2일	· 3~5주에 10~50% 치료 필요 · 5~10% 사망
70~150	2~20시간	· 일시적인 가벼운 메스꺼움과 구토 · 치료 불필요, 사망자 없음 · 임무수행 가능
70이하	6~10시간	· 치료 불필요 · 임무수행 가능

부록 #7
북한이 IAEA에 신고한 핵시설 일람표(최초 보고서)

순번	시 설 명	수량	위치	비 고
1	1RT-2000연구용원자로	1기	영변	
2	5MWe 실험원자로	1기	〃	
3	50MWe 원자력발전소	1기	〃	'85 착공- 공사중단
4	방사화학실험실	1개소	〃	
5	핵연료가공공장	1개소	〃	
6	핵연료저장시설	1개소	〃	
7	임계시설	1기	〃	
8	준임계시설	1기	평양	김일성대학내
9	우라늄정련공장	2개소	황북,평산	
10			황북,박천	
11	우라늄광산	2개소	황북,평산	
12			평남,순천	
13	200MWe원자력발전소	1기	평북,태천	'89 착공- 공사중단
14	원자력발전소(635MWe)	3기	함남,신포	계획단계
15				
16				

부록 #8

북한의 핵관련 시설 일람표(확인 및 미확인)

번호	지명	확인된 시설	번호	지명	미확인된 시설
①	영변	1.임계실험장치 2.IRT-2000 3.5MWe원자로 4.50MWe원자로 5.방사화학실험실 6.방사화학연구소 7.핵연료성형가공공장 8.연료봉저장소 9.핵폐기물 보관소 10.원자력연구원 11.방사선보호연구소 12.방사선동위원소이용 　　연구소 13.핵전자연구소			26.BLG500 27.핵기폭장치시험장
②	평양	14.미임계실험장치 15.원자력연구소			
③	박천	16.우라늄정련공장			28.지하핵연구시설
④	평산	17.우라늄광산 18.우라늄정련공장			
⑤	금천	19.우라늄광산			
⑥	순천	20.우라늄광산 21.우라늄정련공장			29.원자력연구소
⑦	라진	22.우라늄광산			
⑧	함흥	23.우라늄광산			
⑨	태천	24.200MWe 발전소			
⑩	신포	25.대형발전소			
			⑪	구성	30.우라늄광산
			⑫	선봉	31.우라늄광산
			⑬	평원	32.핵기폭장치실험장
			⑭	김책	33.지하원자력연구소
			⑮	개천	34.지하핵연구시설
			⑯	화성 (명윤)	35.핵실험시설
			⑰	대관	36.핵저장고
			⑱	길주	37.핵무기훈련센타
			⑲	해금강	38.우라늄매장

부록 # 8-1

북한의 핵관련시설 위치도

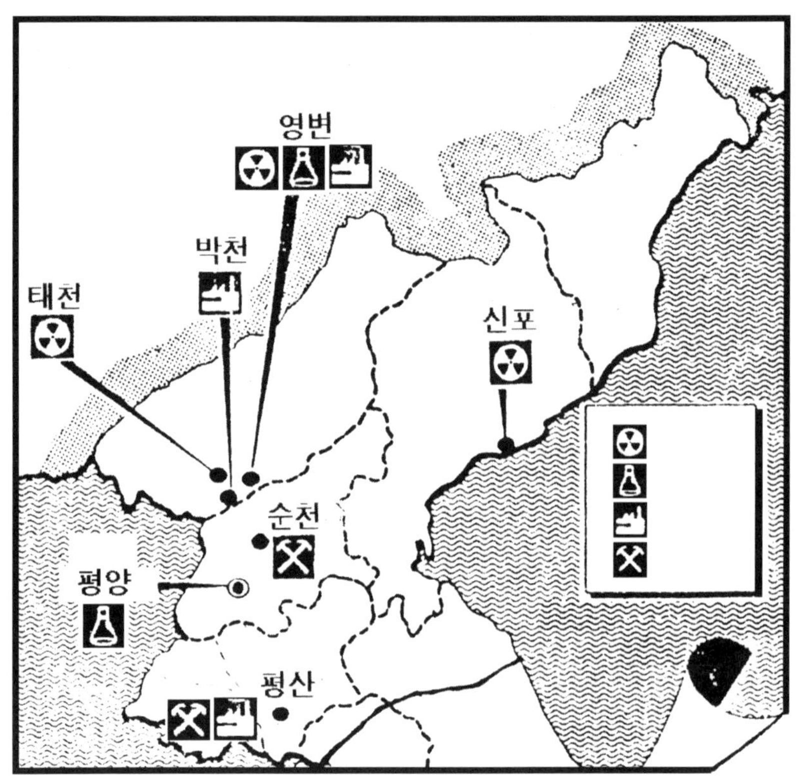

부록 #9

북한 원자로의 성능 및 제원

구분	제1호 원자로	제2호 원자로	제3호 원자로	제4호 원자로	제5호 원자로
출력	2MWt	5MWe	50MWe	200MWe	635Mwe ×3기
원자로 원형	IRT-2000 (소련)	Calder Hall (영국)	G-2 (불란서)	Calder Hall (영국)	VVER- 1000형의 개량형 (소련)
원자로형	경수로형	흑연감속로	흑연감속로	흑연감속로	경수로형
개발/기술 지원	소련	자체 건설	자체 건설	자체 건설	소련
용도	연구용	플루토늄 생산용	플루토늄 생산용	플루토늄 생산용	상업용
감속재	증류수	흑연	흑연	흑연	경수
냉각재	증류수	CO_2	CO_2	CO_2	경수
핵연료	저농축우라 늄(10%)	천연우라늄	천연우라늄	천연우라늄	저농축우라 늄(35%)
완공	1964년도	1986년도	1995 (예정)	1996 (예정)	1985 (도입계약)
위치	영변	영변	영변	평북 태천	함남 신포
비고	노후로 가동중단	동결 상태	공사 중단 상태	공사 중단 상태	계획단계로 중단상태

부록 # 10

핵·화학 방위국 편성

1) 조직

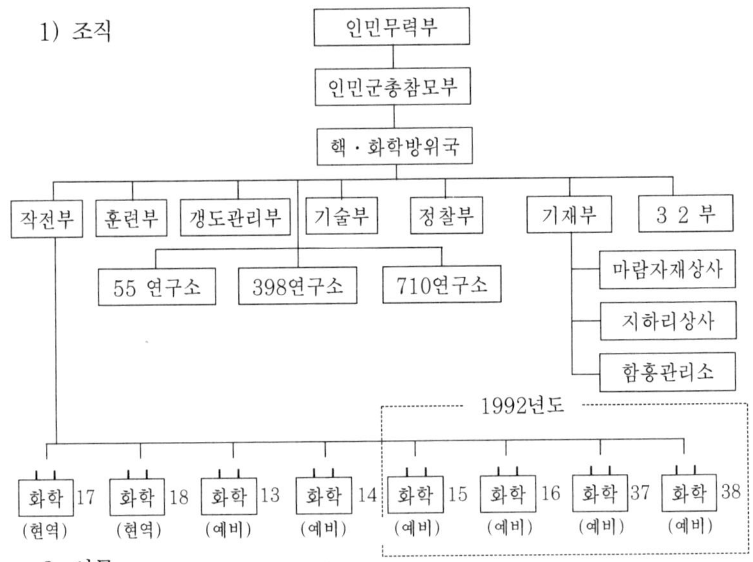

2. 임무
- 작전부:통합작전지휘, 예하 화학대대 지휘
- 훈련부:전투부대의 훈련을 담당하며, 핵 화학방위국과 사관양성소를 운영
- 갱도관리부:핵·화학무기의 지하실험을 관리
- 기술부:병기 개발 연구, 연구소 통제·관리임무 담당
- 정찰부:핵, 화학·정찰과 해독제 소독범위를 계산하여 작전부에 통보
- 반핵반원자분석소:정찰부 소속으로 예하부대의 반핵반원자분석소를 지휘
- 기재부:화학탄과 해독제를 생산 관리하며, 생산, 비축 및 공급계획 수립 담당
- 32부:신형화학탄의 연구 및 생산담당(MSL탑재탄두)
- 55연구소:핵 및 화학재 오염의 모의시험 실시. 그 결과를 관련 부대에 통보
- 710연구소:레이저무기의 연구 개발
- 398연구소:화학재 오염 제거 및 소득법 연구

출처:金日成の 核と 軍隊 p.165~171

부록 #11

미·북 제네바 핵기본합의문

미 합중국(이하 미국으로 호칭)대표단과 조선민주주의 인민공화국(이하 북한으로 호칭)대표단은 1994년 9월 23일부터 10월 21일까지 제네바에서 한반도 핵문제의 전반적 해결을 위한 협상을 가진다.

양측은 핵이 없는 한반도의 평화와 안전을 확보하기 위해서는 1994년 8월 12일 미국과 북한간의 합의발표문에 포함된 목표의 달성과 1993년 6월 11일 미국과 북한간 공동발표문상의 원칙의 준수가 중요함을 재확인하였다. 양측은 핵문제 해결을 위해 다음과 같은 조치를 취하기로 결정하였다.

1. 양측은 북한의 흑연감속원자로 및 관련사업을 경수로원자로 발전소로 대체하기 위해 협력한다.

가. 미국 대통령의 1994년 10월 20일자 보장서한에 의거하여, 미국은 2003년을 목표시한으로 총 발전용량 약 2,000메가와트의 경수로를 북한에 제공하기 위한 조치를 주선할 책임을 진다.

· 미국은 북한에 제공할 경수로의 재원조달 및 공급을 담당할 국제 컨소시엄을 미국의 주도하에 구성한다. 미국은 동 국제 컨소시엄을 대표하여 경수로 사업을 위한 북한과의 주 접촉선 역할을 수행한다.

· 미국은 국제 컨소시엄을 대표하여 본 합의문 서명후 6개월 내에 북한과 경수로 제공을 위한 공급계약을 체결할 수 있도록 최선의 노력을 경주한다. 계약관련 합의는 본 합의문 서명 후 가능한 조속한 시일내 개시한다.

· 필요한 경우 미국과 북한은 핵에너지의 평화적 이용 분야에 있어서 협력을 위한 양자협정을 체결한다.

나. 1994년 10월 20일자 대체에너지 제공관련 미국 대통령의 보장서한에 의거 미국은 국제 컨소시엄을 대표하여 북한의 흑연감속원자로 동결에 따라 상실될 에너지를 첫번째 경수로 완공시까지 보전하기 위한 조치를 주선한다.

· 대체에너지는 난방과 전력생산을 위한 중유로 공급한다.
· 중유의 공급은 본 합의문 서명 후 3개월내 개시되고 양측간 합의된 공급일정에 따라 연간 50만 톤 규모까지 공급된다.

다. 경수로 및 대체에너지 제공에 대한 보장서한 접수 즉시 북한은 흑연감속원자로 및 관련시설을 동결하고, 궁극적으로 이를 해체한다.
· 북한의 흑연감속원자로 및 관련시설의 동결은 본 합의문 서명 후 1개월내 완전 이행한다. 동 1개월동안 및 전체 동결기간 중 국제원자력기구(IAEA)가 이러한 동결상태를 감시하는 것이 허용되며, 이를 위해 북한은 국제원자력기구에 대해 전적인 협력을 제공한다.
· 북한의 흑연감속원자로 및 관련시설의 해체는 경수로사업이 완료될 때 완료된다.
· 미국과 북한은 5메가와트 실험용 원자로에서 추출된 사용 후 연료봉을 경수로 건설기간 동안 안전하게 보관하고, 북한 내에서 재처리하지 않는 안전한 방법으로 동 연료가 처리될 수 있는 방안을 강구하기 위해 상호협력한다.

라. 본 합의 후 가능한 조속한 시일내에 미국과 북한의 전문가들은 두 종류의 전문가 협의를 가진다.
· 한쪽의 협의에서 전문가들은 대체에너지와 흑연감속원자로의 경수로로의 대체와 관련된 문제를 협의한다.
· 다른 한쪽의 협의에서 전문가들은 사용후 연료 보관 및 궁극적 처리를 위한 구체적 조치를 협의한다.

2. 양측은 정치적, 경제적 관계의 완전 정상화를 추구한다.

가. 합의 후 3개월내 양측은 통신 및 금융거래에 대한 제한을 포함한 무역 및 투자제한을 완화시켜 나간다.

나. 양측은 전문가급 협의를 통해 영사 및 여타 기술적 문제가 해결된 후에 쌍방의 수도에 연락사무소를 개설한다.

다. 미국과 북한은 상호 관심사항에 대한 진전이 이루어짐에 따라 양국 관계를 대사급으로까지 격상시켜 나간다.

3. 양측은 핵이 없는 한반도의 평화와 안전을 위해 함께 노력한다.

　가. 미국은 북한에 대한 핵무기 불위협 또는 불사용에 관한 공식 보
　　　장을 제공한다.

　나. 북한은 한반도 비핵화 공동선언을 이행하기 위한 조치를 일관성
　　　있게 취한다.

　다. 본 합의문이 대화를 촉진하는 분위기를 조성해 나가는 데 도움
　　　을 줄 것이기 때문에 북한은 남·북대화에 착수한다.

4. 양측은 국제적 핵 비확산체제 강화를 위해 함께 노력한다.

　가. 북한은 핵 비확산조약(NPT) 당사국으로 잔류하며, 동 조약상
　　　의 안전조치협정 이행을 허용한다.

　나. 경수로 제공을 위한 공급계약 체결 즉시, 동결대상이 아닌 시설
　　　에 대하여 북한과 국제원자력기구간 안전조치 협정에 따라 임시
　　　및 일방사찰이 재개된다. 경수로 공급계약 체결시까지, 안전조치
　　　의 연속성을 위해 국제원자력기구가 요청하는 사찰은 동결대상이
　　　아닌 시설에서 계속된다.

　다. 경수로 사업의 상당부분이 완료될 때, 그러나 주요 핵심부품의
　　　인도 이전에, 북한은 북한내 모든 핵물질에 관한 최초 보고서의
　　　정확성과 안전성을 검증하는 것과 관련하여 국제원자력기구와의
　　　협의를 거쳐 국제원자력기구가 필요하다고 판단하는 모든 조치를
　　　취하는 것을 포함하여 국제원자력기구 안전조치협정(INFCIRC/
　　　403)을 완전히 이행한다.

1992년 9월 17일

미합중국 수석대표　　조선민주주의인민공화국 수석대표
미합중국 본부대사　조선민주주의인민공화국 외교부 제1부부장
　　　　　　　　로버트 갈루치　　　　　강석주

부록#12.

MTCR(유도탄 기술통제제도)

※ 주(註) : 필요부분만 발췌 수록함.

1. 공개발표를 위한 자료

국제적 협정에 대한 의무에 따르고 심사숙고한 결과로 미국 정부는 규정된 한계를 초과하는 사정거리와 탄두 유효탑재량에 의해 그 성능이 나타내어지는 유도탄에 관계되는 설비와 기술의 이전을 고려할 때 그것은 첨부된 지침에 따라 1987년 4월 16일부터 시행해야 할 것으로 결정했습니다.

2. 극히 신중을 요하는 유도탄에 대한 지침 및 타당한 이전

 1) 이 지침은 유인항공기가 아닌 핵무기 운반 시스템을 구성하는데 소요되는 것들에 대한 이전을 통제하여 핵확산에 따른 위험을 감소하는데 그 목적이 있다. 이 지침은 핵무기 운반 시스템을 이루는데 기여하지 않는 자국 내에서의 또는 국제적 협력에 의한 우주개발 계획을 막기 위해서 고안된 것은 아니다. 부록이 첨부된 이 지침은 정부의 관할권 밖의 어떠한 곳으로의 이전을 통제하고 또는 규정된 한계를 초과하는 사정거리와 탄두 유효탑재량에 의해 그 성능이 나타내어지는 유도탄에 관계되는 설비와 기술에 대한 통제가 그 기본적인 형태이다. 이러한 통제는 부록에 포함되어 있는 품목들이 이전시에 고려되어야 하고 그러한 형태의 모든 이전시에도 상황에 따라서 고려되어야 한다. 정부는 이 지침을 국가적인 입법에 의해서 그 효력을 발휘해야 한다.

 2) 부록은 설비와 기술로 이루어진 품목의 두 부류로 이루어진다. 부록의 품목1,2에 있는 부류 I 품목들은 대단히 신중을 기해야 하는 품목들이다. 만약 부류 I 품목들이 분리되거나 제거되거나 복제되지 않는 혼합된 품목을 제외하고 어떠한 시스템에 포함되어 있다면 그 시스템도 또한 부류 I 로 간주되어진다. 부류 I 의 이전에 대한 특별한 억제는 당연시되어야 하고 그러한 이전을 하지

않으려는 강력한 의지를 가지고 있어야 한다. 추후에 다른 발표가 있을 때까지 부류 I 의 생산능력에 대한 이전은 정당화되지 않을 것이다. 그 밖의 부류 I 품목들의 이전이 드물게 정당화될 수 있는데 「A」라는 정부가 이전받을 정부에게 지침의 5항의 실천을 요구하여 보증을 얻은 정부와 정부간의 계약에 의한 사업일 때 「B」라는 정부는 그 품목을 정해진 용도에만 투입한다는 모든 보증절차를 수행할 책임을 갖는 경우이다. 물론 이전에 대한 결정은 여전히 미국 정부의 유일하고 독자적인 판단에 의한다.

3) 부록의 품목들의 이전을 위한 가치평가에는 다음과 같은 요소들이 고려되어야 한다.
   A. 핵확산에 대한 우려
   B. 이전받을 국가의 우주계획과 유도탄의 목적 그리고 그 장래성
   C. 유인항공기 이외의 핵무기 시스템을 개발할 가능성에 의한 이전의 중요성
   D. 이전받은 국가가 5항의 A,B를 참조하는가에 대한 적절한 확인을 포함하는 이전의 최종사용에 관한 평가
   E. 다변적 협정에 관련된 적부판단

4) 부록에 있는 품목들과 직접적으로 관계가 있는 설계와 제작에 관한 기술의 이전은 설비의 통제 못지않은 고도의 통제와 감시를 필요로 하며 국가적 법률의 한도내에서 허락되어야 한다.

5) 핵무기 시스템을 구성할 수 있는 이전이 있는 경우 정부는 이전을 받는 국가의 정부로부터 다음과 같은 특별한 보증을 받았을 경우에 한해서 부록에 있는 품목들의 이전이 정당화된다.
   A. 그 품목들은 단지 정해진 목적대로 사용되어져야 하며 미국 정부의 동의없이 그러한 목적이 수정되거나 품목이 수정되고 복제되지 않아야 한다.
   B. 그런 품목 또는 복제품 또는 부수품들은 미국 정부의 동의없이 재이전되어서는 안 된다.

6) 이 지침의 효과적인 실행을 촉진하기 위한 적절한 필요에 의해 미국 정부는 이와같은 지침을 적용하고 있는 다른 정보와 관련된 정보를 교환할 것이다.

7) 국제적인 평화와 안보를 위해서 모든 국가들의 이 지침에 대한 지지는 환영받을 것이다.

3. 설비와 기술 부록 요약
"이 부록의 전문은 권위적인 것이므로 명확한 세부사항에 대해서는 전문가와 상의하여야 한다."

부류 I
o 최소 500kg 탄두와 최소 300km의 사거리를 갖는 완전한 로켓시스템들(탄도유도탄 시스템, 우주발사체, 관측위성을 포함한다)과 무인항공기 시스템(순항유도탄 시스템, 공격용무인항공기, 정찰용 무인항공기를 포함한다) 또한 이들을 위해 특별히 설계된 생산 설비들
o 품목 I 에 있는 시스템들에 사용 가능한 완전한 부속품들 또한 이들을 위해 특별히 제작된 생산 설비와 장비들
　o 각각의 로켓 단계
　o 대기권 재진입 비행체(Reentry Vehicles)
　o 고체 또는 액체연료 로켓 추진기관
　o 유도장치
　o 추력방향 제어장치(Threst Vector Control)
　o 탄두 안전장치, 장전장치, 신관 및 기폭장치

부류 II
　o 추진기관 부품
　o 추진제와 구성 성분
　o 추진제 생산기술과 장비
　o 유도탄 구조용 복합재와 생산기술 및 장비
　o 열분해에 의한 추출 및 농축기술과 장비
　o 구조용 재료
　o 비행계기, 관성 항법장치, 소프트웨어 및 생산장비
　o 비행 조종장치　　　　　o 항공 전자장비
　o 발사 및 지상지원 장비 및 설비
　o 유도탄 전산기　　　　　o 아날로그-디지탈 변환기
　o 시험설비 및 장비　　　　o 핵 영향 보호기술
　o 소프트웨어 및 관련 아날로그 또는 하이브리드 전산기

○ 관측방해 기술, 재료 및 장치들

4. 부록: 장비 및 기술
 1) 서론
  (a) 이 부록은 장비와 기술을 포함하는 두 부류의 품목으로 구성
   되어 있다. 부류 I 품목들은 부록의 품목1,2에 있는데 이들은
   매우 신중을 기해야 할 품목들이다. 만약 부류 I 품목들이 분리
   되거나 제거되거나 복제되지 않는 혼합된 품목을 제외하고 어
   떠한 시스템에 포함되어 있다면 그 시스템도 또한 부류 I 로 간
   주되어진다. 부류 II 품목은 부류 I 에 명시되지 않은 품목들이
   다.
  (b) 부록에 있는 품목들과 직접적으로 관계가 있는 설계와 제작
   에 관한 기술의 이전은 장비의 통제 못지않은 고도의 통제와
   감시를 필요로 하며 국가적 법률의 한도 내에서 허락되어야 한
   다.

 2) 정의
이 부록은 다음과 같은 정의들이 적용된다.
  (a) 기술(technology)의 의미는 어떠한 개발이나 제조 또는 어
   떤 물품의 사용에 필요한 특별한 정보를 의미한다. 이 정보라
   는 것은 기술자료나 기술지원의 형태를 가질 수 있다.
  (b) (1) 개발(development)은 일괄적인 생산에 앞선 다음과 같
   은 모든 단계에 관련되어 있다.
    ○ 설계   ○ 설계연구
    ○ 설계분석   ○ 설계개념
    ○ 시세품의 소립 및 시험
    ○ 소규모의 예비생산 계획
    ○ 설계자료   ○ 생산을 위한 설계자료의 수정과정
    ○ 형상설계   ○ 통합설계
    ○ 설계법
  (2) 생산은 다음과 같은 모든 생산단계를 의미한다.
    ○ 생산공학   ○ 제조
    ○ 통합   ○ 부품 조립(장착)
    ○ 검사   ○ 시험
    ○ 품질보증

(3) 사용의 의미
  ○ 조작   ○ 정비(점검)
  ○ 장비설치(현지에서의 장비설치도 포함)
  ○ 수리   ○ 분해수리와 보수

(c) (1) 기술자료는 청사진, 계획, 도표, 모형, 제조법, 공학적 설계 및 규격서, 지침서 그리고 지시들이 쓰여진 또는 기록된 어떤 매개체장치 즉 디스크, 테이프, 읽기전용 기억장치 등의 형태를 가질 수 있다.

 (2) 기술지원은 다음과 같은 형태이다.
  ○ 지시   ○ 숙련된 기술
  ○ 양성   ○ 작업지식
  ○ 자문

(d) 주(註): 기술에 대한 정의에는 공용 분야의 기술이나 기초과학 연구는 포함되지 않는다.

(1) 이 부록에 적용되는 공용 분야의 기술이란 의미는 좀더 널리 보급되는 것을 제한하지 않는 유용한 기술을 의미한다. (저작권으로서 공용 분야에 속해 있는 기술을 제한할 수 없다.)

(2) 기초과학 연구란 근본적으로 특별한 실질적 목표나 대상이 미리 정해지지 않은 어떤 현상이나 관측사실의 기초적인 원리에 대한 새로운 지식을 얻기 위해 수행되는 실험이나 이론적인 연구를 말한다.

(e) 생산설비란 단일 또는 여러단계의 연속되는 생산 또는 시제품 개발을 위한 설비에 필요한 통합된 소프트웨어나 장비들을 의미한다.

(f) 생산장비란 단일 또는 여러단 계의 연속되는 생산 또는 특별히 설계되었거나 수정된 시제품 개발을 위해 제한된 기계설비, 형판, 치구, 맨드렐(mandrels), 주형, 금형, 고정치구, 정렬기구, 시험장비, 기계류 및 그 구성품들을 의미한다.

5. 품목1 - 부류 I

최소 500kg 탄두와 최소 300km의 사거리를 갖는 완전한 로켓시스템들(탄도유도탄 시스템, 우주발사체, 관측위성을 포함한다)과 무인항공기 시스템(순항유도탄 시스템, 공격용 무인항공기, 정찰용 무인항공기를 포함한다) 또한 이들을 위해 특별히 설계된 생산 설비들

6. 품목2 - 부류 I

다음과 같이 품목1에 있는 시스템들에 사용 가능한 완전한 부속품들
또한 그 부수품목을 위해 특별히 제작된 생산 설비와 장비들,…… (이하
생략)

7. 품목3 - 부류 II

품목1에 속한 시스템에 사용가능한 추진기관 부품 및 추진기관뿐만
아니라 다음과 같이 특별히 설계된 생산설비……(이하 생략)

8. 품목4 - 부류 II부터 ∼ 품목8 - 부류 II까지
생 략

9. 품목9 - 부류 II

다음과 같은 나침반, 자이로스코프, 가속도계, 관성장비와 그에 따라
특별히 설계된 소프트웨어 또한 품목1의 시스템에 사용 가능한 특별히
설계된 부품……(이하 생략)

10. 품목10 - 부류 II
생 략

11. 품목11 - 부류 II

품목1의 시스템에 이용될 수 있는 무인 항공기나 로켓 시스템을 위해
특별히 설계 또는 수정 제작된 항공 전자장비와 그에 따라 특별히 설계
된 소프트웨어 및 부품.....(이하 생략)

12. 품목12 - 부류 II ∼ 품목18 - 부류 II
생 략

부록 #13

대포동 미사일 센터의 인공위성 사진

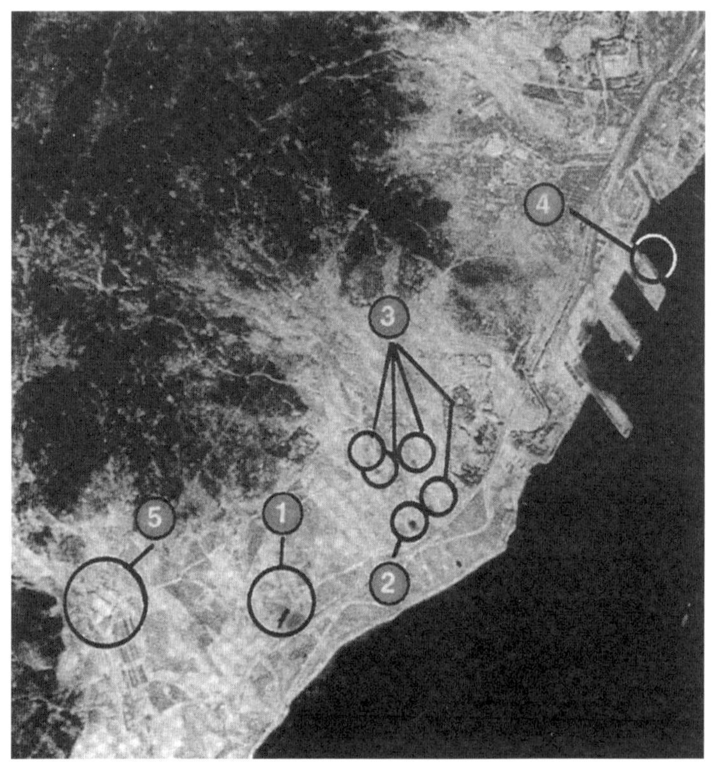

부록 #14

〈세계 각국의 미사일과 핵 탑재능력〉

국명	무기종류	무기명	배치	사정거리	핵무기탑재	저장
미국	ICBMs (대륙간 탄도탄)	미니트맨Ⅱ	450	11,300	1×1.2Mt	450
		미니트맨Ⅲ	200	13,000	3×170kt	600
		미니트맨Ⅲ (MK12A)	300	13,000	3×335kt	900
		MX	50	11,000	10×300kt	500
		소계	1,000			2,450
	SLBMs (잠수함 발사 탄도탄)	포세이돈	224	4,600	10×40kt	2,240
		트라이던트 I	384		8×100kt	3,072
		소계	608	7,400		5,312
	폭격기	B-1B	97	9,800	[ALCM(200kt또는 핵탄(B28,61, 8 3) 또는 SRAM] 22발	1,614
		FB-111A	59	4,700	SRAM 6발 또는 핵탄(B43,61,83)6 발	2,484
		B-52G/H	193	16,000	SRAM20발 또는 ALCM 12발과 핵탄 6발 또는 ALCM 20발	1,140
		소계	349			5,238
	지상발진 항공기	F-4C/D/E	2,250	1,060-2 ,400	핵탄(B28,43,57, 61,83) 3발	1,800
		F-15A/C			핵탄5발	
		F-16A/B/C/D			핵탄(B-43,57) 5발	
		F-111A/D /E/F			핵탄(B43,57,61, 83) 3발	
	MSL	퍼싱Ⅱ	111	1,790	1×.3~80kt	125
		GLCM	250	2,500	1×.2~150kt	325
		퍼싱IA	72	740	1×60~400kt	100
		랜스	100	125	1×1~100kt	1,282
		나이키, 허큘리스	27	160	1×1~20kt	75
		토마호크	200	2,500	1×5~150kt	200
		소계	760			2,107

국명	무기종류	무기명	배치	사정거리	핵무기탑재	저장
미국	야포	155㎜ 및 203㎜	3,850	30	1×.1~12kt	1,540
		핵배낭(ADM)	150	..	1×.01~1kt	150
	해군	항공모함항공기 1450 A-6E	1,100d		3×B28또는B43또는B5 7또는B61 및 Harpon	
		A-7E			4×(B28,B43, 57,61)	
		F/A-18A/B 함대공미사일	?		2×(B61)	290e
		Terrier		35	1×1kt	
	해병대	A-4M			1×(B28,43, 57,61)	
		AV-6B			1×B61	
	대잠수함 무기체계	ASROC	?	1~10	1×5~10kt	574
		SUBROC	?	60	1×5~10kt	285
		대잠수함항공기	710	1,160~ 3,800	1×〈20kt	897
구 소련	ICBMs	SS-11 Mod2		13,000	1×.950~1.1Mt	160
		Mod3	380	10,600	3×100~350kt(MRV)	630
		SS-13 Mod2	60	9,400	1×600~750kt	60
		SS-17 Mod2	110	10,000	4×750kt(MIRV)	480
		SS-18 Mod4	308	11,000	10×550kt(MIRV)	3,080
		SS-19 Mod3	320	10,000	6×500kt(MIRV)	2,100
		SS-24	58	10,000	10×100kt(MIRV)	200
		SS-25	162	10,500	1×550kt	150
			1,398			6,860
	폭격기	Tu-95A		8,300	핵탄4발	30
		Tu-95B/C		8,300	핵탄5발또는AS-3	100
		Tu-95G		8,300	핵탄5발및2AS-4	270
		Tu-95H	153	8,300	8 AS-15및핵탄4발	600
		Tu-160 Blackjack	9	?	AS-15및핵탄4발	100
		소계	162			1,100

국명	무기종류	무기명	배치	사정거리	핵무기탑재	저장
구 소련	요격 미사일	ABM-1B (Galosh)	32	320	1×미상	32
		ABM-3	68	70	1×저위력	68
		소계	100			100
	지상발진항 공기	Tu-26	180	4,000	핵탄1-3발또는ASM	360
		Tu-16	210	3,100	핵탄1-2발또는ASM	250
		Tu-22	330	2,900~ 3,000	핵탄1-2발 또는 1ASM	120
	전술항공기		4,050	700~ 1,300	핵탄 1~2발	3,230
	미사일	SS-20	318	5,000	3×250kt	1,215
		SS-4	18	2,000	1×1Mt	65
		SS-12	135	900	1×500kt	405
		SS-1c	620	280	1×1~10kt	1,370
		SS-23	239	500	1×100kt	239
		FROG 7	658	70	1×1~25kt	200
		SS-21	289	120	1×10~100kt	1,100
		SS-SHCH 스커드B	601	?	?	?
		SS-C-1b	100	450	1×50~200kt	100
		SAMs	7,000	40-300	1×저위력	4,000
		야포	6,760	10-30	1×저위력	2,000
		핵배낭	?	?	?	?
	해군	SS-N-5 함대공미사일	36	1,400	1×1Mt	36
		SA-N-1	65	22	1×10kt	
		SA-N-3	43	37	1×10kt	
		SA-N-6	33	65	1×kt	260
	항공기	Tu-26	140	4,000	핵탄1-3발또는ASM	280
		Tu-16	170	3,100	핵탄1-2발또는ASM	170
		Tu-22	30	2,900~ 3,300	핵탄1발	30
		대잠수함항공기	375		핵탄1발	400
	대함 미사일	SS-N-3	228	450	1×350kt	120
		SS-N-7	90	65	1×200kt	44
		SS-N-9	208	280	1×200kt	78
		SS-N-12	200	550	1×350kt	76
		SS-N-19	136	550	1×500kt	56
		SS-N-22	80	100	1×200kt	24

국명	무기종류	무기명	배치	사정거리	핵무기탑재	저장
구소련	SLBMs	SS-N-6Mod3	240	3,000	$2\times.375\sim1Mt$(MRV)	480
		SS-N-6Mod 1/2	286	7,800	$1\times1\sim1.5Mt$	286
		SS-N-17	12	3,900	$1\times.5\sim1Mt$	12
		SS-N-18 Mod1/3		6,500	$7\times200\sim500kt$	
		Mod2	224	8,000	$1\times.45\sim1Mt$	1,568
		SS-N-20	100	8,300	$10\times100kt$	1,000
		SS-N-23	80	7,240	$4\times100kt$	256
		소계	942			3,602
	지상 미사일	SS-N-21	4	3,000	$1\times200kt$	16
		SS-NX-24	0	$\langle3,000$	$1\times?$	0
	대잠수함 미사일	SS-N-15		37	$1\times10kt$	?
		SS-N-16	400	120	$1\times10kt$	400
		Fras-1	25	30	$1\times5kt$	25
		Torpedoes type	65	16	$1\times low\ kt$	
		ET-80	575	$\rangle16$	$1\times low\ kt$	575
영국	항공기	Buccaneer S2B	25	1,700	$1\sim5\times400/200$핵탄	155-1
		Tornado GR-1	220	1,300	$1\sim2\times400/200kt$	75
	SLBMs	폴라리스A3-TK(Chevaline)	64	4,700	$2\times40kt$	128
	항공모함 항공기	해리어기 FRS 1	42	450	$1\times10kt$	42
	대잠수함 헬기	Sea King HAS 5	56	…	$1\times10kt$	
		Lynx HAS 2/3	78	…	$1\times10kt$	25
프랑스	항공기	미라지2000N/ASMP	15	1,570	$1\times300kt$	115
		미라지IVP/ASMP	18	1,500	$1\times300kt$	20
		재규어 A	45	750	$1\times6\sim8/30kt$핵탄	50
		미라지IIIE	15	600	$1\times6\sim8/30kt$핵탄	35
	지상 미사일	S3D	18	3,500	$1\times1Mt$	18
		Puton	44	120	$1\times10/25kt$	70

국명	무기종류	무기명	배치	사정거리	핵무기탑재	저장
프랑스	SLBMs	M-20	64	3,000	1×1Mt	64
		M-4A	16	4,000~5,000	6×150kt(MIRV)	96
		M-4B	16	6,000	6×50kt(MIRV)	96
	항공모함 항공기	Super Etendard	36	650	1×6-8/30kt핵탄	40j
중국	항공기	B-5(IL28)	15-30	1,850	핵탄1발 (20kt~3Mt)	15-30
		B-6(Tu-16)	100	5,900	핵탄1~3발 (20kt~3Mt)	100-130
	지상 미사일	DF-2(CSS-1)	30-50	1,450	1×20kt	30-50
		DF-3(CSS-2)	75-10	2,600	1×1~3Mt	75-10
		DF-4(CSS-3)	~10	4,800~7,000	1×1~3Mt	~10
		DF-5(CSS-4)	~10	13,000	1×4~5Mt	~10
	SLBMs(잠수함발사 탄도탄)	CSS-N-3 (JL-1)	24	3,300	1×200kt~1Mt	26-38

주)B28: (5종류 위력) 70kt, 350kt, 1.1Mt, 1.45Mt 및 미상

B43: 1Mt

B53: 9Mt 　　　　B83: 1,000kt이상

B57: 20kt이하 　　SRAM: 170~200kt

B61: 100~500kt 　　ALCM: 200~250kt

출처:1. 1989 SIPRI 연감

2. Nuclear Weapons: A Comprehensive Study, UN, 1991

부록#15

화학작용제의 종류 및 특성

작용제 분류	명칭	기호	중간 치사량	중간 무능화량	살상 발생시간	효과지속시간
			mg-min/㎡			
신경 작용제	타분	GA	400	300		1~2일 (고농도)
	사린	GB	70~100	35~75	1~10분 (급속)	4시간 (비지속)
	소만	GD	100	GA,GB범위	1~15분 (급속)	15분~4시간 (비지속)
	VX	VX	100	50	4~10분	3~21일 (지속)
수포 작용제	증류겨자	HD	1,500(흡입) 10,000(피부)	150(흡입) 2,000(피부)	4~24시간 (지연)	2~7일 (지속)
	질소겨자	HN-1	1,500(흡입) 10,000(피부)	150(흡입) 2,000(피부)	12시간 이상 (지속)	(지속)
	질소겨자	HN-2	3,000(흡입)	100(눈상해)		(지속)
	질소겨자	HN-3	1,500(흡입)	200(눈상해)		(지속)
	루이사이트	L	1,500(흡입) 10,000(피부)	200(흡입) 2,000(피부)	신속	(지속)
수포 작용제	겨자루이사이트	HL	1,500(흡입) 10,000(피부)	300(흡입) 1,500(피부)	13시간 이상 (지연)	(지속)
	포스겐옥.심	CX	3,200	·	신속	약 2시간 (토양) (지속)
혈액 작용제	시안화수소	AC	5,000	·	0.5~15분 (급속)	10~15분 (비지속)
	염화시아노겐	CK	11,000	7,000	1.5~15분 (급속)	10~15분 (비지속)
	아르신(SA)	SA	5,000	2,500	2시간~11일 (지연)	·
질식 작용제	포스겐	CG	3,200 (비활동)	1,600 (비활동)	3~11시간 (지연)	수시간 (비지속)
	디포스겐	DP	3,200 (비활동)	1,600 (비활동)	3시간 (저농도)	0.5~3시간 (하계) 10~12시간 (동계)
구토 작용제	(DA)	DA	15,000 (예상치)	10분 노출 12	·	·
	(DC)	DC	10,000 (예상치)	10분 노출 12	·	·
	아담사이트	DM	15,000 (예상치)	10분 노출 221	·	·

부록 #16

생물학작용제 종류 및 특성

병원체	가용작용제	치사율 (5)	잠복기	전염경로	증상
박테리아	콜레라	10~100	5일	음식물, 음료수	설사, 탈수, 혈압강하
	페스트	90~100	2~6일	쥐벼룩, 호흡기	발열, 오한, 각혈
	탄저균	5~100	2~5일	호흡기, 상처	폐렴, 패혈증
	장티푸스	10~25	7~14일	음식물, 음료수	발열, 관절통, 설사
	아토균	5~8	2~12주	동물, 곤충	발열, 폐렴
	이 질	1~2	1~7일	음식물, 음료수	복통, 설사, 혈변
	디프테리아	-	2~5일	호흡기	호흡기질환, 발열
	브루셀라	3~4	2~5일	감염동물 취식	근육통, 발작
	결 핵	-	4~6주	호흡기	피로, 기침
리케치아	발진티푸스	10~40	10~14일	이, 쥐, 벼룩	근육통, 발열, 발진
바이러스	유행성 출혈열	30~40	3~4일	등줄쥐	고혈, 혈뇨, 저혈압
	뇌 염	-	7~20일	돼지, 모기	두통, 구토
	간 염	-	6~23일	구강, 혈액	구토, 황달

부록#17

독소작용제 종류 및 특성

유기체	독소 작용제	작용 속도	치사량 (LD50)	작 용	증 상
곰팡이	황우 (Yellow rain)	급속	75~1,000mg(쥐:450mg)	단백질 합성방해, 세포 분해	구토,가려움증, 수포형성,출혈,혈변
박테리아	보툴리눔 독소 (Botulinum)	지연	75~750 μg	아세틸콜린 방출 방해	마비,동공확대,호흡곤란,근육이완,구토,변비
해 초	마이크로시스틴독소 (Microcystin toxin)	급속	35mg	단백질 합성방해	오한,혼수상태, 근육경련
산 호	플레이독소 (Play toxin)	급속	10~35μg	이온 작용 방해	호흡곤란,체온저하, 졸음,구토설사,경련
코브라, 독사	뱀독소	급속	1~35 mg	아세틸콜린 방출 방해	졸음,폐수종,호흡곤란, 혈압강하,심장마비, 언어/시각장애
아주까리 열매	리신(Ricin)	지연	50~100 μg	단백질 합성분해	경련,호흡곤란,혈변, 구토
부패된 조개	S.T.X독소 (Saxitoxin)	급속	0.2~1mg (LD100)	나트늄이온 생성 방해	복부통증,구토,두통, 근육마비
독거미, 전갈	거미 독소	급속	20~75mg (피부)	나트늄이온 생성 방해	통증,숨가쁨,구토,눈물, 시력약화,불규칙한맥박
복어, 낙지류	복어 독소	급속	0.5~3μg	나트늄이온 생성 방해	구토,통증,근육마비 및 무능화
박테리아	포도상 구균독소	급속	섭취시 10~25mg (LD100)	폐 및 장의 내벽에 피해	경련,폐수종,구토,설사, 탈수 증세
독성개구리피부	양서류 독소	급속	150μg	세포막 피해	경련,청색증,불규칙한 심장박동,신체균형상실

부록#18

제네바협약(제네바 의정서)

※ 註 원제: 질식성, 유독성 또는 기타 가스 및 세균학적 전쟁 수단
전시사용 금지에 관한 의정서
　서명 : 1925년 6월 17일(제네바)
　발효 : 1928년 2월 8일

아래에 서명한 전권위원들은 각기 그들 정부의 이름으로 질식성 또는
기타 가스 및 모든 유사한 액체, 물질 또는 수단을 전쟁에 사용하는 것
은 문명세계의 여론에 의하여 비난받고 있고,

그러한 사용금지가 세계 대다수 국가들이 당사국으로 되어 있는 여러
조약에 이미 선포된 사실에 비추어,

이러한 사용금지가 모든 국가의 양심 및 관행을 구속하는 국제법의
일부로 널리 수락되도록 하기 위하여 다음과 같이 선언한다.

"당사국은 아직 그러한 사용을 금지하는 조약의 당사국으로 되어 있
지 않는 한 이러한 금지를 수락하고 위 금지를 세균성 전쟁수단의 사용
에까지 확대할 것에 합의하며 또한 상호간 이 선언의 규정에 구속될 것
에 합의한다."

당사국은 당사국 이외의 다른 국가들이 이 조약에 가입할 것을 권유
하도록 모든 노력을 다하여야 한다. 그러한 가입은 프랑스 정부에 통고
되고 프랑스 정부는 이들 모든 서명국 및 가입국에 통보하여야 하며 신
규 가입국에 대하여는 위 통보일로부터 이 의정서가 발효한다.

이 의정서는 프랑스어본 및 영어본을 모두 정문으로 하고 가급적 조
속히 비준되어야 한다. 이 의정서는 오늘 날짜에 부한다.

이 의정서의 비준은 프랑스 정부에 통고되어야 하며 프랑스 정부는
즉시 이를 타서명국 및 가입국에 통보하여야 한다.

이 의정서의 비준서 및 가입서는 프랑스 정부의 문서보관소에 보존된
다.

이 의정서는 각 서명국에 대하여 그 비준서 기탁일로부터 효력을 발
생하며 그때부터 동국은 이미 비준서를 기탁한 타국과의 관계에서 본 의
정서의 구속을 받는다.

이상의 증거로 전권위원들은 이 의정서에 서명하였다.

1925년 6월 17일에 제네바에서 1부를 작성하였다.

부록#19

화학무기금지협약
(화학무기의 개발, 생산, 비축, 사용금지 및 폐기에 관한 협약)

※ 註 : 본 협약의 내용은 전문으로 시작하여 제1조부터 제24조까지 그리고 3개의 부속서로 구성되어 있으며, 총 180여 쪽에 달하는 양이므로 여기서는 중요한 부분만을 발췌 수록한다. 본 협약의 요점은 화학무기의 개발, 생산, 보유 및 사용을 전면 금지하고 이미 생산된 화학무기는 물론 생산 시설, 저장 시설, 그리고 관련시설들을 협약발효 10년이내에 모두 폐기할 것을 의무로 하고 있다.

전문

이 협약의 당사국은,

모든 형태의 대량파괴무기의 금지와 제거를 포함하며 엄격하고 효과적인 국제 통제하에서 전면적이고 완전한 군축을 향한 효과적인 진전을 이룩하기 위하여 행동하기로 결의하며,

국제연합헌장의 목적과 원칙의 실현에 기여하기를 희망하며,

1925년 6월 17일 제네바에서 서명된 질식성, 독성 또는 기타 가스침 세균학적전쟁수단의 전시사용금지에 관한 의정서(1925년 제네바 의정서)의 원칙과 목표에 반하는 모든 행위를 국제연합 총회가 거듭 비난하여 왔음을 상기하며,

이 협약이 1925년 제네바 의정서와 1972년 4월 10일 런던, 모스크바 및 워싱턴에서 서명된 세균(생물학) 및 독소무기의 개발, 생산 및 비축의 금지와 그 폐기에 관한 협약의 원칙과 목표 및 이에 따른 의무를 재확인하고 있음을 인정하며,

세균(생물학) 및 독소무기의 개발, 생산 및 비축의 금지와 그 폐기에 관한 협약의 제9조에 포함된 목표에 유념하며,

전인류를 위하여 이 협약 규정의 이행을 통하여 1925년 제네바 의정서에 따른 의무를 보완함으로써 화학무기의 사용 가능성을 완전히 배제할 것을 결의하며,

관련협정 및 국제법의 관련원칙에 구현된, 전투수단으로서의 제초제 사용의 금지를 인정하며,

화학분야의 성과는 전적으로 인류의 이익을 위하여 사용되어야 함을

고려하며,

　　모든 당사국의 경제 및 기술 개발을 향상시키기 위하여 이 협약에서 금지되지 아니하는 목적을 위한 화학활동분야에서의 국제협력과 과학 및 기술정보의 교환뿐 아니라 화학물질의 자유로운 교역을 증진시킬 것을 희망하며,

　　화학무기의 개발, 생산, 획득, 비축, 보유, 인도 및 사용의 완전하고 효과적인 금지와 그 폐기가 이러한 공동의 목표달성을 향한 필요한 조치를 나타냄을 확신하며,

　　다음과 같이 합의하였다.

제1조(일반적 의무)

　　1. 이 협의 각 당사국은 어떠한 상황하에서도 다음을 행하지 아니할 것을 약속한다.

　　가. 화학무기의 개발, 생산, 달리 획득, 비축, 보유 또는 직접적이거나 간접적인 화학무기의 인도

　　나. 화학무기의 사용

　　다. 화학무기의 사용을 위한 모든 군사적 준비에의 관여

　　라. 이 협약에서 당사국에게 금지된 모든 활동에 어느 누구로 하여금 종사하도록 하는 지원, 장려 또는 권유

　　2. 당사국은 자기 나라가 소유 또는 점유하거나 자기 나라의 관할 또는 통제하에 있는 장소에 소재하는 화학무기를 이 협약의 규정에 따라 폐기할 것을 약속한다.

　　3. 각 당사국은 자기 나라가 다른 당사국의 영토에 버린 모든 화학무기를 이 협약의 규정에 따라 폐기할 것을 약속한다.

　　4. 각 당사국은 자기 나라가 소유 또는 점유하거나 자기 나라의 관할 또는 통제하에 있는 장소에 소재하는 모든 화학무기 생산시설을 이 협약의 규정에 따라 폐기할 것을 약속한다.

　　5. 각 당사국은 폭동진압작용제를 전투수단으로 사용하지 아니할 것을 약속한다.

제3조(신고)

　　1. 각 당사국은 이 협약이 자기 나라에 대하여 발효한 후 30일이내에 다음 사항이 수록된 신고서를 기구에 제출한다.

　　가. 화학무기의 관련사항

　　(1) 화학무기의 소유 또는 점유 여부 또는 자기 나라의 관할 또는 통

제하의 장소에 화학무기가 소재하는지 여부 신고

제4조(화학무기)

3. 제1항에 규정된 화학무기가 저장 또는 폐기되는 모든 장소는 검증부속서 제4부(1)에 따라 현장사찰 및 현장설치 기기에 의한 감시를 통한 체계적 검증을 받는다.

4. 각 당사국은 제3조 제1항 가호에 따른 신고서를 제출한 직후 신고내용이 현장사찰을 통하여 체계적으로 검증하도록 제1항에 규정된 화학무기에 대한 접근을 허용한다. 이후에 각 당사국은 화학무기 폐기시설로의 이동을 제외하고는 이들 화학무기 중 어느 것도 이동시키지 아니한다. 당사국은 체계적인 현장검증을 위하여 이러한 화학무기에 대한 접근을 허용한다.

5. 각 당사국은 현장사찰 및 현장설치 기기에 의한 감시를 통한 체계적 검증을 위하여 자기 나라가 소유 또는 점유하고 있거나 자기 나라의 관할 또는 통제하의 장소에 있는 화학무기 폐기시설 및 화학무기 저장지역에 대한 접근을 허용한다.

제5조(화학무기 생산시설)

7. 각 당사국은 다음과 같이 행한다.

　　가. 이 협약이 자기 나라에 대하여 발효한 후 90일이내에 검증부속서 제5부에 따라 제1항에 규정된 모든 화학무기 생산시설을 폐쇄하며, 이를 통지한다.

8. 각 당사국은 검증부속서와 합의된 폐기속도 및 폐기차례(이하 '폐기순서'라고 한다)에 따라 제1항에 규정된 모든 화학무기 생산시설과 관련시설 및 장비를 폐기한다. 이러한 폐기는 이 협약이 자기 나라에 대하여 발효한 후 1년이내에 시작되며, 이 협약 발효후 10년이내에 종료된다. 당사국은 더 빠른 속도로 이러한 시설을 폐기할 수 있다.

제9조(협의, 협력 및 사실조사)

8. 각 당사국은 이 협약규정의 위반가능성과 관련된 문제를 해명하고 해결할 목적만으로만 다른 당사국의 영토나 그 당사국의 환할 또는 통제하의 그 밖의 다른 장소에 소재한 시설 또는 소재지에 대하여 현장 강제사찰을 요청하고, 이러한 사찰이 사무총장이 지명한 사찰단에 의하여 지체없이 어느 곳에서나 검증부속서에 따라 수행되도록 요청할 권리를 가진다.

13. 요청당사국은 집행이사회에 현장 강제사찰을 위한 사찰요청서를 제출하며, 동시에 즉각적인 처리를 위하여 사무총장에게 제출한다.

14. 사무총장은 사찰요청서가 검증부속서 제10부 제4항에 규정된 요건을 만족시키는지를 즉시 확인하며, 또한 필요한 경우 요청당사국의 사찰요청서 제출을 적절히 지원한다. 사찰요청서가 요건을 충족시키는 경우 강제사찰 준비가 개시된다.

15. 사무총장은 사찰단의 입국지점 도착예정 12시간 이전까지 피사찰 당사국에 사찰요청서를 송부한다.

16. 사찰요청서 접수후 집행이사회는 요청서에 관한 사무총장의 조치를 확인하고, 전 사찰절차 기간중 이 문제를 심의한다. 단, 이러한 검토가 사찰과정을 지연시켜서는 아니된다.

부록#20

인민군 총참모부 편성(1948년 및 1972년)

1. 1918.9.9 인민군 창설 당시 편성

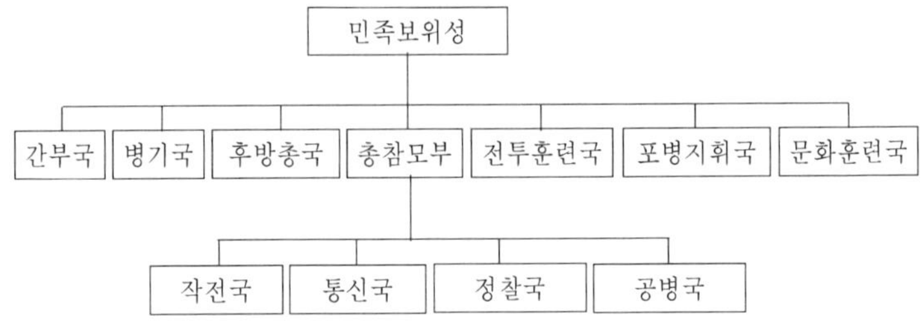

출처 : 인민군대사 p.90
군전사 제1권 부표 2-1

2. 1972.12 인민무력부로 개칭시의 편성

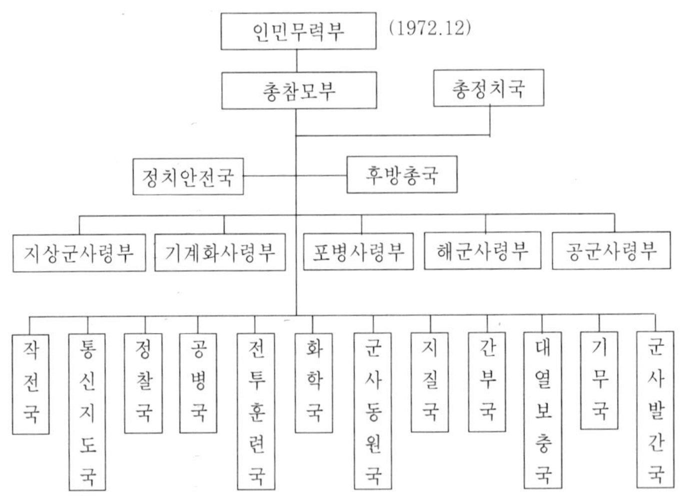

제2경제위원회 기구

출처 : Jane's Defense Weekly
1997.11.12

1. 조직

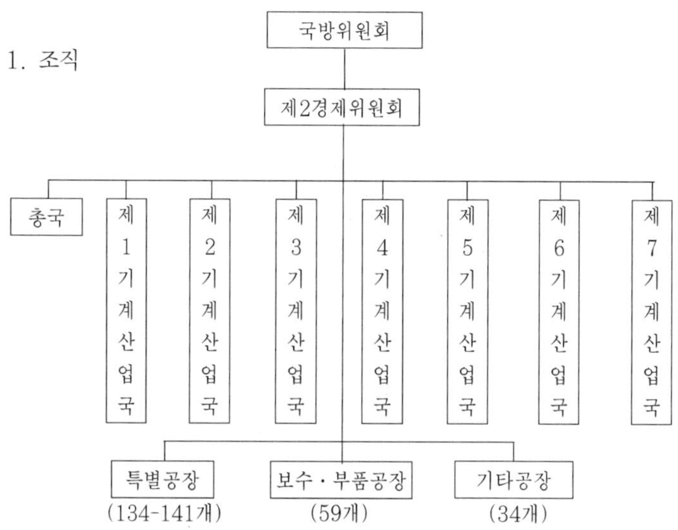

2. 임무
 · 제2경제위원회:북한의 군수산업을 총괄하며, 군수물자의 생산, 배분, 자금조달, 기획, 해외판매 및 구입을 담당
 · 제1기계산업국:재래식 소화기 및 탄약의 개발 및 생산
 · 제2기계산업국:탱크 및 장갑차의 개발 및 생산
 · 제3기계산업국:포 및 자주포, 대공포, 다연장 RKT 발사대의 개발 및 생산
 · 제4기계산업국:미사일의 개발 및 생산
 · 제5기계산업국:핵과 생화학무기의 개발 및 생산
 · 제6기계산업국:함정과 잠수함 및 해군물자의 개발 및 생산
 · 제7기계산업국:통신장비와 항공기의 개발 및 생산
 · 예하의 각 공장들(227~234개)의 명칭은 숫자나 은어로 위장하고 있음.

부록 #22

북한 화학작용제 생산공장 현황

소재지	공장명	주요생산품	생산능력 (연간)	생산가능한 작용제
함북도 아오지	아오지화학	질산,메타놀, 암모니아	비료 13만톤 화공품 2만톤	혈액 및 구토작용제
함북도 청 진	청진화학	탄산, 훼놀, 호루마린	살충제 300톤 화공품 1만톤	혈액 및 최루작용제
함남도 함 흥	함흥화학	황산,질소, 암모니아	비료 및 화학물질 135만톤	최루 및 질식 작용제
함북도 신 흥	신흥화학	–	–	–
평남도 안 주	안주화학	암모니아, 에치렌	비료, 섬유 등 55만톤	혈액작용제
평남도 순 천	순천화학	카바이트,석회 질소	비료 및 화공품 3만톤	수포, 혈액,질식,최 루작용제
자강도 만 포	만포화학	황산,가성소다 ,암모니아	질소,황산,암 모니아 등 생산량 미상	수포, 혈액, 최루작용제
평북도 신의주	신의주화학	황산,염소, 가성소다	화학제품 10만 7천톤	치료,질식작용 제

출처:北朝鮮 人民軍の 全貌 p.127

부록#23

화학무기 생산 및 저장 보급체계도

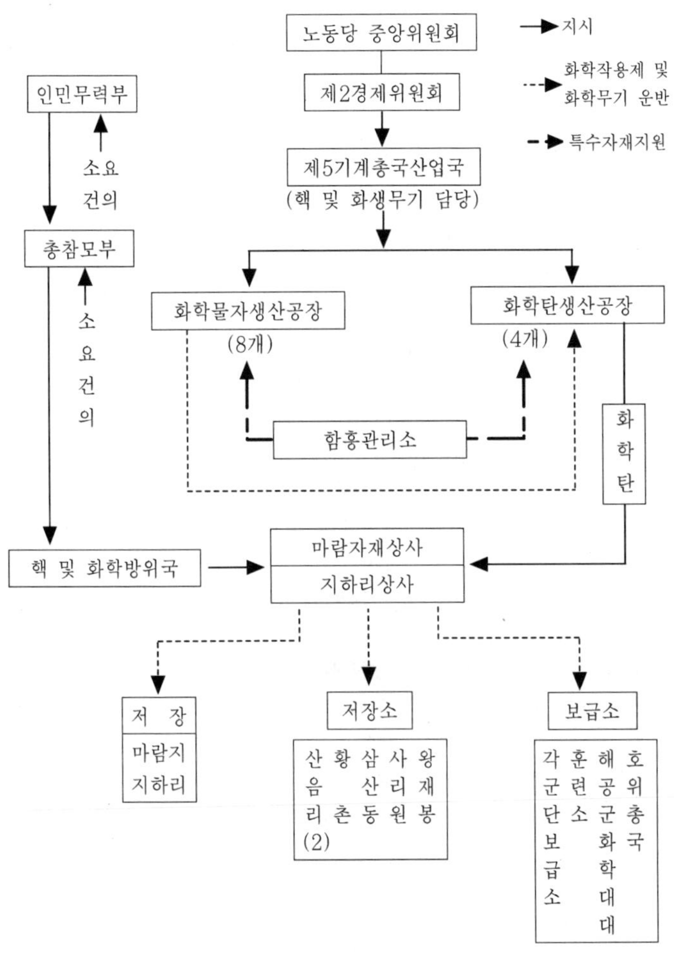

참고문헌

1. 外國서적

「Chemical Weaponry:Continuing Challenge」
　　　　Edward M.Spiers 著,　1989　　London Macmillan
「Future Wars」　Trevor N. Dupuy 著,　　Oct.1993
「Jane's Intelligence Review」 1996.12　　Printed in the UK
「Japan Nuclear Fuel Limited」 日本原燃株式會社,　1994.10
「Nuclear Disarmament and Non-Proliferation in Northeast
　　　　Asia」　Yong-Sup Han 著,　Dec.1995
「The Next War」 Caspar Weinberger & Peter Schweizer 共
　　　　著 1996　　Regnery Publishing,INC.
「軍事研究」　　ジヤパン・ミリタリ・レビュー 發行
　　　　1994.6, 1994.7, 1994.8, 1994.9, 1994.10, 1995.6,
　　　　1995.7, 1995.8, 1995.10, 1995.11, 1995.12, 1996.1,
　　　　1997.3, 1997.10, 1998.6, 1998.7, 1998.9, 1998.10,
　　　　1998.11, 1999.3
「極東有事」　志方俊之,　平成8年5月24日
「金正日の 核と 軍隊」　李忠國 著,　1994.9.21　　講談社 刊
「金日成の 核 ミサィル」　檜山良昭,　1994.6.30　　光文社 刊
「南北モし 戰わば」 村上 薫 著　1996.9.7
「プルトニウム Q&A 」　原子力問題研究所委員會,　1994.8.25
　　　　　　　　　　　　　　　　　　　リベルタ出版社
「北朝鮮人民軍の 全貌」　金元奉 著,　1996.12.17　　三修社 刊
「北朝鮮 恨の 核戰略」　佐藤勝巳　1993.7.30
「北朝鮮 解體新書」　惠谷治 著,　1998,5,1　　小學館
「北朝鮮 崩壞と 日本」　長谷川慶太郎・佐藤勝巳 共著,
　　　　1996.10.25

「北朝鮮 崩壞ス」 志茂田景樹 著,   1994.9.9
「北朝鮮 崩壞. 日本大混亂」 慌木和博 著,   1994.4.10
「日本 朝鮮戰爭」 森詠 著, 1994.12.31   德間書店 刊
「ユニオン 日本地圖(1:160万)」 國際地學協會
「原子力讀本」 1990.3.20   東硏出版
「原子爆彈」(開發ガら 投下までの 全記錄), 1995.7.20   翔泳社
「原爆はこうして 開發された」 山崎正勝・日野川靜枝 共著,
                                    1994.5.20
「六ケ所 原子燃料 サイクル」 日本原燃株式會社, 1994.11
「朝鮮半島の 軍事地図」 佐藤達也 著,   1985.6.29
「第2次 朝鮮戰爭」 1994.9   Japan, Military Review
「中國の 軍事力」 宇佐美曉 著, 1996.2.23   河出書房新社 發行
「核兵器」 服部 學 著, 1987.10.15   東硏出版
「核兵器と 核戰爭」 服部 學 著, 1993.7.20   大月書店
「核 エネルギーの 世界」 鈴木潁二 著, 昭和 61.11.30
                           東京電機大學出版局
「AERA」朝日新聞社 發行, '90.6.19, 94.4.25, 95.10.23,
      98.9.21
「SAPIO」小學館 發行, '93.10.14, 97.8.6, 97.8.23, 98.9.23,
      98.10.14.

2. 國內서적

「경기해안의 특징」 張浚翼 著, 1997.2.20
「國防論集」1998年 봄(第41号)   韓國國防硏究院
「국방백서 1988, 1989, 1990, 1991~1992, 1993~1994,
      1995·1996, 1996~1997, 1997~1998, 1998」 국방부
「국제군비통제 동향과 우리의 대응」 육군사관학교, 1997.6.27
                           육군사관학교 화랑대연구소
「國會 本會議 會議錄」 1995.7.10, 1995.10.20
「군비통제 국제조약집」 국방부, 1993.12   국방부
「군사과학」 육군사관학교, 1998.1.30
「군사논단 제114,115호」 한국군사학회, 1998.7.1
「防空誘導武器體系의 能力評價」 1995.11 한국항공우주전략연구소
「防衛年鑑」(1945~1989) 1989.3.10   國際問題硏究所
「兵器工學」 1979.2.15 육군사관학교

「兵器體系」 李光周, 金鐵煥 共著,   淸文閣
「北韓軍의 特殊武器能力과 開發展望」   1994.9.1.
                            國防大學院 安保問題硏究所
「北韓20年」 柳憲 著, 1996.3.15 大韓反共敎育院 刊
「北韓三十年史」 兪完植·金泰瑞 共著,   1975.7.15   일요신문사
「北韓要論」 李柾熙 著,   19873.15   文賢社
「北韓의 核問題」   1992.4   國會立法資料分析室
「북한의 화생무기 대비방안 연구」   1996.10   제1연구개발본부
「北韓人民軍隊史」 張浚翼 著,   1991.12.1   瑞文堂 刊
「北韓總覽」 北韓硏究소 1983.4.30
「북한 핵 뛰어넘기」 Michael J. Mawarr 著,   1996.7.13
                              홍림문화사
「새롭게 열린 한반도 지평」 (미·북합의-의의와 전망)1994.11.30
                              공보처

「世界百科大辭典」 서문당
「世界誘導武器」 합참정보본부 1992.1.30
「역서 1999년」 천문대 편찬, 1998.11.30   南山堂 발행
「영한·한영 의학사전」   1993.11 아카데미서적
「원자력 50문 50답」 원자력환경관리센터
「원자력과 핵은 다른 건가요」 이순영 著, 1995.7.7 한세
「원자력에너지」 한국전력공사   1994.10
「유도무기 유도조종개론」 1994.3 국방과학연구소
「陸軍軍事術語辭典」   1997.11.25   육군본부
「六·二五事變 陸軍戰史 第1卷」 陸軍本部 편찬, 단기4285.4.10
「자유공론 1994.4호」
「전략논총」 1996.12   한국전략문제연구소 刊
「전략논총」 1998.1   한국전략문제연구소 刊
「전략연구」   1997.3   한국전략문제연구소
「제5전선」 도서출판 다나,   이항구 著   1996.6.17
「最新北韓地圖」 1991.11 우진지도문화사
「최첨단무기시리즈3(핵무기와 미사일)」 요미우리신문사 編,
                        1992.1.10 이상과현실社
「통일의 길 그 예고된 혼돈」 남주홍 著, 1995.8.15 팔복원
「평양은 망명을 꿈꾼다」 강명도 著,   중앙일보사
「한국 핵은 왜 안되는가」 김태우 著, 1994.6.25 지식산업사

「한반도 군비통제」 국방부, 1997.12 국방부
「한반도의 위기관리」 1998.4 한국전략문제연구소
「韓半島의 戰爭威脅分析과 對應策」 1997.10.28 星友會
「한반도 핵문제와 미국 외교」 이삼성 著, 1994.10.30 한길사
「화생방전의 오늘과 내일」 고용복·유근문 共著, 1995
                    한국군사사회연구소
「화학무기금지협약(CWC)과 화학전 대비책」 이남택,
「화학무기의 개발,생산,비축,사용금지 및 폐기에 관한 협약」
                    1995.11 국방부
「화학작용제」 1997.4.10 육군사관학교 화랑대연구소 刊
「핵문제 100문 100답」 1994. 국방부
「핵터놓고 이야기 합시다」

찾 아 보 기

□ 저자 약력
· 1935년 5월 경북 포항 출생
· 포항고등학교 졸업
· 1958년 6월 육군사관학교 졸업 및 임관(소위)
· 1962년 6월 미 특수전학교 졸업(중위)
· 1962년 7월 육군보병학교 교관
· 1966년 11월 파월 육군 맹호 혜산진연대 3중대장(대위)
· 1969년 5월 육군 제21사단 GOP 대대장(소령)
· 1971년 10월 육군대학 교관(중령)
· 1979년 7월 제3군 전술연구실장(대령)
· 1980년 6월 육군사관학교 생도대장(준장)
· 1982년 4월 육군 제30사단 사단장(소장)
· 1985년 12월 육군 제5군단 군단장(중장)
· 1987년 6월 육군사관학교교장(중장)
· 1988년 10월 육군 중장 예편
· 1988년 11월 미 하와이 대학 한국학연구소 연구원
· 1991년 2월 한양대학 행정대학원 졸업(석사)
· 제14대 국회의원, 국방위원
· 국회 북한문제연구회 회장
□ 서   훈
· 무공훈장(충무)
· 무공훈장(월남 은성)
· 근무공로훈장(미국)
· 보국훈장(삼일장 · 천수장 · 국선장)
□ 저   서
· 북한인민군대사
· 북한 핵 · 미사일 전쟁

북한 핵 · 미사일 전쟁

15,000원

초판 발행 / 1999년 4월 10일
재판 발행 / 1999년 9월 10일
지은이 / 장 준 익
펴낸이 / 최 석 로
펴낸곳 / 서 문 당
주소 / 서울시 마포구 성산동 103-7호
전화 / 322—4916~8 팩스 / 322—9154
등록일자 / 1973. 10. 10
등록번호 / 제13-16

* 잘못된 책은 바꾸어 드립니다

서문문고 목록

001~303

◆ 번호 1의 단위는 국학
◆ 번호 홀수는 명저
◆ 번호 짝수는 문학

001 한국회화소사 / 이동주
002 황야의 늑대 / 헤세
003 고독한 산책자의 몽상 / 루소
004 멋진 신세계 / 헉슬리
005 20세기의 의미 / 보울딩
006 가난한 사람들 / 도스토예프스키
007 실존철학이란 무엇인가/ 볼노브
008 주홍글씨 / 호돈
009 영문학사 / 에반스
010 쯔바이크 단편집 / 쯔바이크
011 한국 사상사 / 박종홍
012 플로베르 단편집 / 플로베르
013 엘리어트 문학론 / 엘리어트
014 모옴 단편집 / 서머셋 모옴
015 몽테뉴수상록 / 몽테뉴
016 헤밍웨이 단편집 / E. 헤밍웨이
017 나의 세계관 /아인스타인
018 춘희 / 뒤마피스
019 불교의 진리 / 버트
020 뷔뷔 드 몽빠르나스 /루이 필립
021 한국의 신화 / 이어령
022 몰리에르 희곡집 / 몰리에르
023 새로운 사회 / 카아
024 체호프 단편집 / 체호프
025 서구의 정신 / 시그프리드
026 대학 시절 / 슈토롬
027 태초에 행동이 있었다 / 모로아
028 젊은 미망인 / 쉬니츨러
029 미국 문학사 / 스필러
030 타이스 / 아나톨프랑스
031 한국의 민담 / 임동권
032 비계 덩어리 / 모파상
033 은자의 황혼 / 페스탈로치
034 토마스만 단편집 / 토마스만

035 독서술 / 에밀파게
036 보물섬 / 스티븐슨
037 일본제국 흥망사 / 라이샤워
038 카프카 단편집 / 카프카
039 이십세기 철학 / 화이트
040 지성과 사랑 / 헤세
041 한국 장신구사 / 황호근
042 영혼의 푸른 상흔 / 사강
043 러셀과의 대화 / 러셀
044 사랑의 풍토 / 모로아
045 문학의 이해 / 이상섭
046 스탕달 단편집 / 스탕달
047 그리스. 로마신화 / 벌핀치
048 육체의 악마 / 라디게
049 베이컨 수상록 / 베이컨
050 마농레스코 / 아베프레보
051 한국 속담집 / 한국민속학회
052 정의의 사람들 / A. 까뮈
053 프랭클린 자서전 / 프랭클린
054 투르게네프단편집/투르게네프
055 삼국지 (1) / 김광주 역
056 삼국지 (2) / 김광주 역
057 삼국지 (3) / 김광주 역
058 삼국지 (4) / 김광주 역
059 삼국지 (5) / 김광주 역
060 삼국지 (6) / 김광주 역
061 한국 세시풍속 / 임동권
062 노천명 시집 / 노천명
063 인간의 이모저모/라 브뤼에르
064 소월 시집 / 김정식
065 서유기 (1) / 우현민 역
066 서유기 (2) / 우현민 역
067 서유기 (3) / 우현민 역
068 서유기 (4) / 우현민 역
069 서유기 (5) / 우현민 역
070 서유기 (6) / 우현민 역
071 한국 고대사회와 그 문화
     /이병도
072 피서지에서 생긴일 /슬론 윌슨
073 마하트마 간디전 / 로망롤랑

151 한국의 기후와 식생 / 차종환
152 공원묘지 / 이블린
153 중국 회화 소사 / 허영환
154 데미안 / 헤세
155 신역 서경 / 이민수 역주
156 임어당 에세이선 / 임어당
157 신정치행태론 / D.E.버틀러
158 영국사 (상) / 모로아
159 영국사 (중) / 모로아
160 영국사 (하) / 모로아
161 한국의 괴기담 / 박용구
162 욘손 단편 선집 / 욘손
163 권력론 / 러셀
164 군도 / 실러
165 신역 주역 / 이기석
166 한국 한문소설선 / 이민수 역주
167 동의수세보원 / 이제마
168 좁은 문 / A. 지드
169 미국의 도전 (상) / 시라이버
170 미국의 도전 (하) / 시라이버
171 한국의 지혜 / 김덕형
172 감정의 혼란 / 쯔바이크
173 동학 백년사 / B. 웜스
174 성 도밍고성의 약혼 /클라이스트
175 신역 시경 (상) / 신석초
176 신역 시경 (하) / 신석초
177 베를렌느 시집 / 베를렌느
178 미시시피씨의 결혼 / 뒤렌마트
179 인간이란 무엇인가 / 프랭클
180 구운몽 / 김만중
181 한국 고시조사 / 박을수
182 어른을 위한 동화집 / 김요섭
183 한국 위기(圍棋)사 / 김용국
184 숲속의 오솔길 / A.시티프터
185 미학사 / 에밀 우티쯔
186 한중록 / 혜경궁 홍씨
187 이백 시선집 / 신석초
188 민중들 반란을 연습하다
   / 귄터 그라스
189 축혼가 (상) / 샤르돈느

190 축혼가 (하) / 샤르돈느
191 한국독립운동지혈사(상)
   / 박은식
192 한국독립운동지혈사(하)
   / 박은식
193 항일 민족시집/안중근외 50인
194 대한민국 임시정부사 /이강훈
195 항일운동가의 일기/장지연 외
196 독립운동가 30인전 / 이민수
197 무장 독립 운동사 / 이강훈
198 일제하의 명논설집/안창호 외
199 항일선언·창의문집 / 김구 외
200 한말 우국 명상소문집/최창규
201 한국 개항사 / 김용욱
202 전원 교향악 외 / A. 지드
203 직업으로서의 학문 외
   / M. 베버
204 나도향 단편선 / 나빈
205 윤봉길 전 / 이민수
206 다니엘라 (외) / L. 린저
207 이성과 실존 / 야스퍼스
208 노인과 바다 / E. 헤밍웨이
209 골짜기의 백합 (상) / 발자크
210 골짜기의 백합 (하) / 발자크
211 한국 민속약 / 이선우
212 젊은 베르테르의 슬픔 / 괴테
213 한문 해석 입문 / 김종권
214 상록수 / 심훈
215 채근담 강의 / 홍응명
216 하디 단편선집 / T. 하디
217 이상 시전집 / 김해경
218 고요한물방아간이야기
   / H. 주더만
219 제주도 신화 / 현용준
220 제주도 전설 / 현용준
221 한국 현대사의 이해 / 이현희
222 부와 빈 / E. 헤밍웨이
223 막스 베버 / 황산덕
224 적도 / 현진건
225 민족주의와 국제체제 / 힌슬리